Artur Jung

Technologische Gestaltbildung

Herstellung von Geometrie-, Stoff- und Zustandseigenschaften feinwerktechnischer Bauteile

Mit 175 Abbildungen

Springer-Verlag
Berlin Heidelberg NewYork
London Paris Tokyo
Hong Kong Barcelona Budapest

Dipl.-Ing. Artur Jung
Universitätsprofessor, Institut für Konstruktion und Fertigung
in der Feinwerktechnik, Universität Stuttgart

ISBN-13:978-3-540-54453-1   e-ISBN-13:978-3-642-84589-5
DOI: 10.1007/ 978-3-642-84589-5

Vorwort

Die Konstruktionsvorgänge, die wir als Gestaltbildung bezeichnen, finden während des gesamten konstruktiven Entwicklungsprozesses statt. Sie lassen sich ganz allgemein keiner Zeitphase zuordnen, weil beim Gestaltbildungsprozeß alle Einflußgrößen zusammentreffen, die für die Gestalt relevant sind. Unter "Gestalt" verstehen wir dabei eine Einheit aus Geometrie- und Stoffparametern, die sich in einem bestimmten Zustand (statisch, dynamisch, thermodynamisch, elektrisch, magnetisch usw.) befindet.

Wir sehen naturgemäß die Einflüsse der funktionalen Anforderungen auf die spätere Gestalt eines Bauteils an erster Stelle und sprechen in diesem Sinne von der funktionalen Gestaltbildung. An zweiter Stelle - und das ist der Gegenstand dieses, aus meinen seit 1977 an der Universität Stuttgart gehaltenen Vorlesungen über "Fertigungsverfahren der Feinwerktechnik" hervorgegangenen "Hochschultextes" - steht im allgemeinen die technologische Gestaltbildung. Hier fragen wir nach den Möglichkeiten, ob und ggf. wie man eine funktional geforderte Gestalt überhaupt herstellen kann. Dabei entstehen oftmals erhebliche Rückwirkungen auf die funktional geforderte Gestalt, z. B. in der Frage, ob diese durch eine bekannte Technologie überhaupt hergestellt werden kann. Oder: wie ist eine wirtschaftliche Lösung mit vorhandenen Technologien möglich?

Es zeigt sich, daß die Wechselwirkungen von funktionaler und technologischer Gestaltbildung sehr früh in den methodischen Konstruktionsprozeß eingebettet werden müssen. Ähnliches gilt für die Aspekte der ergonomischen und ästhetischen Gestaltbildung. Nachfolgend steht aber nur die technologische Gestaltbildung im Vordergrund.

Der Stoffumfang des Buches entspricht einigen Abschnitten aus dem Einführungsteil meiner Vorlesungen und ist sehr allgemein gehalten. Die in den Praktika behandelten speziellen Themen (Rasterelektronen-Mikroskopie, Ultraschalltechnik, Koordinatenmeßtechnik) sind hier nicht berücksichtigt. Um die Kosten des Buches zu begrenzen, mußte die Themenauswahl sehr gestrafft erfolgen. So bleiben z. B. auch die Montage, die Oberflächenbehandlung und die Glasbearbeitung hier unberücksichtigt.

Beim Schreiben eines solchen Buches zeigt sich deutlich das Dilemma, das sich mehr und mehr zwischen Lehre und Forschung auftut: Lehre benötigt Gesamtschau, d. h. Breite, Forschung erfordert Tiefe. Die viel beschworene Einheit von Forschung und Lehre muß deshalb nicht nur im Bereich der Geräteentwicklung und Konstruktion neu überdacht werden, wenn man einerseits an das Problem der immer längeren Studienzeiten denkt, andererseits die Gründung immer spezialisierterer Institute betreibt, die Forschen und Lehren sollen. Um die Breite der Lehre für die vorliegende Aufgabenstellung aufzubereiten, werden zwei didaktische Begriffe eingeführt, der Begriff "Technologieprinzip" und der Begriff "Technologiefläche". Diese Oberbegriffe werden an einzelnen Beispielen aus verschiedenen Verfahrensbereichen dargelegt und interpretiert. Man kann die damit betonte geometrisch-funktionale Denkweise auch hier als den "roten, verbindenden Faden" im Text auffassen.

Die Vorlesung "Fertigungsverfahren in der Feinwerktechnik" wurde zu Anfang der 70er Jahre von meinem Vorgänger im Amt, Herrn Prof. Dr. Dr. h.c. Stabe begründet. Ihm und meinen Mitarbeitern, die die Vorlesungen und Übungen im Laufe der Jahre mitgestalteten und betreuten, habe ich zu danken. Von allen Firmen, die Informationen zur Verfügung gestellt haben, habe ich besonders dem Haus Carl Zeiss, Oberkochen, zu danken, wo ich während vieler Berufsjahre Einblicke in ein breites feinwerktechnisches Fertigungsspektrum nehmen durfte und das Glück hatte, in harmonisch arbeitenden Gruppen mitwirken zu können. Auch bei vielen Exkursionen zu Unternehmen der Gerätetechnik konnten wertvolle Hinweise gewonnen werden.

Für die in einem längeren Iterationsprozeß erfolgte Manuskriptniederschrift danke ich meiner Sekretärin Frau U. Götz herzlich. Ebenso schulde ich den Herren cand. mach. E. Gerber und cand. mach. A. Isele Dank für die Ausarbeitung vieler Skizzen. Dem Springer-Verlag danke ich für die gute Zusammenarbeit.

Stuttgart und Königsbronn, im August 1991   A. Jung

Inhaltsverzeichnis

Einführung

Produktentwicklung erfolgt u. a. im wesentlichen auf der Grundlage von geometrisch-funktionalen Denkvorgängen und von technologischen Kenntnissen, die neben Verfahrens- und Werkstoff- auch Kostenwissen beinhalten. Wir trennen aus didaktischen Gründen die funktionale Gestaltbildung von der technologischen Gestaltbildung.

Während in einer früheren Darstellung die funktionale Gestaltbildung ausführlich erörtert wurde /1/1/, wird hier nun der technologischen Gestaltbildung Priorität eingeräumt. Wir betrachten also die funktional geforderte Gestalt (Geometrie, Stoff, Zustand) zunächst als vorgegeben und suchen dazu die kostengünstigsten Herstellungsverfahren, wobei die Gestalt, soweit es die Funktion erlaubt, abgewandelt werden kann. Dabei kann die Entwicklung von geeigneten Herstellungsverfahren "erfinderische Formen" annehmen, und manchmal ermöglichen auch erst neue Werkstoffe, seit langem schlummernde Gestaltungsideen zu realisieren. Weiter ist - überspitzt formuliert - oft die Lösung der Herstellungsfrage die größere kreative Leistung als die eigentliche Erfindung. Besonders in der Feinwerktechnik muß für die funktional bedingte Gestalt oftmals erst eine geeignete und kostengünstige Herstelltechnologie gefunden werden. Technologische Gestaltbildung erfordert bei der hier vertretenen Auffassung von Gestalt drei Stufen, die geometrische Gestaltbildung, die Stoffwahl und Stoffbehandlung (Wärmebehandlung, Oberflächenbehandlung usw.) und in manchen Fällen die Herstellung eines für die Funktion erforderlichen besonderen Gestaltzustandes (magnetisch, elektrisch usw.).

Hatten wir bei der funktionalen Gestaltbildung für den zu erfüllenden Ursache-Wirkung-Zusammenhang den Begriff des Geometrie-Funktionsprinzips geprägt, so stellen wir diesem nun bei der technologischen Gestaltbildung den Begriff des Technologieprinzips an die Seite. Mit ihm werden die qualitativen und nach Möglichkeit auch quantitativen Zusammenhänge der erforderlichen Fertigungsverfahren, soweit als möglich, beschrieben. Die Darstellung des Technologieprinzips erfordert daher im allgemeinen zumindest beschreibenden Text über die Darstellung der benutzten physikalischen Zusammenhänge und den zeitlichen Ablauf der Verfahrensschritte mit ihrem Einfluß auf die erzielten Eigenschaften. In manchen Fällen sind die Zusammenhänge in Gleichungsform darstellbar, das ist der Idealfall eines Technologieprinzips. Im allgemeinen werden jedoch die vielfältigen Zusammenhänge und Verflechtungen der Parameter eines Fertigungsverfahrens in ihrem Einfluß auf das erwünschte Ergebnis nur mit einer Vielzahl von Parametern in Form von Kurvendarstellungen transparent. Diese Kurven stellen Schnittlinien von Raumflächen mit bestimmten Parameterkombinationen dar. Wir bezeichnen diese Flächen als Technologieflächen des Verfahrens und im weiteren Sinne auch die Kurvenscharen selbst als die Technologieflächen. Damit wollen wir die Parametervielfalt der Technologie in ihrem Einfluß auf ein Fertigungsergebnis anschaulich sichtbar machen.

Mit dem Versuch, Technologieprinzip und Technologiefläche an Beispielen darzustellen, wird zugleich die didaktische Leitlinie betont, die geometrisch-funktionale Denkweise auch bei der Behandlung der Fertigungsverfahren deutlich zu machen. In der Herausarbeitung und Betonung der geometrischen Aspekte der Verfahrensentwicklung und ihrer Anwendung sehen wir einen wesentlichen Unterschied zu vielen Büchern über Fertigungstechnologien.

1 Technologieprinzip und Technologiefläche

Zur formalen Beschreibung des Technologieprinzips reduzieren wir zunächst die komplexen Zusammenhänge bei der Herstellung auf das einfachste Modell: Wir fragen - wie früher beim Geometrie-Funktionsprinzip /1/1/ - nach den geometrischen, den stofflichen und anderen Ursacheparametern, die durch eine Fertigungstechnologie T so miteinander verknüpft sind, daß ein Fertigungsergebnis E entsteht. Allgemeinste Form für ein Technologieprinzip:

Ergebnisgrößen $\Rightarrow$ Technologie (Geometrie, Stoff, weitere Ursachen)

$$E = T\ (G_i{}^*,\ S_j{}^*,\ U_k{}^*) \tag{1/1}$$

mit E: Werkstückergebnis (Geometrie- und Stoffeigenschaften);

        T: Verfahren (Maschine, Meßtechnik);

       $G_i{}^*$:   Werkstückgeometrie, Werkzeuggeometrie, Geometrie des Verfahrens;

       $S_j{}^*$:   Werkstoffe von Werkzeug und Werkstück, Kühlmittel;

       $U_k{}^*$:   Einstellgrößen, Bearbeitungsparameter, Arbeitstemperaturen.

Das Fertigungsergebnis E wird als Wirkung der Ursachen von Geometrieparametern (die wir besonders herausstellen), von Stoffparametern und weiteren Ursachegrößen (hier besonders dem Parameter Zeit) dargestellt. Die technologische Funktion des Verfahrens T besteht darin, aus den Ursachegrößen $G_i{}^*$, $S_j{}^*$, $U_k{}^*$ das Fertigungsergebnis E zu erzeugen. Über die zeitliche Reihenfolge einzelner Verfahrensschritte, Art der Aufspannung usw. werden mit (1/1) keine Aussagen gemacht.

Man kann T auch als technologische Funktion einer Vorrichtung, eines Meßaufbaues zur Justierung einer Baugruppe usw. auffassen.

Zur Beschreibung eines technologischen Prozesses ist - selbst in dieser abstrakten Form - i. a. eine Reihe von Beziehungen der Form (1/1) erforderlich. So stellt sich ein Fertigungsergebnis E schließlich als Vektor von n Einzelergebnissen E_i, dar gemäß

$$E = (E_1, E_2, \dots E_n) \qquad (1/2)$$

Man denke z. B. an die Toleranzen eines Spritzgußteiles. Betrachtet man hier das Fertigungsergebnis E als einen Vektor von n Einzelergebnissen E_i (Einzeltoleranzen), so kann man schreiben:

$$E_i = T\ (G_i^*,\ S_j^*,\ U_k^*) \qquad (1/3)$$

mit E_i: Einzeltoleranz;

        T: Spritzgußtechnologie;

        G_i^*:   Geometrie (Formnest, Anguß, Anschnitt, Form);

        S_j^*:   Stoff (Art, Vorbehandlung, Nachbehandlung);

        U_k^*:   Maschinenparameter (Temperaturen, Nachdruck $[f(t)]$ usw.).

Die Beziehungen (1/2) und (1/3) werden, in grafischer Form aufbereitet, in der Literatur /1/2/ gelegentlich als "Technologieflächen" bezeichnet. Diese Bezeichnung greifen wir auf und versuchen sie konsequent anzuwenden, weil sie von großem didaktischen Wert ist. Sind es doch bei der Entwicklung eines Verfahrens genau die gesuchten Zusammenhänge zwischen den Parametern, die damit besonders anschaulich werden. Die Ermittlung der Technologieflächen eines Verfahrens ist i.a. mühsam und kostspielig.

In Bild 1/1 wird die Herstellung der funktional geforderten Gestalt /1/1/ mit Hilfe technologischer Erfahrung und/oder mit neu zu entwickelnden Verfahren dargestellt. Das beim Entwicklungsvorgang gewonnene technologische Wissen findet sich im Drei-Ebenen-Modell /1/1/ am Ende der Entwicklung in der Ebene der Erfahrung und steht dann als technologische Vorerfahrung für die nächste Entwicklung zur Verfügung.

1.1 Geometrie und Technologie

Wie die Produktentwicklung vielfach aus geometrisch-funktionalen Denkvorgängen hervorgeht, so kann man auch die Verfahrensentwicklung in sehr vielen Fällen aus

**Der funktional geforderte
Ursache - Wirkung - Zusammenhang**

$$W = F \; [\; G_i, \; S_j, \; U_k \;]$$

benötigt im allgemeinen das Zusammenwirken von Gestalten G_{Fi}.

Gestalt → Geometrie, Stoff, Zustand

Diese Gestalten G_{Fi} müssen in einem Lösungsprozeß gefunden werden [1/1].
Geometrie und Funktion, Stoff und Funktion, Betriebsparameter und Funktion.

Mit Technologieprinzipien T werden die funktional geforderten Gestalten hergestellt.

**Die technologisch realisierten Gestalten G_R sind das Ergebnis
E eines Prozeßes bei dem geometrische, stoffliche und weitere
Verfahrensparameter zusammenwirken:**

$$E = T \; [G_i^*, \; S_j^*, \; U_k^* \;]$$

Technologieprinzipien werden durch Kombination von Fertigungsverfahren,
Zeitabläufe usw. beschrieben und mit Technologieflächen anschaulich dargestellt.

Bild 1/1   Funktionale und Technologische Gestaltbildung - Abgrenzung

geometrischen Grundüberlegungen heraus aufbauen. Oft wird hier sogar der geometrische Charakter der Überlegungen noch deutlicher als bei der funktionalen Gestaltung. Dazu sei nur folgendes in Erinnerung gerufen.

Viele Fertigungsverfahren beruhen auf der Methode der geometrischen Abbildung:

- Eine räumliche Negativform bildet bei den Gießverfahren das gewünschte (positive) Werkstück.
- Ein Schneidwerkzeug bildet mit Hilfe der Stempel- und Schneidplattengeometrie die Werkstückkontur.

- Eine der Werkstückgeometrie entsprechende Kupferelektrode bildet sich beim Elektroerosionsverfahren mit ihrer Kontur in der Schneidplatte ab.
- Eine Bohrvorrichtung erlaubt die Erzeugung einer Abbildung des Bohrbildes, das in der Bohrplatte gespeichert ist.
- Eine Klebevorrichtung ermöglicht die "Abbildung" der in ihr realisierten Positionsdefinitionen beim Fügen.

Ein Beispiel für eine geometrischen Abbildung mit Hilfe einer Klebevorrichtung zeigt Bild 1.1/1, in dem der geometrische Abbildungsvorgang der beiden Miniaturrillenkugellager für eine kleine Luftturbine veranschaulicht ist. In der Klebevorrichtung werden die mit den Pfeilen angedeuteten Kräfte auf die Anordnung ausgeübt. Dabei stehen die Rillen der Kugellager nach dem Kleben parallel und genau einander gegenüber, was sich auf die Lebensdauer der Lager bei den hohen Drehzahlen (300000 min^{-1}) günstig auswirkt. Die Rillengeometrie wirkt dabei als genaue Klebevorrichtung.

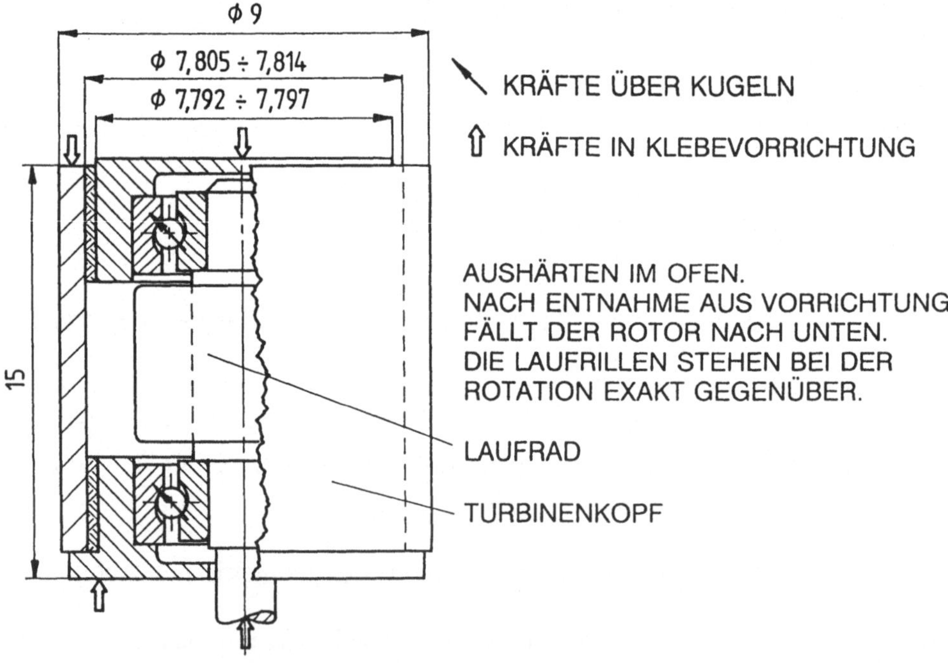

Bild 1.1/1   Klebemontage einer Luftturbinen-Lagerung - Ausnutzung der Rillengeometrie

Beispiel zur Schneidbelagtopographie beim Innenlochsägen. Es handelt sich beim Innenlochsägen um ein hochgenaues Trennschleifverfahren zum Aufteilen meist stabförmiger Werkstücke in dünne Scheiben. Sein wirtschaftlicher Einsatz ist besonders bei Werkstoffen der Optik und der Elektronik (Materialpreise zwischen 1000 und 15000 DM/kg) geboten. In Bild 1.1/2 ist ein Querschnitt durch die Anordnung dargestellt. Ein Kernblech (0,1 bis 0,15 mm) besitzt am Lochrand einen 0,3 mm breiten mehrschichtigen Schneidbelag aus Naturdiamanten in Nickelbindung. Man trennt von einer Silizium-Stange damit eine z.B. 0,3 mm dicke Waferscheibe ab. Die Schleifscheibe ist mit einem Spann- und Druckring ähnlich einem Trommelfell gespannt, um eine höhere axiale Steifigkeit zu erlangen. Die Schleifscheibe weist am Schneidbelag Schnittgeschwindigkeiten zwischen 10 und 26 m/s auf, das Werkzeug wird radial mit Vorschubgeschwindigkeiten von 1 mm/s bewegt.

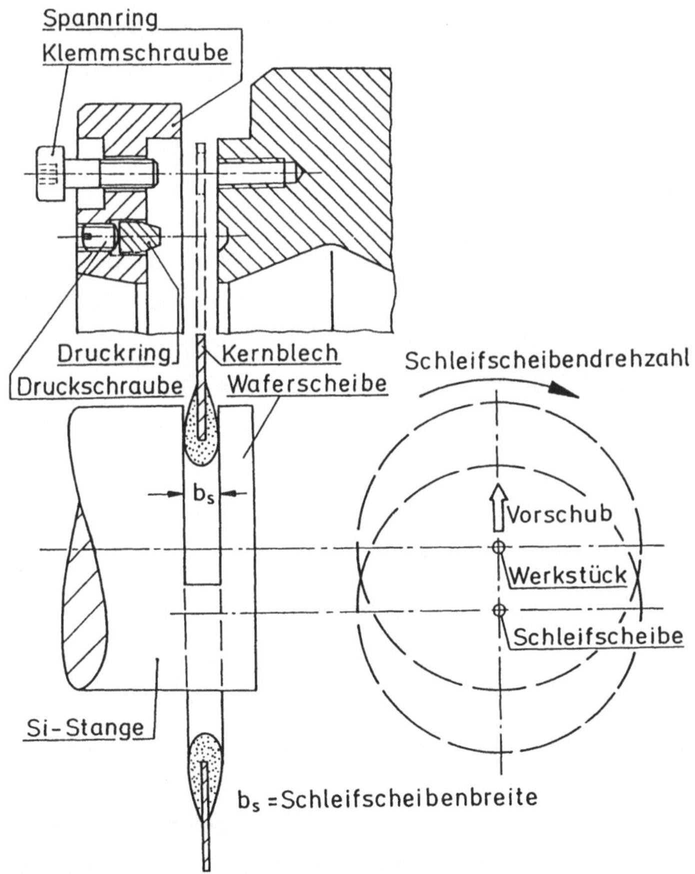

Bild 1.1/2   Trennen mit einer Innenlochsäge

Die Schneidbelagtopographie beim Innenlochsägen ist von wesentlicher Bedeutung für den Prozeßverlauf und das Arbeitsergebnis beim Aufteilen von Silizium-Einkristallen in Wafer /1/6/. Unter der Schneidbelagtopographie versteht man die wirksame Oberfläche des Schneidbelags (Anzahl, Größe, Form und Verteilung der Schneiden). Sie wird ermittelt durch Abtasten des Schneidbelages an seiner Spitze und ergänzende REM-Aufnahmen seiner Oberfläche mittels hochpräziser Kunstharz-Positivabdrücke. Durch das Spannen der Innenlochsäge wird der Schneidbelag deformiert, was zu dynamischen Schnittkräften führt, die Abweichungen der ebenen Waferoberfläche zur Folge haben.

Abrichten (Schneiden eines Schärfblockes aus keramisch gebundenem Korund mit dem Werkzeug) verbessert sowohl die Schneidbelagtopographie als die Rundlaufgenauigkeit. Beim Schärfen werden nämlich aus der Schneidenraumperipherie der neuen Innenlochsäge die schwach gebundenen Diamanten herausgebrochen, was zu einer größeren Gleichförmigkeit des Schneidenbelags führt. Auch während des Einsatzes ist Schärfen für die Zielgrößen Ebenheit, Waferdicke und Vermeiden von Oberflächenschäden am Wafer angezeigt. Der Ebenheitsfehler wird sowohl durch Eigenspannungen im Silizium als auch durch Verformung und prozeßbedingte Änderungen der Schneidbelagtopographie verursacht. Durch angepaßtes Schärfen lassen sich Verbesserungen erzielen.

Folgende Technologieparameter sind beim Innenlochsägen wesentlich: Werkstoff des Werkstückes, Werkstoffgeometrie, Maschine (wird mit bestimmter Steifigkeit angenommen). Einstellgrößen sind für das Werkzeug: Schneidenraumtopographie, Belag, Kornwerkstoff, Rundlauf, Spannungszustand, Schärfverfahren; für die Kinematik: Schnittgeschwindigkeit, Vorschubgeschwindigkeit; für die Kühlung: Stoff, Zufuhrmenge, Druck. Ergebnisgrößen (Wirkungen E) sind Schnittkräfte, Kontaktzeit, Kontaktlänge, Werkzeugabnutzung, für das Werkstück: Ebenheit, Oberfläche, Dicke, Ausbrüche, Rauhtiefen, für das Kühlmittel: Verschmutzung, Schaumbildung, Bakterienbefall.

Das nächste Beispiel behandelt die Abbildung der Werkzeuggeometrie beim Rollieren. Hierunter ist ein Feinbearbeitungsverfahren zur Außenbearbeitung kleiner Zapfen mit Durchmessern zwischen 0,03 und 2 mm zu verstehen. Beim Rollieren erfolgt ein feines Spanen mit Werkzeugen, die eine gerauhte Wirkfläche aufweisen. Das Werkstück erfährt dabei zusätzlich eine gewisse Oberflächenverfestigung infolge von Druckvorgängen. Das Rollieren gleicht dem Außenrundschleifen, ähnlich wie dort wirkt eine Vielzahl von Schneiden, die den Werkstoff vorzugsweise durch Schaben und Reiben spanen. Die Werkzeuge bestehen aus Hartmetall-rillenscheiben oder aus Oxydkeramik. Schneiden mit positiven Spanwinkeln sind höchstens unmittelbar nach dem Schärfen vorhanden, nutzen sich aber meist so schnell ab, daß nach kurzer Zeit alle Schneiden mehr oder weniger schaben. Für das Rollieren sind nur geringe Bearbeitungszugaben möglich. Für Werkstückdurchmesser kleiner als 2,0 mm gibt es für das Rollieren kaum eine wirtschaftliche Konkurrenz.

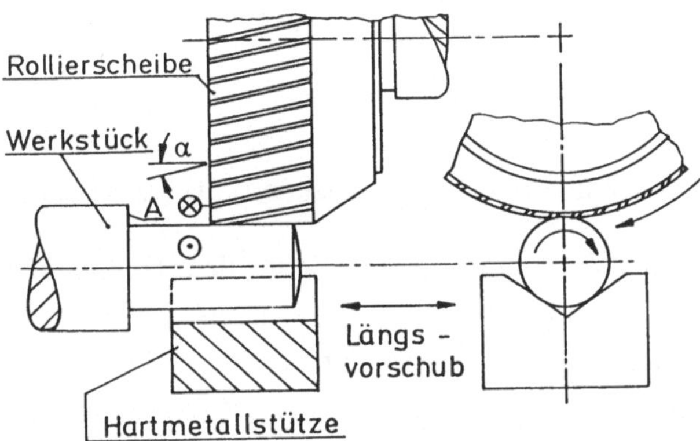

Oben: Längsrollieren – es entsteht bei A der sogenannte Strahlenschliff.

Unten: Einstechrollieren

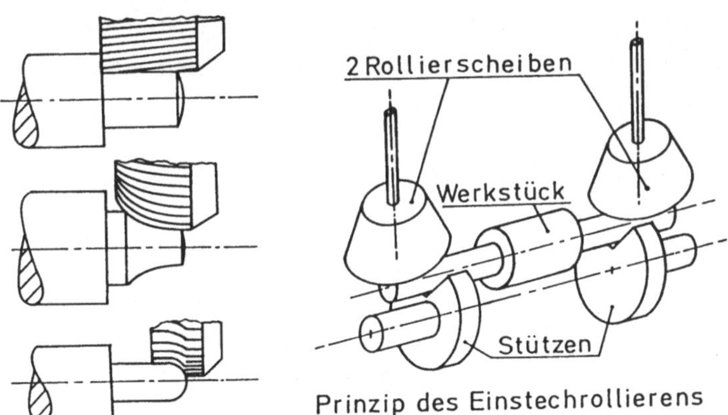

Prinzip des Einstechrollierens

Kühlschmieren mit Öl und Petroleum
Wenn Werkzeug stumpf, schnellt die Abtragszeit
für die Abtragsrate $\frac{\mu m}{min}$ hoch.

Bild 1.1/3   Rollieren dünner Lagerzapfen

Arbeitsablauf beim Rollieren:

Schritt 1: Vorbearbeitung. Vorbearbeitete Werkstücke werden auf Drehautomaten (Langdrehern) oder Schleifmaschinen gefertigt, mit Rauhtiefen zwischen 2 und 10 μm sowie Werkstoffzugaben zwischen 0,01 und 0,03 mm. Sie werden dann mit verschiedenen Rollierverfahren bearbeitet, Bild 1.1/3.

Schritt 2: Bearbeitungsbedingungen (Technologieparameter) für die Rollierscheibe: Umfangsgeschwindigkeiten 0,8 bis 1,3 m/s in der Praxis, 3 bis 5 m/s nach VDI-Richtlinie 2032; für das Werkstück: Umfangsgeschwindigkeit 5 bis 25 m/min (VDI: 3 bis 7 m/min). Vorschub meist Erfahrungswert, Rollierzeiten unter 60 s. Anpressung: Rollierscheibe wird mit Feder bzw. Gewicht angestellt.

Messen: Ein Problem beim Rollieren ist die Messung der kleinen Durchmesser. Möglichkeiten hierzu sind der Einbau von pneumatischen Düsen in die Hartmetallauflage. Üblicherweise wird nach der Zeit rolliert. Toleranzband: 10 bis 35 μm.

Beispiel zur Feinbearbeitung mit geometrisch unbestimmten Schneiden: Herstellung einer Diamant-Tastspitze für ein Tastschnittgerät. Kegelgeometrie und Spitzenradius. Zur Ermittlung von Rauhheiten werden Tastschnittgeräte benutzt /1/8/. Eine in einer kleinen Hülse befestigte Diamantspitze gleitet über die Oberfläche des Prüflings und erfaßt dessen Rauhigkeit mit einem induktiven Meßsystem. Die Tastkraft ist zwischen 0 und 2 mN einstellbar. Je nachdem, welcher Tastspitzenradius benutzt wird, kann die wirkliche Oberfläche mehr oder weniger echt bestimmt werden. Der kleinste genormte Tastspitzenradius ist $r = 0,002$ mm und der Kegelwinkel dazu 60° (Bilder 1.1/4, 1.1/5, 1.1/6). Die Herstellung einer Tastspitze ist nicht problemlos, sie erfordert Spezialwissen.

Fertigungsschritte bei der Herstellung, Kegelwinkel ca. 90°, $r = 0,003$ mm.

- Ausgangskörper der Fertigung ist ein kleines Oktaeder aus Naturdiamant, Bild 1.1/7. Daraus wird ein Diamantstäbchen von z.B. 0,2 mm Kantenlänge herausgeschnitten.
- Dieses Stäbchen wird mit einem Speziallot in einer Stahlhülse gefaßt.
- Ein Kegelwinkel von ca. 88° wird mit diamantbesetzter Schleifscheibe angeschliffen.
- Der Feinschliff erfolgt bei einer Fertigungsvariante mit einer flexiblen diamantbesetzten Scheibe. Auch das Trommeln mit Diamantstaub ist üblich. Die Radienentstehung ist mehr oder weniger zufällig und liegt zwischen 0,003 und 0,005 mm.

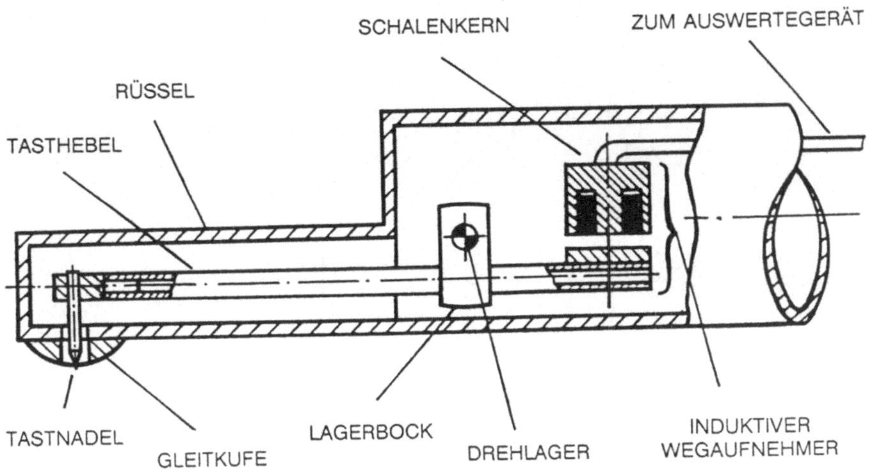

Bild 1.1/4 Tastschnittgerät mit Nadel aus Diamant

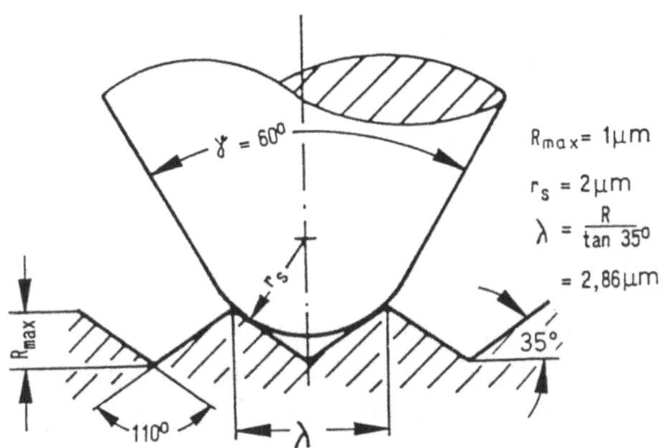

Bild 1.1/5
Verfälschung beim Abtasten

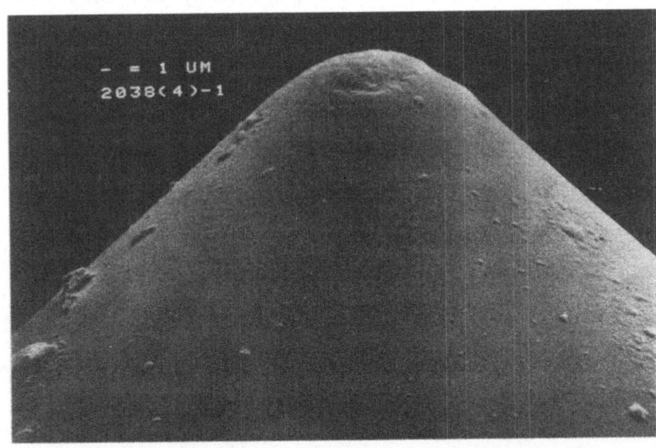

Bild 1.1/6
REM-Aufnahme einer
Diamantspitze

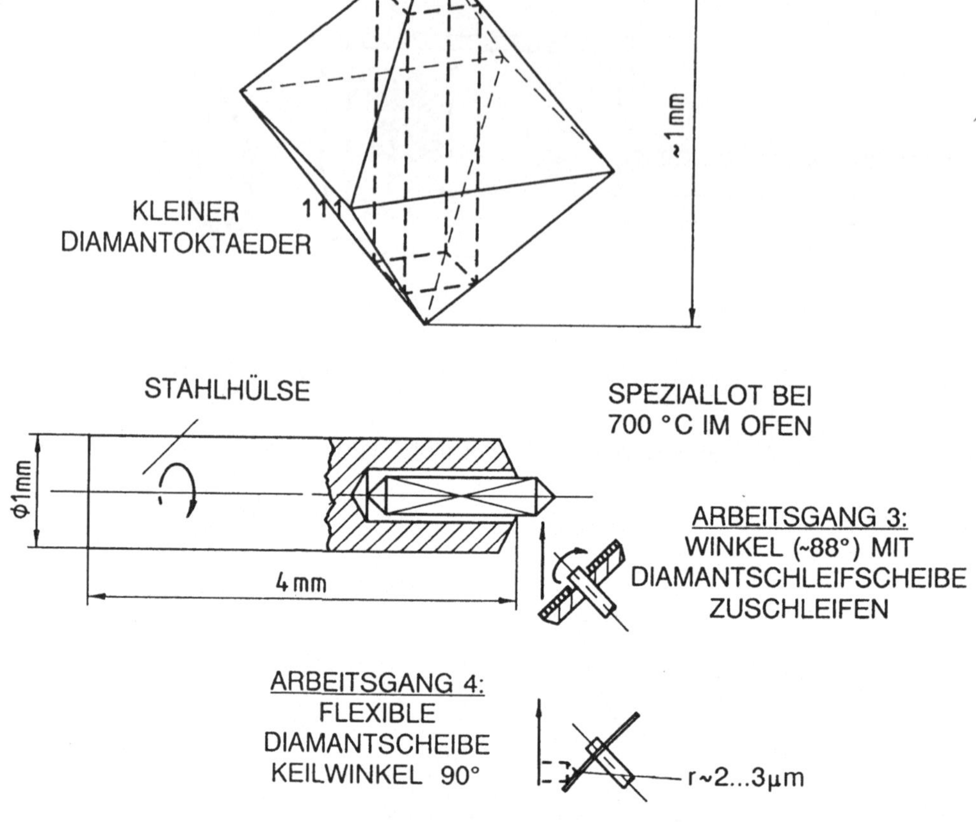

Bild 1.1/7   Herstellschritte beim Schleifen einer Tastspitze: 1 Diamant von Oktaeder abspalten, 2 Einlöten, 3 Winkel ~ 88° anschleifen, 4 Nachschleifen ~ 90°, r ~ 2-5 μm.

- Die Prüfung des Radius erfolgt mittels Profilprojektor (500fach) vor und nach Radienbearbeitung. Der Naturdiamant hat sehr unterschiedliche Festigkeitseigenschaften. Das REM-Bild zeigt u.a., daß kein exakter Kegel entsteht (die Oktaederkanten bilden sich ab).

Die wenigen Beispiele machen es deutlich: Die geometrischen Parameter in den Technologieprinzipien haben oftmals entscheidenden Einfluß auf das Ergebnis E. Wenn wir also hier Einblick in die Verfahrensentwicklung zur technologischen Gestaltbildung nehmen wollen - und dies ist das wichtigste Teilziel dieser Darstellung -, so geht es neben den Fragen nach den Verfahrensteilschritten und der Strategie im Ganzen immer um die detaillierte Kenntnis des Einflusses der Geometrie auf das Ergebnis. Hier können die dazu erforderlichen Schritte in der Regel allerdings nur allgemein behandelt werden.

Wir haben zur allgemeinen Darstellung der technologischen Gestaltbildung mit (1/1) den Begriff des Technologieprinzips definiert und wiederholen: E ist die technologische Wirkung, d.h. das Ergebnis eines Verfahrens T, das von der Geometrie (z.B. eines Werkzeuges) von den Stoffen (z.B. den Schleifmitteln, den Elektrolyten) und von weiteren Ursachegrößen (Betriebsparametern) abhängt. Die Betriebsparameter sind z.B. Schnittgeschwindigkeiten, Spannungen, Stromstärken usw. und besonders die Zeit. Die geometrischen Parameter, die von den Stoffen herrühren, wie Schleifkorngrößen, Kornformen usw., zählen wir mit zu den geometrischen Ursachen. Die technologische Wirkung E des Verfahrens T besteht letztlich in der Erzeugung einer geometrischen Form mit bestimmten Stoffeigenschaften, d.h. im Sinne einer früheren Definition /1/1/ in der Erzeugung einer Gestalt mit definierten Eigenschaften.

In der neueren Literatur (z.B. /1/3/) beschreibt man das Fertigungsergebnis bzw. seine Wirtschaftlichkeit mit einer "tabellarischen Leerform" (d. h. einer nicht ausgefüllten Tabelle mit entsprechenden Zeilen- und Spalteneingängen), die zwischen Eingangsgrößen, Prozeß und Ergebnis unterscheidet. Bei den Eingangsgrößen unterscheidet man nach Systemgrößen: Maschine, Werkstück (Rohform und Stoffausgangsparameter), Werkzeug (Anfangszustand), und nach Stellgrößen: Schnittgeschwindigkeit, Werkstückgeschwindigkeit, Vorschubgröße, Zustellung usw. Beim Prozeß sind zu unterscheiden: Aufbau- oder Abtragmechanismus, chemische oder thermische Vorgänge, Hilfsstoffe, Störgrößen. Beim Ergebnis wird hinsichtlich des technologischen Ergebnisses und der Wirtschaftlichkeit unterschieden. Genau dies entspricht auch unserer formalen Darstellung (1/1), wobei wir besonders den Einfluß der "Verfahrensgeometrie" auf die Werkstückgeometrie betonen wollen.

Bei der Verfahrensentwicklung geht es im Kern immer um die Ermittlung der Technologieflächen (s. o.) des neuen Verfahrens, was vielfach Gegenstand von Forschungsarbeiten ist. Die Darstellung von Werkstoffeigenschaften in Schaubildern verschiedener Art, in Zustandsdiagrammen usw. kann ebenfalls als ein Hilfsmittel zur Verfahrensentwicklung bzw. als eine Technologiefläche angesehen werden (Bild 1.1/8).

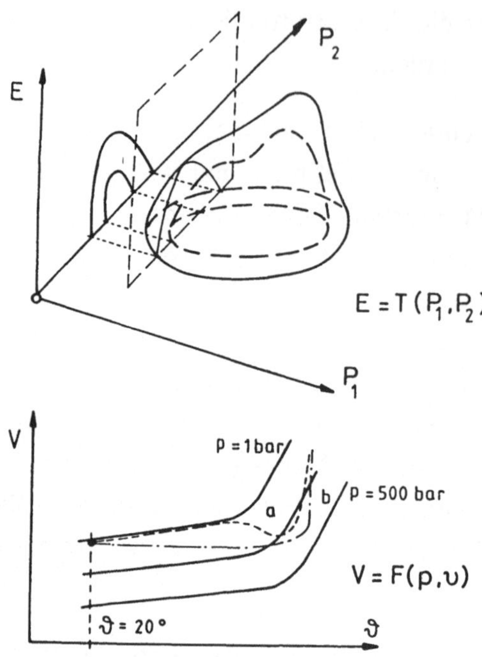

<u>Zum Begriff der Technologie-Flächen:</u>

oben: allgemeine Darstellung für zwei Parameter
unten: p-V-ϑ Diagramm für einen Thermoplast
mit zwei Linien einer Spritzgießprozeß-
führung. Der Weg zur Erreichung des
spez. Volumens wird als "Ergebnis E"
interpretiert. (isochore Abkühlung liefert
spannungsarme Teile : Weg b)

Bild 1.1/8   Technologiefläche am Beispiel eines p-v-ϑ-Diagramms

Im folgenden sei für verschiedene Verfahren die Vielschichtigkeit des Begriffs Technologiefläche weiter erläutert, wobei ihre Bedeutung für die Darstellung und Entwicklung von Technologieprinzipien erkennbar wird.

Beispiel: Bei der Glasherstellung unterteilt man den Vorgang des Schmelzens in vier Abschnitte: Silikatbildung, Glasbildung, Homogenisierung und Läuterung (Abstehen). Während der Phase der Läuterung steigen in der Glasschmelze Glasblasen auf, die für eine Durchmischung und Homogenisierung des Glases sorgen. In einem Diagramm finden wir den Zusammenhang zwischen Blasenauftriebsgeschwindigkeit, Glastemperatur und Blasendurchmessern. Wir können dieses Diagramm als eine Technologiefläche bei der Glasherstellung interpretieren (Bild 1.1/9 nach /1/4/).

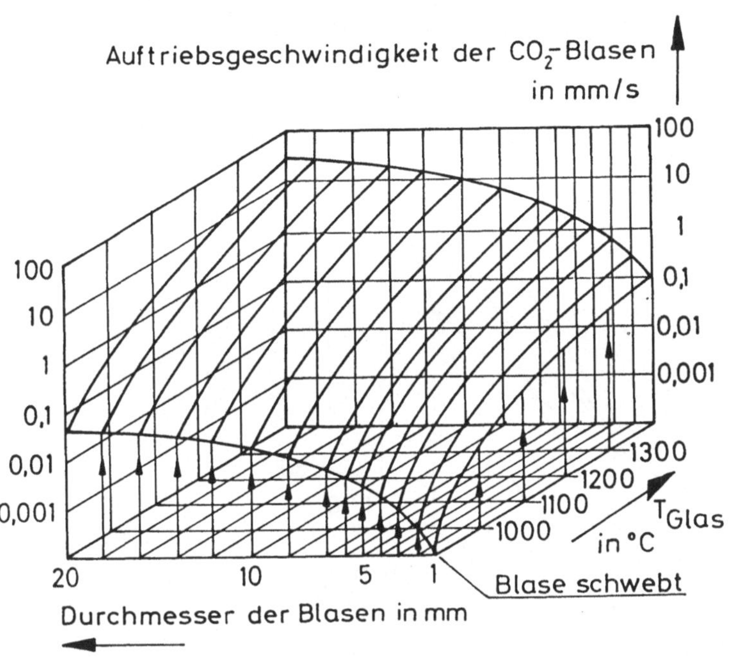

Bild 1.1/9   Technologiefläche bei der Glasherstellung

Beispiel: Hauptzeiten zur Herstellung kleiner Wellen: $D = 40$ mm, $L/D = 5$, f: Vorschub mm pro Umdrehung, n: Spindeldrehzahl 1/min, V_c: Schnittgeschwindigkeit m/min. Bild 1.1/10 zeigt die Technologiefläche "Hauptzeit t_h", die zum einmaligen Überdrehen der Länge $L = 5\,D$ des Durchmessers D erforderlich ist. Die Schnittiefe zur Erzeugung guter Oberflächen bleibt hier unberücksichtigt.

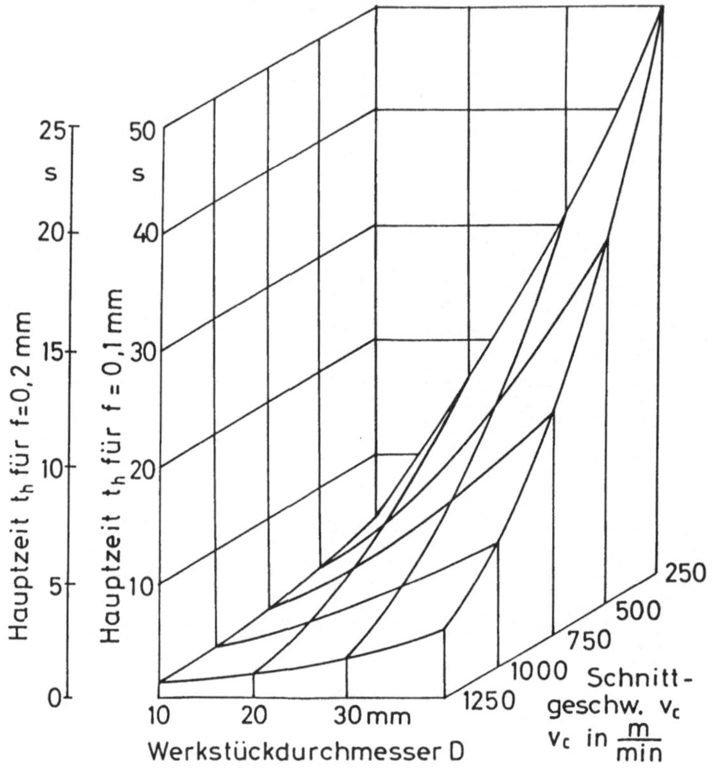

Bild 1.1/10   Technologiefläche beim Drehen

1.2 Werkstoff und Technologie

Bezüglich der Werkstoffwahl sei angemerkt, daß die funktional geforderten Stoffeigenschaften gelegentlich technologisch äußerst störend sein können. Technologisch relevante Werkstoffeigenschaften sind u.a.: Gießbarkeit, Auslaufvermögen, Formfüllhalten, Schmiedbarkeit, Biegefähigkeit, Prägbarkeit, Zerspanbarkeit, Schweißbarkeit, Galvanisierbarkeit, Härtbarkeit usw. Die grafischen Darstellungen zu den Werkstoffeigenschaften und den dazu erforderlichen Vor-, Zwischen- und Endbehandlungen können im weiteren Sinne als Technologieflächen aufgefaßt werden. Dazu sei erinnert an Zustandsdiagramme (binäre und ternäre Stoffdiagramme, Eisen-Kohlenstoff-Diagramm), Diagramme zur Wärmebehandlung der Stoffe (Eisen, Al-Legierungen, Kunststoffe), Kristalldarstellungen verschiedener Art, Diagramme zur Beschichtung, zur Diffusion, zur Epitaxie, zur Ionenimplantation, zum Kleben, zum Schweißen usw.

Deutlich wird bei allen diesen Darstellungen, daß die Grafik das Erkennen und Verstehen der Zusammenhänge wesentlich erleichtert. Sie leistet beim Aufspüren

ANWENDUNGEN ZUR GIBBS'SCHEN REGEL

<u>EINSTOFFSYSTEM WASSER:</u>

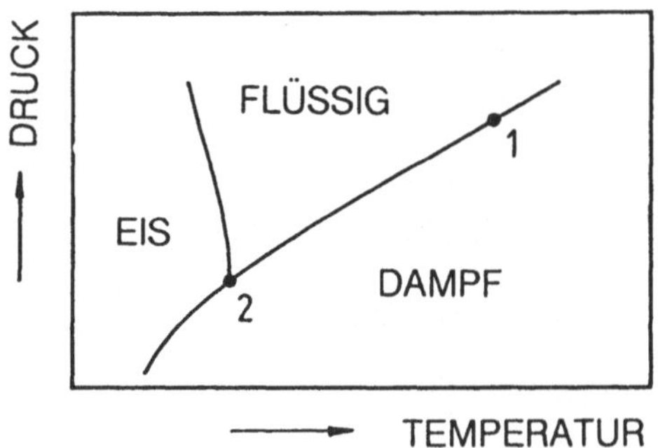

<u>PUNKT 1:</u> FLÜSSIGKEIT UND DAMPF IM THERMODYNAMISCHEN GLEICHGEWICHT (ES VERDAMPFT SO VIEL WIE KONDENSIERT)

$$P + F = K + 2 \qquad K = 1 \text{ (EINE CHEMISCHE KOMPONENTE)}$$
$$F = ? \text{ (DRUCK, TEMPERATUR)}$$
$$P = 2 \text{ (ZWEI PHASEN BEI PUNKT 1)}$$

$$\longrightarrow 2 + F = 3 \longrightarrow F = 1$$

EINE FREIHEIT! WÄHLT MAN DEN DRUCK, IST DIE TEMPERATUR BESTIMMT, ODER UMGEKEHRT.

<u>PUNKT 2:</u> TRIPELPUNKT: FESTER, FLÜSSIGER UND DAMPFFÖRMIGER ZUSTAND IM THERMODYNAMISCHEN GLEICHGEWICHT

$$\longrightarrow 3 + F = 3 \longrightarrow F = 0$$

KEINE FREIHEIT! DRUCK UND TEMPERATUR FEST BESTIMMT.

Bild 1.2/1   Technologiefläche bei Einstoffsystemen

LEGIERUNGEN

① VOLLSTÄNDIGE LÖSLICHKEIT IM FESTEN ZUSTAND

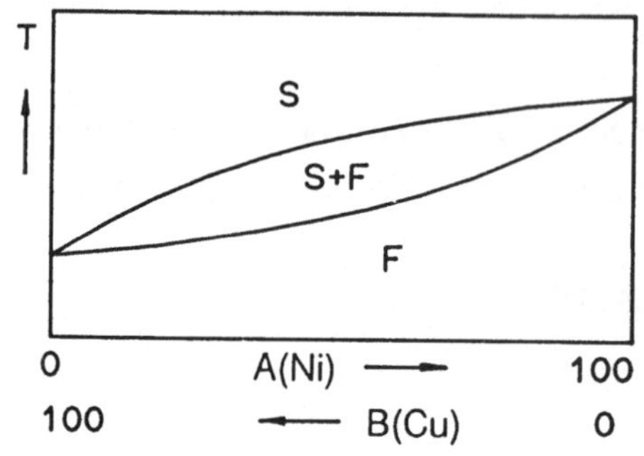

SCHMELZE: 1 PHASE

SCHMELZE UND FESTSTOFF:
2 PHASEN

1 MISCHKRISTALL = 1 PHASE

TYP: Ag - Au, Cu - Ni

② TEILWEISE LÖSLICHKEIT IM FESTEN ZUSTAND

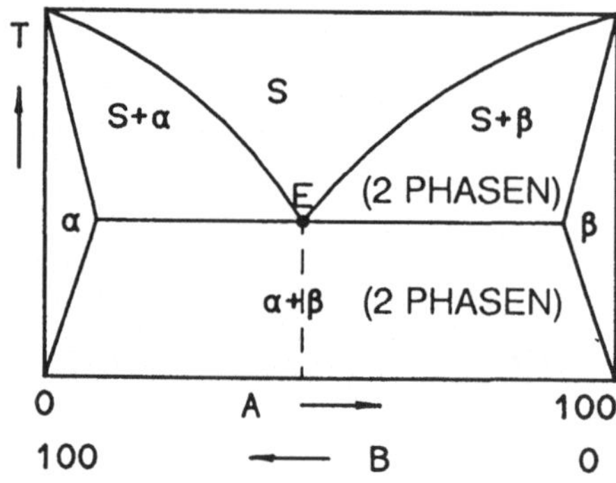

S: SCHMELZE

α: α-MISCHKRISTALLE

β: β-MISCHKRISTALLE

E: EUTEKTISCHER PUNKT

TYP: Pb - Sn

③ VOLLKOMMENE UNLÖSLICHKEIT IM FESTEN ZUSTAND

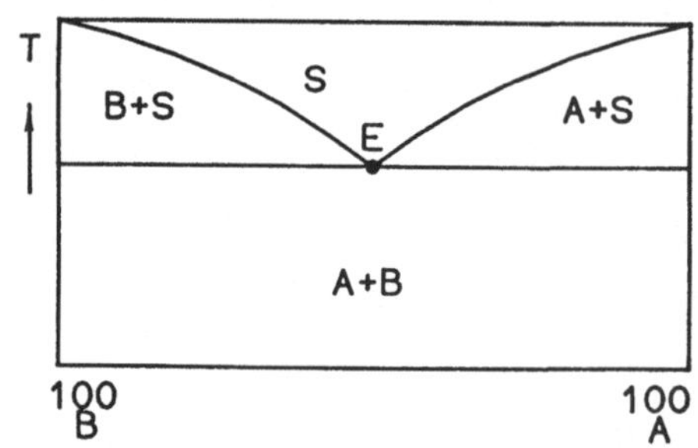

KRISTALLGEMISCH:

STOFFE A UND B ALS GEMENGE

TYP: Bi - Cd

Bild 1.2/2   Technologiefläche bei Zweistoffsystemen (binäre Zustandsdiagramme)

EUTEKTISCHE SYSTEME

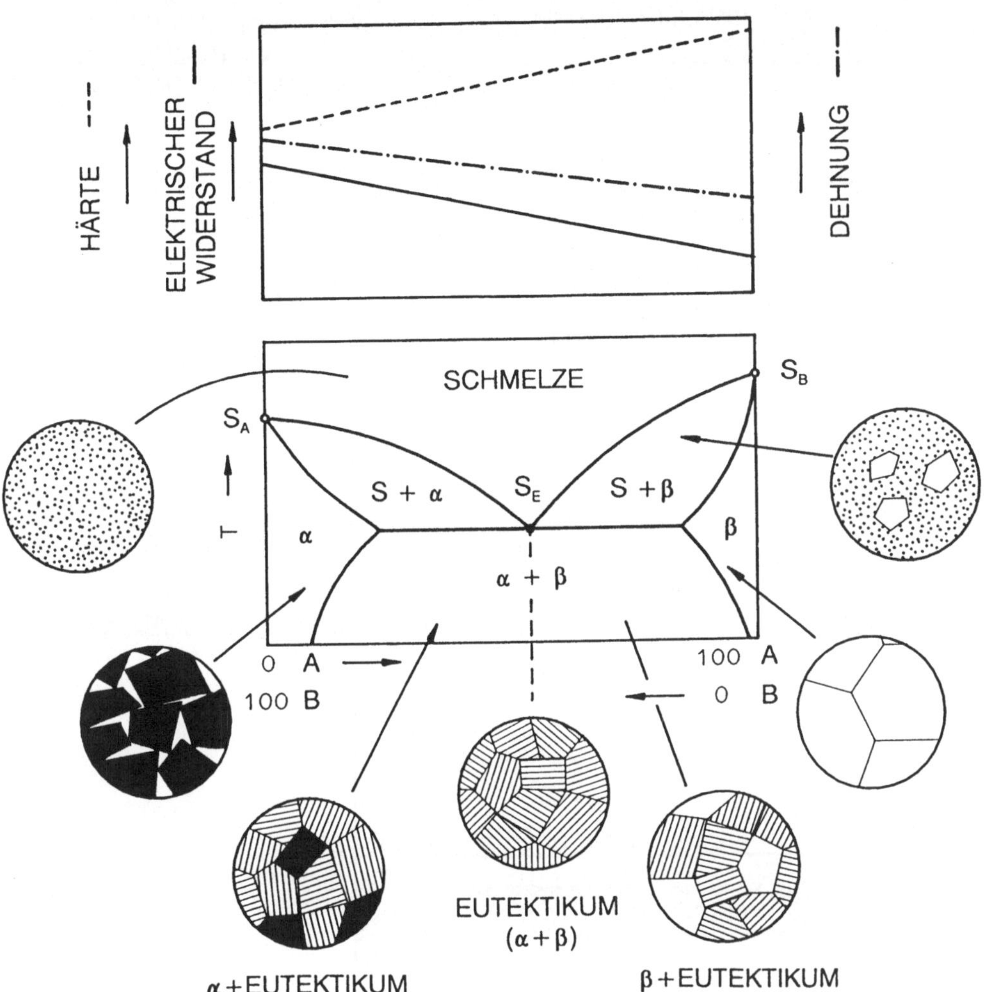

DIE EUTEKTISCHE REAKTION (SCHMELZE→FESTE PHASE) BEI
$S_E = \alpha + \beta$ KANN MIT UNTERSCHIEDLICHER GESCHWINDIGKEIT
ABLAUFEN. IM BEREICH S_E BILDEN SICH SEHR FEINKÖNIGE
GEFÜGE. DIE EIGENSCHAFTEN HETEROGENER LEGIERUNGEN
SIND DURCH DIE EINZELPHASEN UND DURCH DEREN VOLUMEN-
ANTEIL IM GEMENGE FESTGELEGT.

Bild 1.2/3   Technologieflächen bei Stoffen

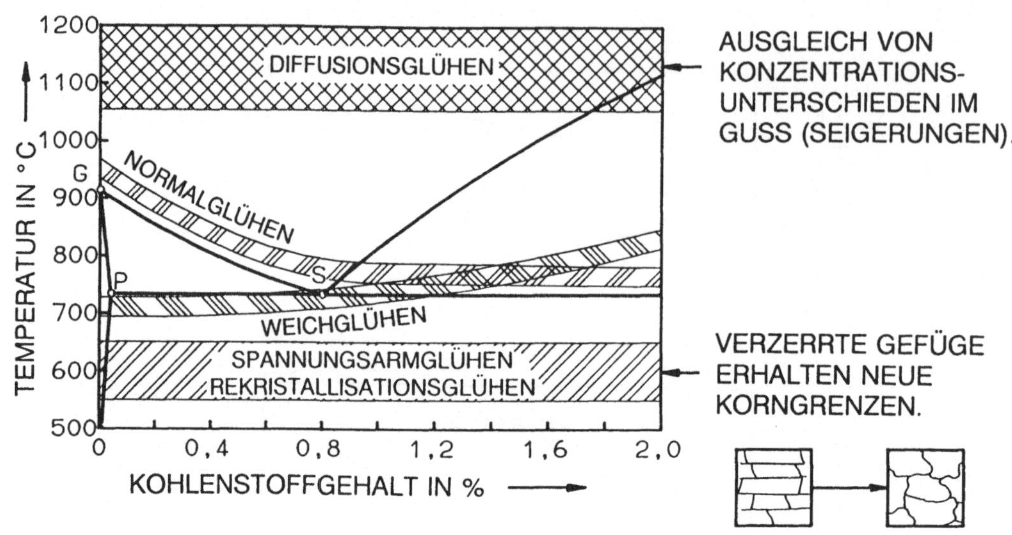

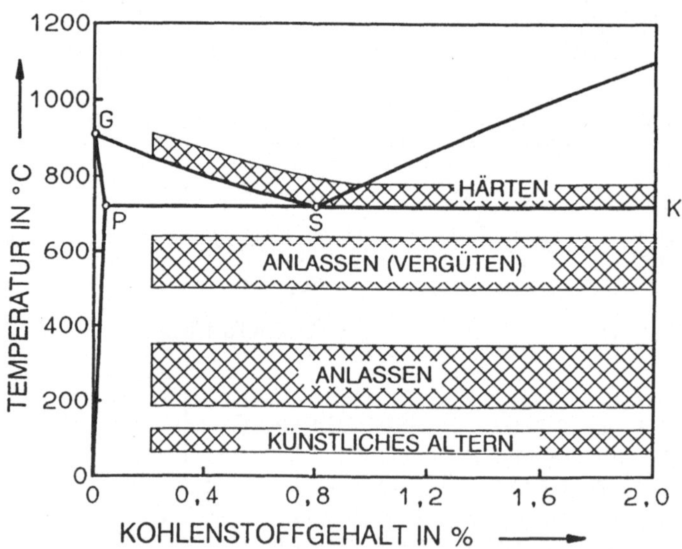

Bild 1.2/4   Technologiefläche "Wärmebehandlung bei Eisenwerkstoffen I "

KONTINUIERLICHES ZTU-SCHAUBILD
(GLEICHBLEIBENDE ABKÜHLUNGSGESCHWINDIGKEIT)

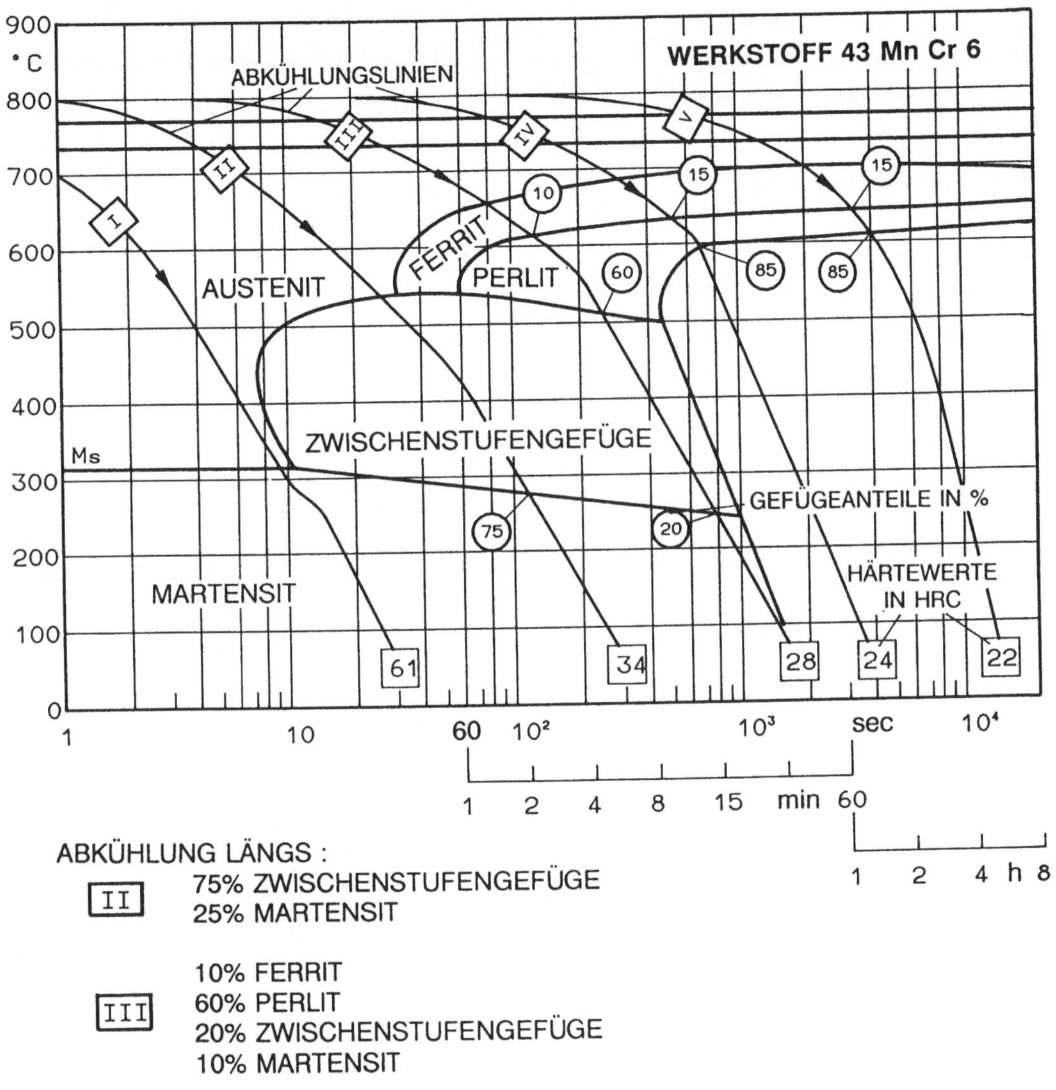

ABKÜHLUNG LÄNGS :

II   75% ZWISCHENSTUFENGEFÜGE
25% MARTENSIT

III   10% FERRIT
60% PERLIT
20% ZWISCHENSTUFENGEFÜGE
10% MARTENSIT

WEITERE INFORMATIONEN:
HANDBUCH FÜR WERKZEUGSTÄHLE
STAHLWERKE RÖCHLIN - BURBACH GMBH
6620 VÖLKLINGEN

Bild 1.2/5   Technologiefläche "Wärmebehandlung bei Eisenwerkstoffen II"

der für einen Prozeß relevanten und optimalen Parameter Schrittmacherdienste. Besondere Aufmerksamkeit ist den mit der Werkstoffbehandlung auftretenden geometrischen Parametern und Auswirkungen wie Schwindungsverhalten, Deformation, Unterätzung, Alterungseffekten usw. zu widmen. Weiter sind Eigenschaften wie Eigenspannungen, elektrisches Verhalten, magnetisches Verhalten, optisches Verhalten usw. besonders im Feinwerkproduktbereich relevant und in grafischer Form besonders aussagekräftig.

Das Lesen der Stoffdiagramme wird als bekannt vorausgesetzt. Wir können uns daher hier auf einige Bildbeispiele beschränken: Bild 1.2/1 zeigt eine Darstellung für das Einstoffsystem Wasser. Die Bilder 1.2/2 und 1.2/3 legen Beispiele von Zweistoffsystemen dar. In den Bildern 1.2/4 und 1.2/5 finden wir allgemeine Aussagen zur Wärmebehandlung von Eisenwerkstoffen. Das Volumen-Temperatur-Schaubild für Glas ist in 1.2/6 dargestellt, und in Bild 1.2/7 ist das Viskositätsverhalten von Glas in Abhängigkeit von der Temperatur gezeigt.

Die Reihe der Technologieflächen zu den Werkstoffen läßt sich beliebig fortsetzen. Wir fügen noch die Darstellungen ternärer Stoffsysteme (Bilder 1.2/8, 1.2/9, 1.2/10), Geometrieparameter am Drehstahl (Bild 1.2/11), Technologieflächen zur Schnittkraft F_s und zur Standzeit T an, wobei F_s und T als Ergebnisgrößen dargestellt sind (Bilder 1.2/12 und 1.2/13).

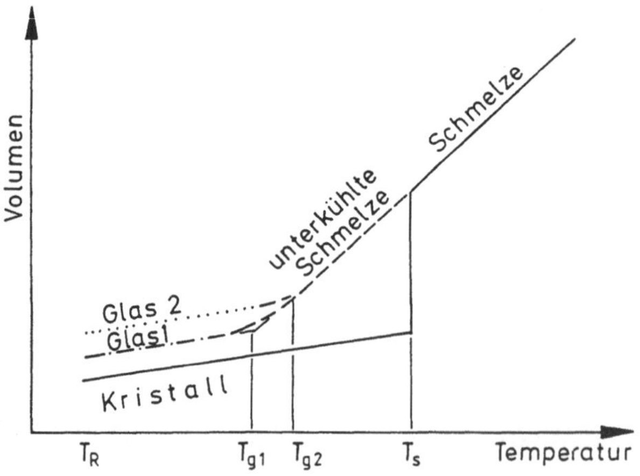

Bild 1.2/6   Technologiefläche bei Glas: v-ϑ-Diagramm

Wir gehen nun davon aus, daß die Begriffe Technologieprinzip und Technologiefläche genügend erläutert sind, um damit umzugehen bzw. um sie bei Verfahrens-
entwicklungen und Gestaltbildungen anwenden zu können. Natürlich reicht die
formale Darstellung eines Technologieprinzips in einer Formel wie (1/1) für die
Praxis nicht aus. Man benötigt viele Gleichungen, textliche Beschreibungen,
zeitliche Ablaufschemata usw., um z.B. die relevanten Parameter des Prozesses für
die kostengünstigste Fertigung zu erkennen. Die Technologieflächen sind dabei
aber eine wesentliche Hilfe.

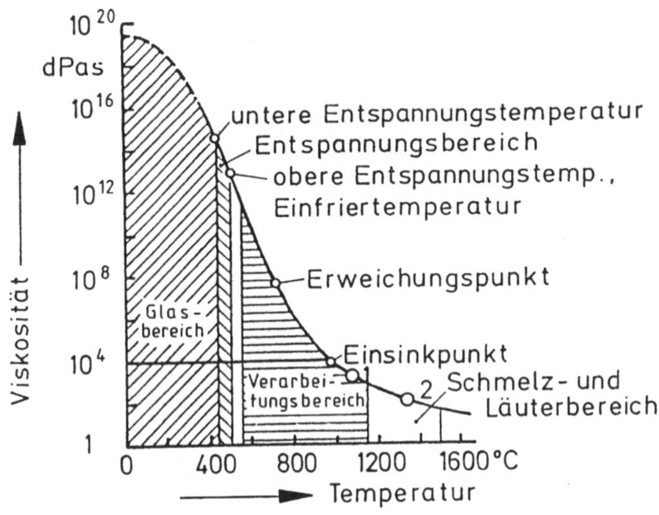

VISKOSITÄT IN Pas	GLASZUSTAND	GLASTEMPERATUR
$1 < \eta < 10^{3}$	flüssig	Schmelztemperatur
$10^{3} < \eta < 10^{6.6}$	zähflüssig	Heiß-Verarbeitungstemper.
$\eta = 10^{6.6}$	zähflüssig/plastisch	Erweichungstemperatur
$10^{6.6} < \eta < 10^{12}$	plastisch	Entspannungsbereich
$10^{12} \leq \eta \leq 10^{13.5}$	plastisch/elastisch	Transformationsgebiet
$\eta > 10^{13.5}$	elastisch-spröde	Raumtemperatur

Bild 1.2/7   Technologiefläche bei Glas: Viskosität

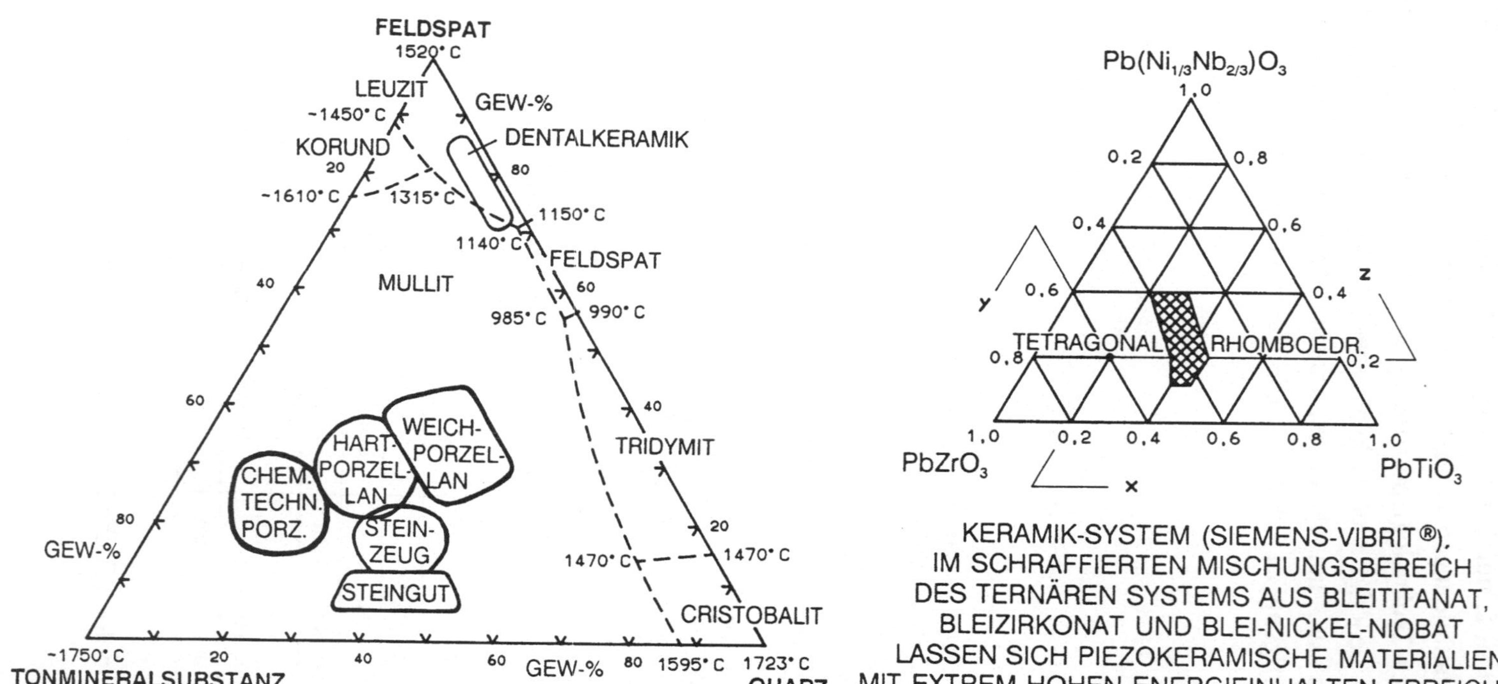

LAGE DER MASSEN EINIGER WERKSTOFFE IM DREISTOFF-
SYSTEM TONMINERALSUBSTANZ-FELDSPAT-QUARZ MIT FEL-
DERGRENZEN UND TEMPERATUREN DES DREISTOFFSYSTEMS
K$_2$O - Al$_2$O$_3$ - SiO$_3$

KERAMIK-SYSTEM (SIEMENS-VIBRIT®),
IM SCHRAFFIERTEN MISCHUNGSBEREICH
DES TERNÄREN SYSTEMS AUS BLEITITANAT,
BLEIZIRKONAT UND BLEI-NICKEL-NIOBAT
LASSEN SICH PIEZOKERAMISCHE MATERIALIEN
MIT EXTREM HOHEN ENERGIEINHALTEN ERREICHEN.

Bild 1.2/8   Technologieflächen bei Keramikwerkstoffen I: ternäre Stoffdiagramme

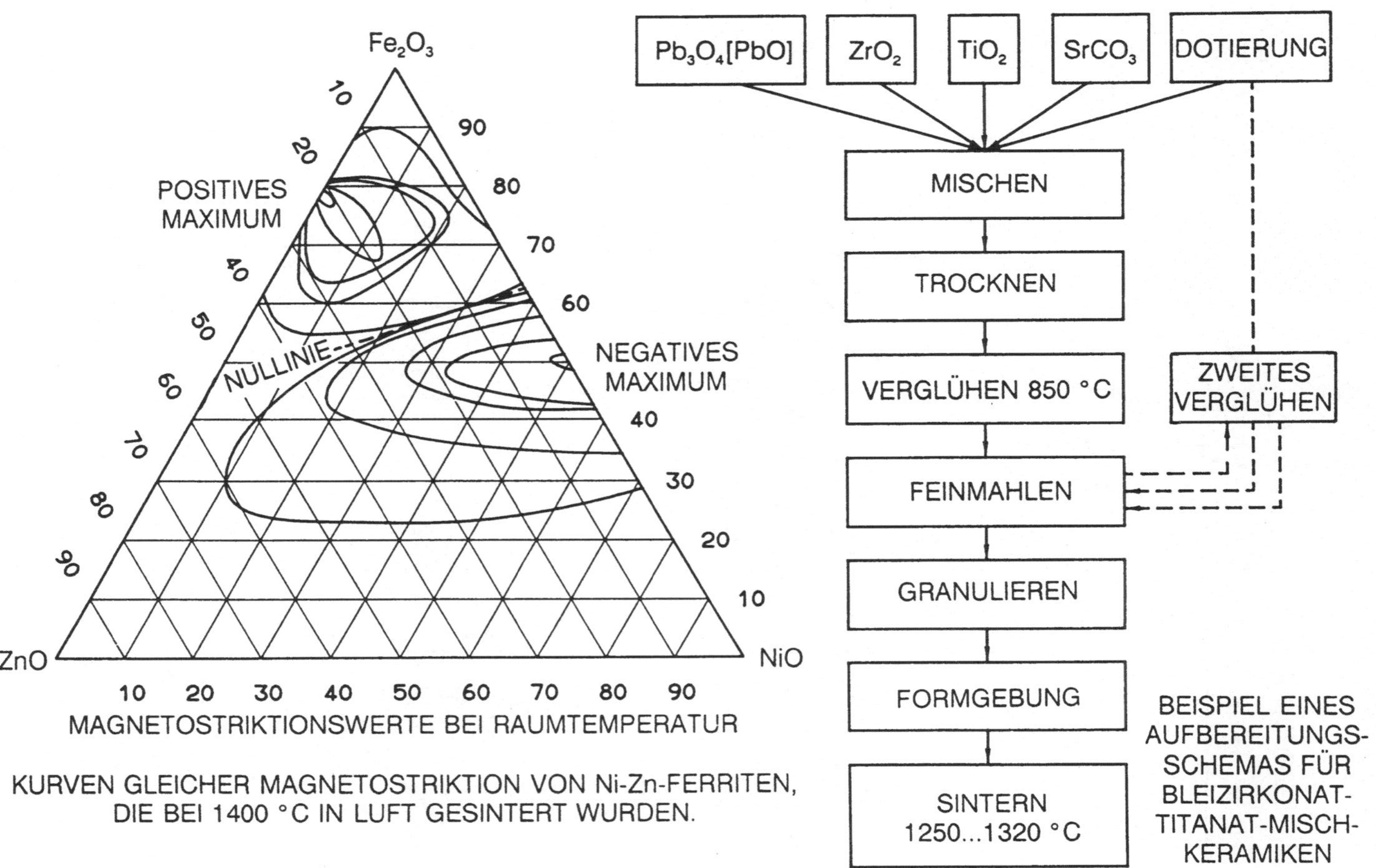

Bild 1.2/9   Technologiefläche bei Keramikwerkstoffen II: ternäres Stoff-
diagramm und Herstellablauf

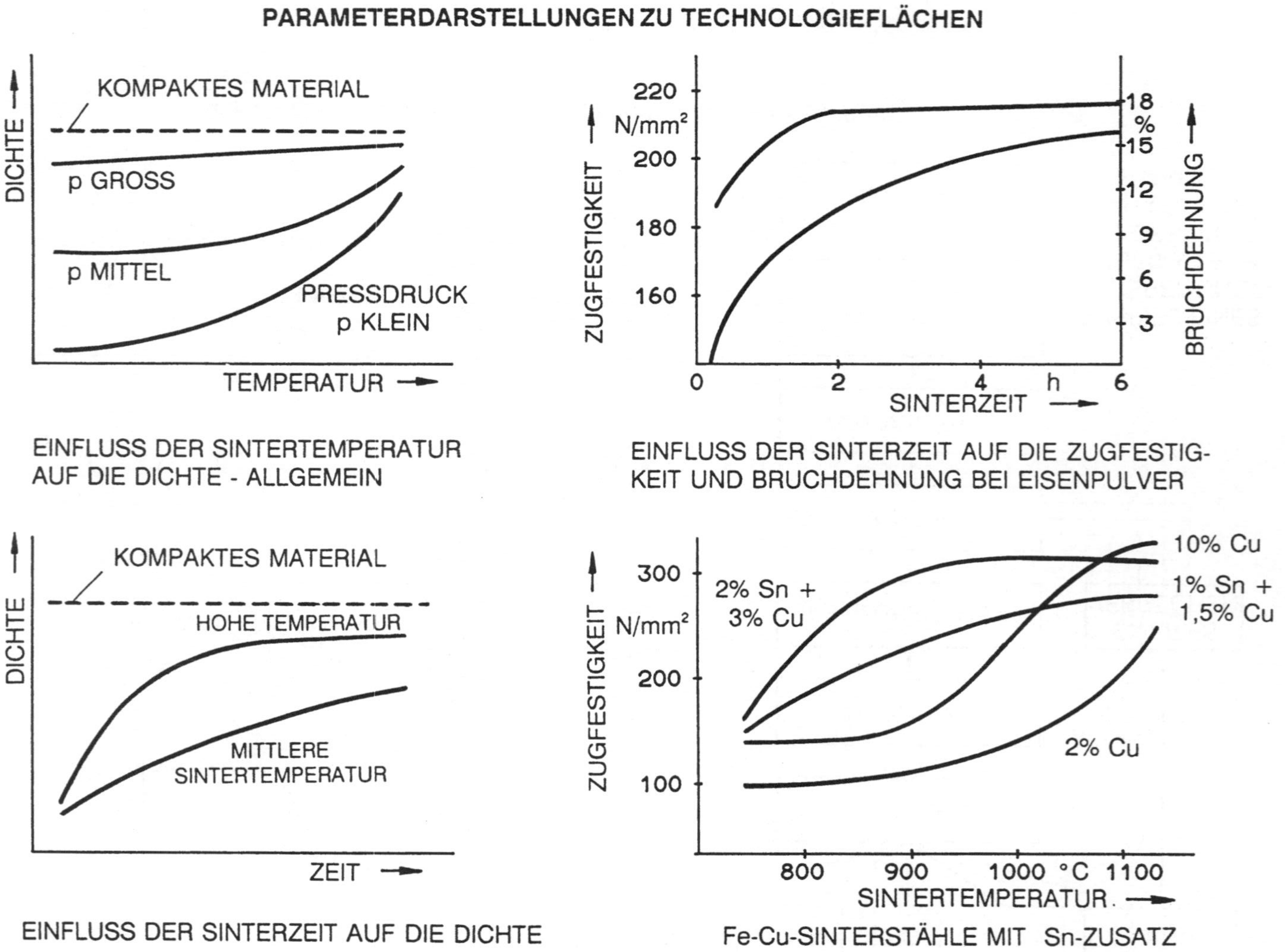

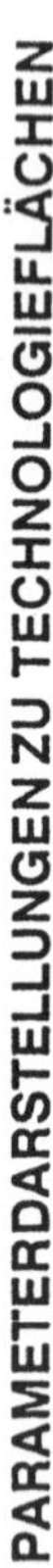

Bild 1.2/10   Technologieflächen Keramik in Parameterdarstellung

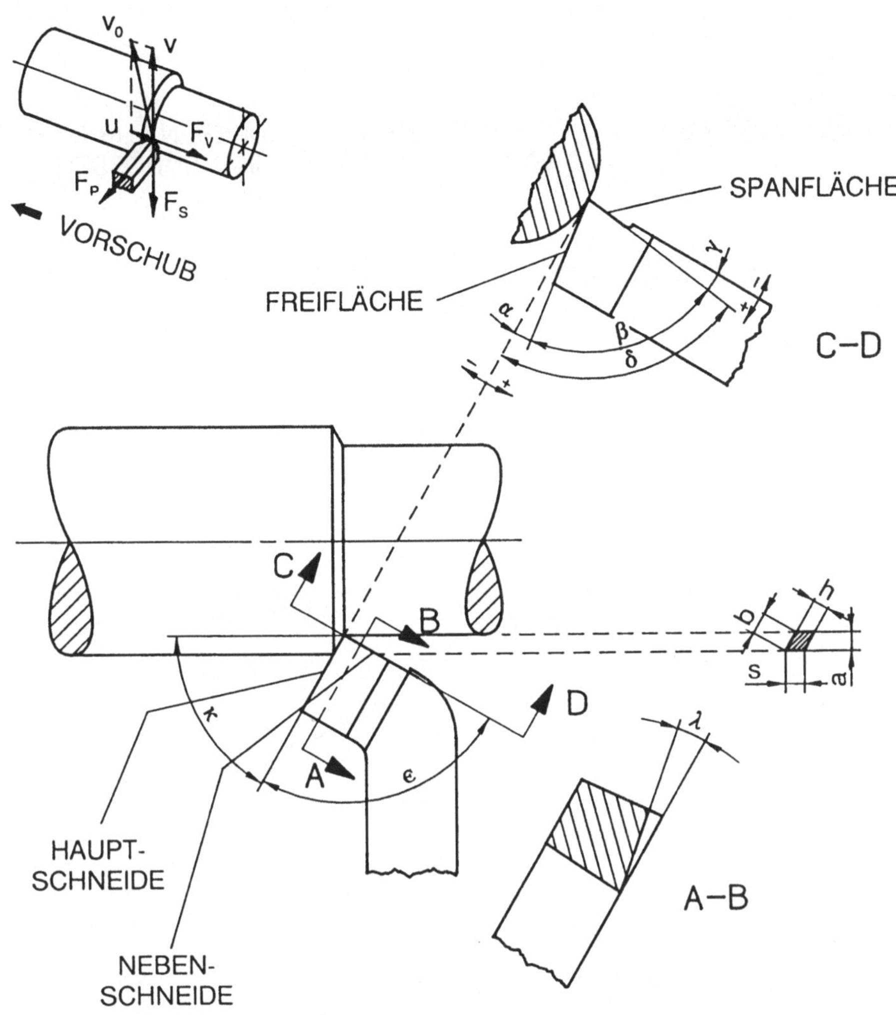

α = FREIWINKEL: VERHINDERT ZU GROSSE REIBUNG
STAHL/WERKSTÜCK
β = KEILWINKEL: JE HÄRTER DER WERKSTOFF, UM SO GRÖSSER
DER KEILWINKEL
γ = SPANWINKEL: MIT WACHSENDEM γ WIRD SCHNEID-
WIRKUNG BESSER
δ = SCHNITTWINKEL: NICHT MEHR NORMIERT
λ = NEIGUNGSWINKEL: BEGÜNSTIGT BIEGEN UND ABFLUSS
DER SPÄNE
ε = SPITZENWINKEL: WINKEL ZWISCHEN HAUPT- UND
NEBENSCHNEIDE
κ = EINSTELLWINKEL: BEEINFLUSST SPANQUERSCHNITT

Bild 1.2/11   Geometrieparameter am Drehstahl

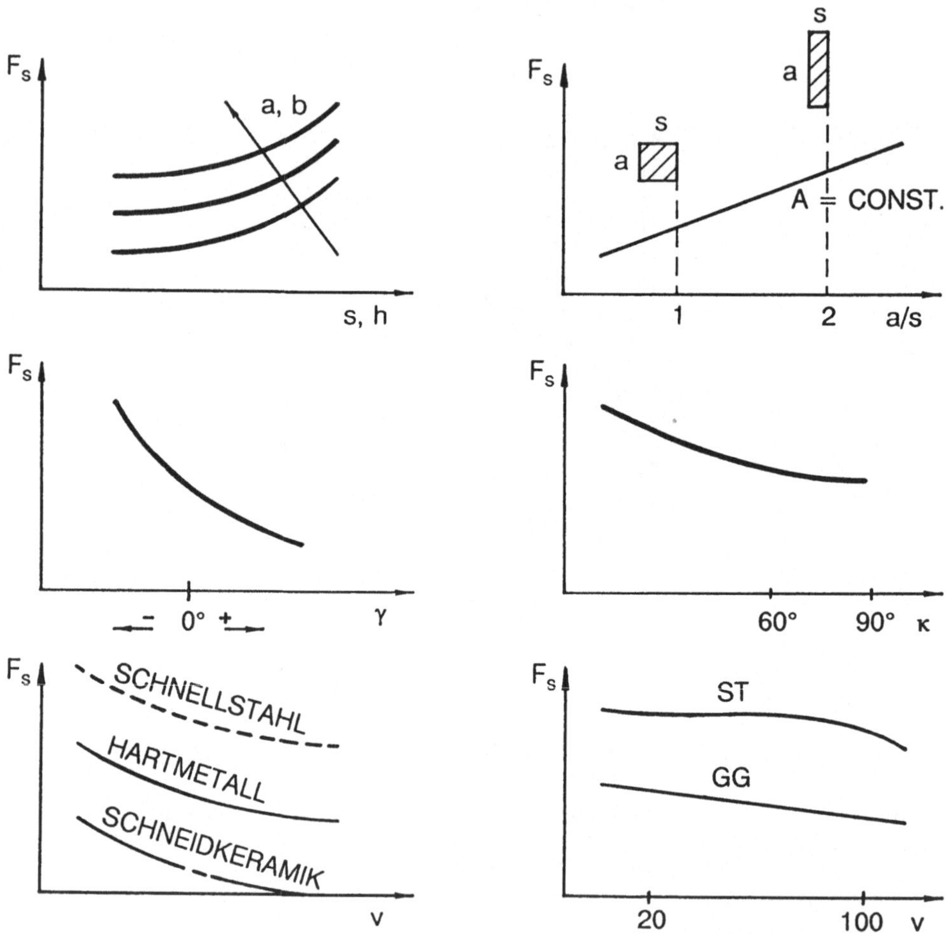

Bild 1.2/12   Technologieflächen beim Drehen in Parameterdarstellung

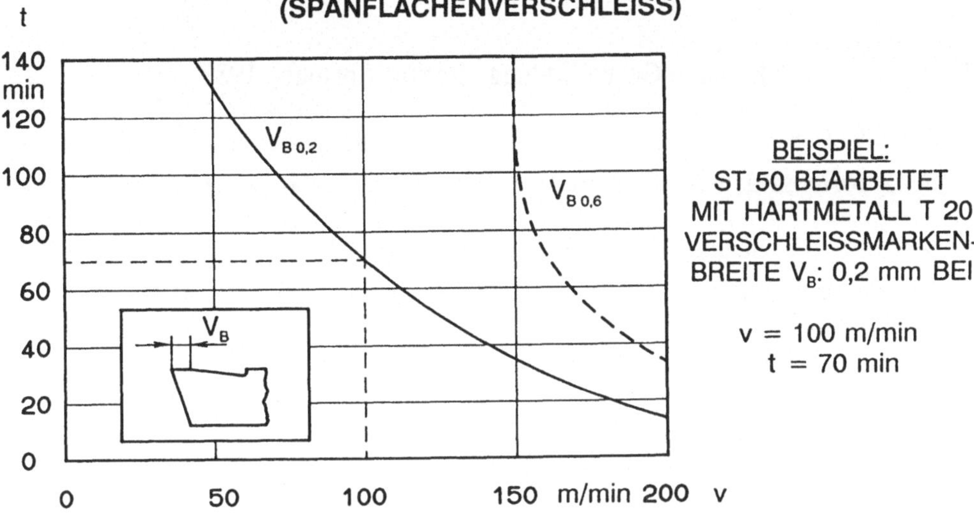

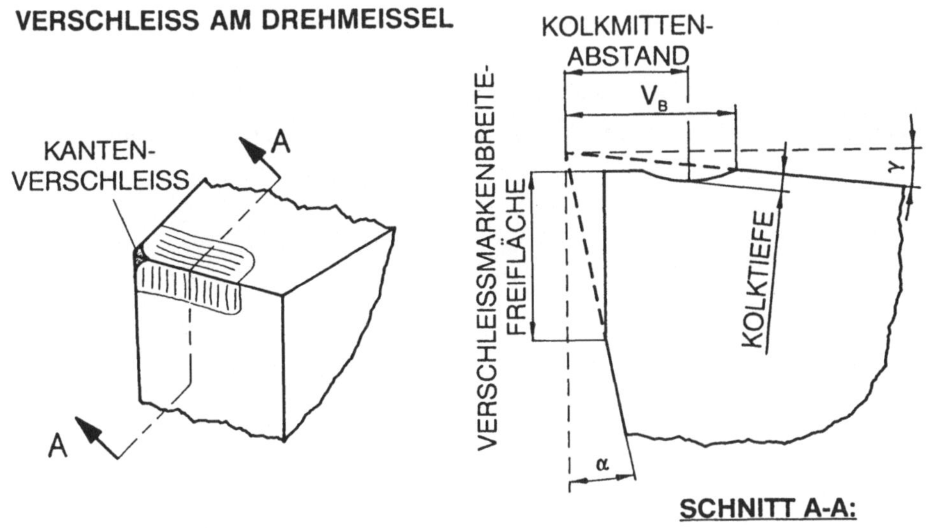

Bild 1.2/13   Technologiefläche zur Standzeit

Literatur zu Kapitel 1

/1/1/ Jung, A.: Funktionale Gestaltbildung. Berlin: Springer 1989.

/1/2/ Schenk, H.; Geißler, R.: Technologieflächen zur objektiven Beurteilung von Senkerosionsanlagen. Siemens Forschungsberichte 16 (1987) Nr. 4.

/1/3/ Steffens, K.; Struth, W.: Präzisionstrennschleifen sprödharter Werkstoffe. In: Jahrbuch Optik und Feinmechanik 1988. Berlin: Schiele & Schön.

/1/4/ Spauzus; Schnapp: Glas. Leipzig: Fachbuchverlag 1977.

/1/5/ König; Lauscher: Aspekte zur spanenden Bearbeitung kleiner Drehteile. VDI-Zeitschrift 131 (1989) Nr. 5.

/1/6/ Steffens, K.; Struth, W.: Präzisionstrennschleifen sprödharter Werkstoffe. In: Jahrbuch Optik und Feinmechanik 1988. Berlin: Schiele & Schön.

/1/7/ Cesak, F.: Bearbeitung harter Werkstoffe bei der Herstellung elektronischer Bauteile. Industrie-Diamanten-Rundschau (1985) Nr. 4.

/1/8/ Haynold, G.: Untersuchungen von Oberflächentastern mit einem Beitrag zur konstruktiven Weiterentwicklung. Universität Stuttgart, Dissertation 1985.

2 Fertigungsverfahren für Bauteile und Baugruppen

Man kann die Fertigungsverfahren nach unterschiedlichen Kriterien einteilen. Die übliche Einteilung erfolgt nach DIN 8580 in sechs Hauptgruppen (Bild 2/1). Dort sind im unteren Bildteil einige ergänzende Bemerkungen in Richtung feinwerktechnischer Bauteile angefügt.

Feinwerktechnische Bauelemente sind neben ihrer Kleinheit (Bild 2/2) dadurch gekennzeichnet, daß zu ihrer Herstellung häufiger Verfahrenskombinationen erforderlich sind als bei Großteilen. In der Feinwerktechnik sind darüber hinaus Spezialbezeichnungen üblich, die sich natürlich immer auch in die Hauptgruppen einordnen lassen, dort aber unter anderer Bezeichnung stehen. Beispiele: "Fischen": Partikel von optischen Teilen entfernen (Trennvorgang); "Fassen": in der Schmuckindustrie Edelsteine festhalten (Fügevorgang).

Ein weiteres Merkmal feinwerktechnischer Herstellung sind Grenzfälle der technologischen Gestaltbildung, von denen einige genannt seien:

- Produkte, deren Funktion Maß-, Form- und Lagetoleranzen an der Grenze der Herstellbarkeit erfordern. Beispiele: Teleskopspiegel, Objektive für die Halbleiter-Schaltkreisherstellung, Hochgenauigkeitsmaschinen zur Maßstabsteilung oder Teilkreisherstellung usw.
- Produkte, deren Funktion eine kostengünstige Großserientechnologie erfordert. Beispiele: Hochwertige Konsumartikel wie Videogeräte, Fotoapparate, Elektrogeräte usw.
- Produkte, deren Funktionen nur durch die Einhaltung extremer Reinheitsforderungen realisierbar sind. Beispiel: Halbleitermaterial usw.
- Produkte, die infolge ihrer Kleinheit nur mit Mikroskop und Mikromanipulator herstellbar sind.

Fertigungsmethoden für feine Strukturen und Genauigkeitsteile nach DIN 8580					
Form schaffen Urformen	Umformen	Form ändern Trennen	Fügen	Beschichten	Stoffeigenschaft ändern
-Giessen von Kleinteilen: Feinguss, Druckguss, Sandguss, -Sintern kleiner Teile (Pulver-metallurgie) -Spritzgießen -Extrudieren -Galvanoplastik	-Blech-bearbeitung: Biegen, Ziehen, Walzen, Prägen, Sicken, Prägerichten. -Gesenk-schmieden	-Zerteilen Schneiden Schneidewerk-zeuge Energiestrahlen-bearbeitung -Spanen: Fräsen, Drehen, Sägen, Schleifen, Bohren, Honen, Rollieren, Läppen, Schaben. -Abtragen Elektrochem. Abtragen, Elektroerosion, Ätzen, Entgraten, Ultraschall	-Schweissen Elektronenstrahl-laser -Auftragen mit Plasmabrenner -Ultraschall -Kleben -Löten	-Dünnschicht-technologie Bedampfen: thermisch Sputtern -Dickschicht-technologie Beschichten: chemisch galvanisch Lackieren Emaillieren	-Wärmebehandlung von Stählen und Nichteisenmetallen -Herstellung von reinsten Stoffen: Definierte Ein-lagerung von p- und n- leitendem Material. -Glasherstellung
Kunstoff-eigenschaften Legierungen Erstarrungs-morphologie Herstellen von Werkzeugen und Vorrichtungen Konstruktive Gestaltung	Kombination der Verfahren Umformen, Trennen, Fügen bei Blechteilen mittels 2-teiliger formgebundener Werkzeuge —► Stanzen Genauigkeitsfragen			Werkstoffeigenschaften amorph – kristallin	
Wirtschaftlichkeitsfragen – Verfahrensvergleiche					
Verfahrenskombinationen zur Herstellung feinwerktechnischer Produkte: Glühlampe					

Bild 2/1   Übersicht der Fertigungsverfahren

Längenabmessungen in der Feinwerktechnik

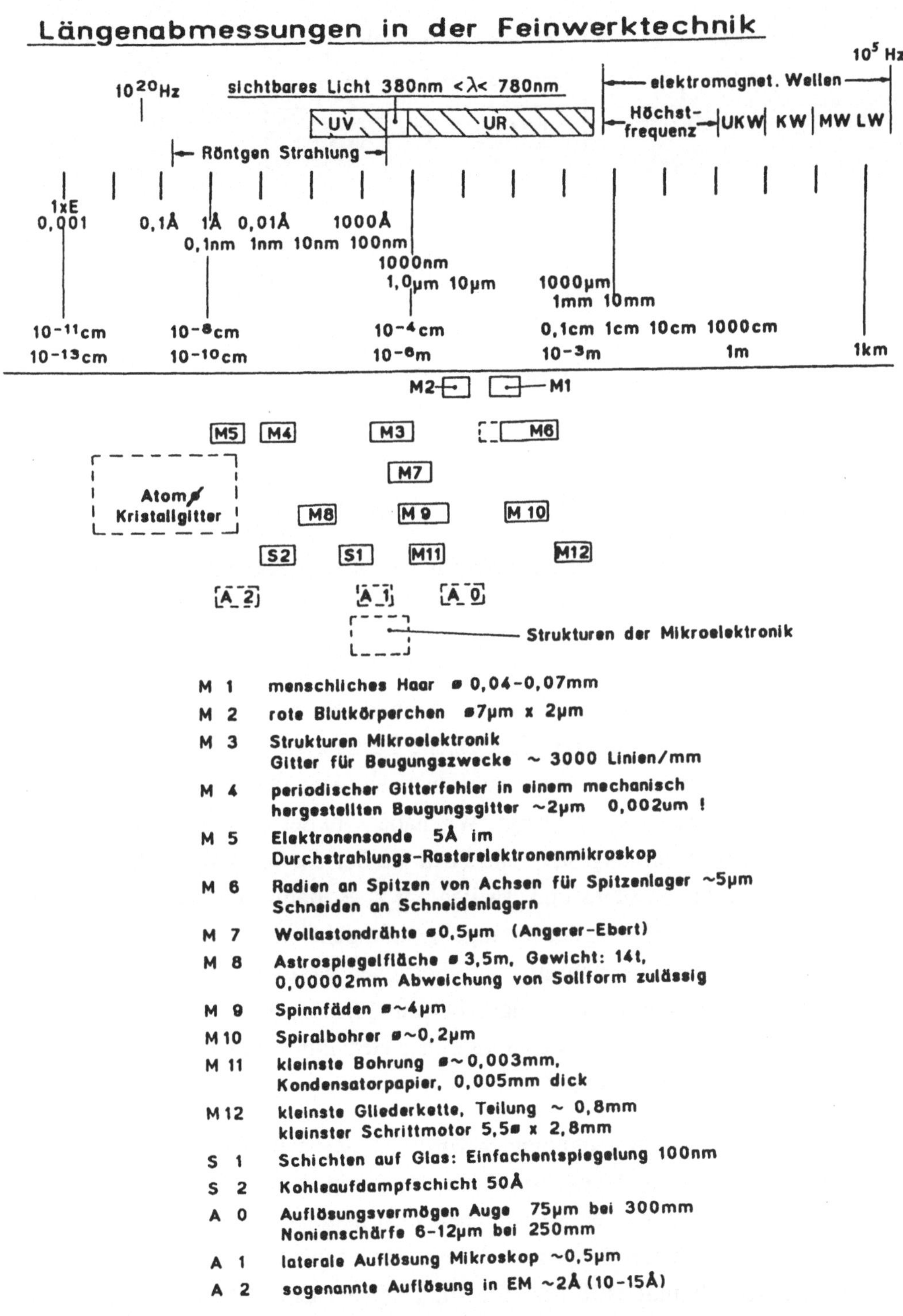

Bild 2/2   Längenabmessungen in der Feinwerktechnik

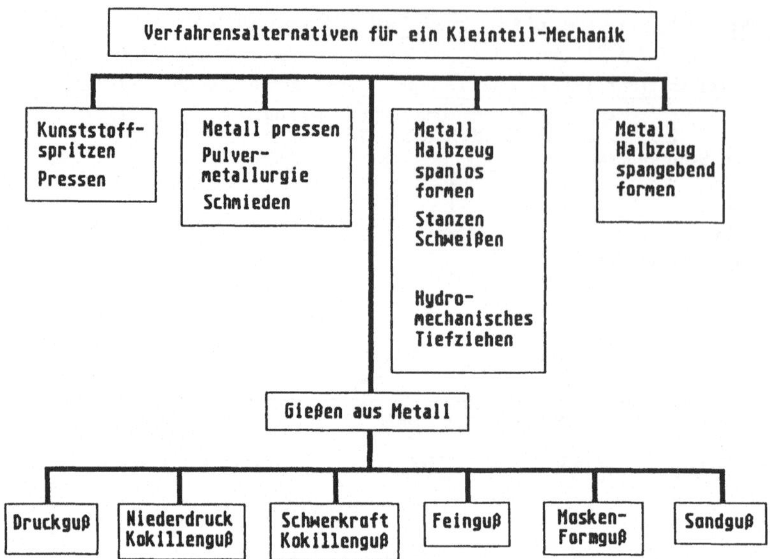

Bild 2/3   Fertigungsalternativen für ein Mechanikkleinteil

Das breite Produktspektrum der Feinwerktechnik hat zur Folge, daß sich in den verschiedenen Produktbereichen viele spezielle Fertigungsverfahren herausgebildet haben. Dabei steht neben der Frage, wie man ein Teil überhaupt fertigt, immer auch, wie man es kostengünstig fertigt. Wir haben bei der funktionalen Gestaltbildung die Kostenfrage zurückgestellt, nun tritt sie bei der technologischen Gestaltbildung stärker in den Vordergrund. Es beginnt z. B. damit, daß das teuer erworbene Firmen-Fachwissen möglichst lange geheimgehalten wird. Erst wenn bestimmte Technologien über mehrere Jahre betrieben werden, werden Einzelheiten der Fertigungsschritte und Einrichtungen bekannt. Diese Einsichten und Erfahrungen spiegeln sich dann in Form technologischer Gestaltungsregeln wider, die dann der Allgemeinheit zugänglich sind.

Bei relativ neuen Fertigungstechnologien wird das diesbezügliche Wissen zunächst streng gehütet. Die hohen Investitionen für die Fertigungseinrichtungen verbieten eine freizügige Weitergabe der wesentlichen Informationen. Zum Beispiel kostete die Einrichtung eines Bereiches von 5 Arbeitsplätzen für die Ätztechnologie "Mikromechanik aus Silizium" 1987 ca. 5 Mill. DM, die Einrichtung eines Entwicklungsbereiches für Entwurf und Fertigung von kundenspezifischen C-MOS-Bausteinen mit ca. 50 Arbeitsplätzen ca. 100 Mill. DM.

Für die Darstellung aktueller Fertigungstechnologien für Lehrzwecke stehen also immer nur sehr spärliche Informationen zur Verfügung. Somit kann eine Darstellung über technologische Gestaltbildung eigentlich nur einige Schwerpunkte setzen, die sich aus dem Werkstoffgrundwissen, einigen Beispielen mit grundlegenden Verfahrensabläufen und den Kenntnissen der erforderlichen Vorrichtungen, Werkzeuge und Hilfsmittel zusammensetzt. Der eigenen, ständig aktualisierten Erfahrungssammlung durch Besuche von Tagungen, Firmen, Messen und der Verfolgung von Ergebnissen in Jahrbüchern kommt also große Bedeutung zu.

Ein Bauteil der Feinwerktechnik kann i. a. mit verschiedenen Fertigungsverfahren hergestellt werden. Stückzahl und Vergleichkosten (s. Kapitel 10) entscheiden über das Verfahren, wenn technische Gleichwertigkeit vorliegt. Bild 2/3 zeigt einige Alternativen für Mechanikkleinteile.

Neben der Einteilung der Fertigungsverfahren nach DIN 8580 teilt man auch in spangebende und spanlose Fertigungsverfahren ein. Wir stellen den geometrischen Anteil der Gestaltbildungsmaßnahmen in den Vordergrund, werden also nicht streng einer Verfahrenseinteilung folgen, sondern die Möglichkeiten der Formentstehung als einen Akt geometrischer Abbildung durch Hohlform, Umformwerkzeug, Schneidwerkzeug, Schleifwerkzeug, Masken verschiedenster Art usw. an Beispielen ausführen.

Bevor wir auf die Verfahrensbeispiele eingehen, einige Bemerkungen zu Objekten, die als "feine Strukturen" angesprochen werden können. Bild 2/2 zeigt die Einordnung von Objekten längs einer logarithmisch geteilten Längenskala. Die Daten der Objekte sind Veröffentlichungen und Firmenschriften entnommen, die oft die Kleinheit mit Schlagworten betonen. Entsprechende Reklameaussagen lauten: Kleinster Spiralbohrer der Welt, kleinstes Hartmetallröhrchen, kleinste Glühlampe, kleinster Beschleunigungssensor, kleinster Schrittmotor, kleinste Lithiumbatterie, dünnste Stahlfolien, dünnste Drahtlitzen, dünnste Nadeln, dünnste Fäden usw. Es ist sinnvoll, diese Hinweise mit den Firmenanschriften zu sammeln, weil es sich oft um wenig bekannte Spezialunternehmen handelt. Weiter sei in diesem Zusammenhang auf die Strategie verwiesen, alle Spezialfirmen, die in einem Umkreis bis 100 km Durchmesser vom eigenen Arbeitsort liegen, mit ihren speziellen Arbeitsgebieten zu kennen. Diese Kenntnis der "Technologie der unmittelbaren Nachbarschaft" hilft, wenn gegebenenfalls in eine eigene Verfahrensentwicklung spezielle Schritte einzubauen sind. Beispiele: Al-Legierungen mit harten Oberflächen versehen, hochwertige, langzeitstabile Al-Gußteile herstellen, spezielle Blechtechnologien anwenden, Galvanoformung und Elektroerosion anwenden.

Literatur zu Kapitel 2

/2/1/ v. Angerer-Ebert: Technische Kunstgriffe bei physikalischen Untersuchungen. Braunschweig: Vieweg 1954.

/2/2/ Grünwald, F.: Fertigungsverfahren in der Gerätetechnik. Berlin: Verlag Technik 1980.

/2/3/ Schweizer, W.; Kiesewetter, L.: Moderne Fertigungsverfahren der Feinwerktechnik. Berlin: Springer 1981.

/2/4/ Hildebrand, S.; Krause. W.: Fertigungsgerechtes Gestalten in der Feingerätetechnik. Berlin: Verlag Technik 1977.

/2/5/ Landolt-Börnstein: Zahlenwerte und Funktionen aus Naturwissenschaften und Technik. Berlin: Springer.

/2/6/ Jahrbuch der Optik und Feinmechanik. Berlin: Schiele & Schön.

Verfahren der technologischen Gestaltbildung

Wir erinnern uns daran, daß wir eine Gestalt als eine Einheit aus Geometrie- und Stoffparametern auffassen, die sich in einem bestimmten Zustand befindet. Die Verfahren zur technologischen Gestaltbildung beinhalten i. a. also geometrische Bearbeitungsmaßnahmen und Stoffbehandlungsverfahren.

Wir folgen nun, soweit als möglich, unserem didaktischen Konzept, die Herstellung von Teilen durch Technologieprinzip und Technologiefläche zu beschreiben. Dabei ordnen wir Beispiele locker ein und folgen in etwa DIN 8580. Meist werden Werkstoffangaben mit eingearbeitet. Wenn formale Darstellungen bekannt sind, werden sie herangezogen. Das Technologieprinzip wird durch Text, Bilder, Genauigkeitsangaben usw. beschrieben. Wenn möglich, werden die Technologieflächen wenigstens qualitativ angedeutet. Für spezielle Fragen ist die vorhandene umfangreiche Literatur heranzuziehen.

Wir möchten mit unserer Darstellung und den Beispielen dem Studierenden Mut machen, zunächst ein erstes geometrisches Verfahrenskonzept zu Papier zu bringen, um daran dann weitere Überlegungen anschließen zu können. Die Erfahrung - insbesondere in Prüfungen - zeigt, daß dieser erste Schritt ein sehr schwieriger Schritt ist, weil unseren Studenten mehr das Analysieren vorhandener Lösungen als das Synthetisieren eigener Vorstellungen vermittelt wird. Die Überwindung der eigenen akademischen Skrupel kann mit dem Mut zur ersten Skizze erfolgen und sollte so oft als möglich eingeübt werden.

3 Urformen

3.1 Allgemeines zum Technologieprinzip Urformen

Beim Urformen besteht ein grundlegendes Technologieprinzip im Einbringen von formlosen (flüssigen, pulverförmigen) Werkstoffen in eine Hohlform, deren innere Oberfläche der gewünschten Werkstückoberfläche entspricht. Dabei müssen die Abmessungen der Hohlform um die Schwindmaße vergrößert werden, um die sich der in der Form befindliche Stoff beim Abkühlen zusammenzieht. Auch treten beim Abkühlen Eigenspannungen infolge örtlich unterschiedlicher Abkühlgeschwindigkeiten auf. Für die Ermittlung von Schwindmaßen und die entstandenen Eigenspannungen existieren grob quantitative Ansätze, die der Spezialliteratur entnommen werden können.

Je nach der Art der Hohlformausführung benennt man im Falle flüssiger Stoffe die Art des Gusses. So spricht man von *Sandguß*, wenn die Form aus speziellen Formsanden aufgebaut ist, von *Kokillenguß*, wenn die Form als Metallhohlform ausgeführt ist. Viele weitere Technologieprinzipien bauen auf der Hohlform auf, z.B. wird beim Gießen in rotierenden Rohrformen *Schleuderguß* erzeugt. Hier interessieren im wesentlichen Verfahren wie *Feinguß, Vakuumdruckguß, Spritzguß* (Kunststoff) mit ihren Technologieprinzipien.

Ein weiteres Technologieprinzip des Urformens von Teilen besteht im Einbringen von pulverförmigen Werkstoffen in ein mit Stempeln ausgestattetes matrizenartiges Werkzeug. Die gepreßten Vorformlinge werden, wenn es sich um Keramik handelt, anschließend durch Sintern im Ofen zu festen Teilen mit unterschiedlichen und vielfältigen Eigenschaften gebrannt. Ähnlich arbeitet man bei einem Technologieprinzip, bei dem ein zähflüssiger Glastropfen in ein Preßwerkzeug fällt, dessen Oberflächen blankpoliert sind. Die durch Pressen entstehenden Linsen, sogenannte Blankpreßlinge, dienen für Beleuchtungs- und andere untergeordnete optische Zwecke.

Beim Urformen durch Galvanoformung wendet man ein Technologieprinzip an, das mit einem kathodisch gepolten Abscheidekörper arbeitet, auf dessen Oberfläche mit Hilfe eines Elektrolyten der an der Anode befindliche Werkstoff abgeschieden wird. Die so entstandenen Teile, wie siebartige Folien, rechteckige Hohlleiter usw., haben große technische Bedeutung.

Die Herstellung von Polarisationsfolien aus pulvrigem Polyvinylalkohol, der in Wasser gelöst ist und auf Glasplatten zum Trocknen aufgegossen wird, um letztlich zu Polarisationsfolien zu führen, ist ein weiteres Technologieprinzip des Urformens.

Abschließend sei kurz auf das neuartige Verfahren der Stereolithografie hingewiesen, ein ohne Form arbeitendes Urformverfahren. Das zugrundeliegende Technologieprinzip benutzt das im Rechner abgelegte Modell des zu fertigenden Teils. Mit Hilfe eines Laserstrahls wird in einem speziellen flüssigen Kunststoff das Teil in Form von Höhenschichtlinien schrittweise aufgebaut. Der mit dem Rechner geführte Koordinatentisch bringt die Werkstückpunkte nacheinander an die Stelle des Laserstrahles, der den Kunststoff dort punktuell härtet. So entsteht ohne materielle Form ein räumlich strukturiertes Teil, das als Prototyp herangezogen werden kann. Das Verfahren ist zwar teuer, aber schnell. Man kann daran erkennen, daß es auch heute noch möglich ist, neuartige Urformverfahren zu entwickeln.

3.2 Technologieprinzipien des Gießens

3.2.1 Werkstoffe für Metallguß

Bevor wir auf einige Gießverfahren für Metalle eingehen und die erforderlichen Gestaltungsmaßnahmen kurz andeuten, sollen die Werkstoffe der wichtigsten Metallgußverfahren erörtert werden.

Legierungen

Legierungen bestehen aus Atomen von zwei oder mehreren Elementen, wovon mindestens eines metallischen Charakter besitzt. Es können Atome des einen Elementes im Gitter des anderen Elementes - des Grundmetalls - gelöst sein; es können Kristallkörner einer Atomsorte mit eigener Gitterstruktur mit den Kristall-körnern des Grundmetalls Kristallgemische (Gemenge) bilden, und/oder es können Atome mit dem Grundmetall intermetallische Verbindungen eingehen, Bild 1.2/2.

Man kann also Legierungen wie folgt unterteilen:

- Kristallgemische: Legierungsbestandteile sind im festen Zustand vollständig ungelöst.
- Mischkristalle: Legierungsbestandteile sind im festen Zustand teilweise oder vollständig gelöst (Einlagerungsmischkristalle, Substitutionsmischkristalle).
- Intermetallische Verbindungen: Grundmetall-Mischkristall besteht neben Verbindung von Grundmetall mit anderen Atomen, Beispiel: Ferrit (α-Mischkristall) + Perlit (Gemenge von Ferrit + Zementit) = Fe_3C.

Durch Legieren werden bestimmte Eigenschaften der reinen Metalle verbessert. Fast immer werden Härte und Festigkeit erhöht, während die Dehnung und die elektrische Leitfähigkeit abnehmen. Man kann durch Legieren auch die Zerspanbarkeit verbessern und die Farbe der beteiligten Metalle verändern.

Legierungen der Nichteisenmetalle unterteilt man in Guß- und Knetlegierungen. Gußlegierungen lassen sich günstig vergießen, Knetlegierungen lassen sich im kalten und warmen Zustand besonders gut spanlos formen.

In Bild 1.2/3 ist oben für ein eutektisches System der Verlauf einiger Eigenschaften über der Zusammensetzung qualitativ dargestellt, unten sind Gefügebilder mit Korngrenzen angedeutet (eutektische Legierung: Legierung mit dem tiefsten Schmelzpunkt). Im Eisen-Kohlenstoff-Diagramm sind weiter die Temperaturbereiche der Wärmebehandlungsverfahren für die Eisenwerkstoffe übersichtlich darstellbar, Bild 1.2/4. Es wird hier vorausgesetzt, daß binäre Zustandsdiagramme gelesen und interpretiert werden können (umgekehrtes Hebelgesetz für die Anteile und deren Zusammensetzung usw.).

Wärmebehandlung von Eisenwerkstoffen

Glühen ist das langsame Erwämen, Halten auf Glühtemperatur und langsame Abkühlen. Man kennt Spannungsarmglühen, Rekristallisationsglühen, Weichglühen, Normalglühen, Diffusionsglühen.

Härten ist nur bei Stählen mit mehr als 0,2 % C möglich. Es erfolgt in drei Stufen: Erwärmen, Halten auf Härtetemperatur und Abschrecken. Durch Härten erhalten Stähle Härte und Festigkeit. Unlegierte Stähle härten nicht durch, sie sind in Wasser abzuschrecken. Niedrig legierte Stähle sind Ölhärter, hochlegierte Stähle Lufthärter. Sehr anschaulich lassen sich die Härteergebnisse im Zeit-Temperatur-Umwandlungsschaubild (ZTU-Schaubild) darstellen, Bild 1.2/5.

Durch *Anlassen* erhalten die gehärteten Stähle Zähigkeit (*Vergüten* ist Härten mit nachfolgendem Anlassen). Durch Altern werden innere Spannungen im Werkstück vermindert (Endmaße erhalten spezielle Wärmebehandlungen und werden vor der Bearbeitung auf Fertigmaß Monate gelagert). Beim Randschichthärten wird nur die Randschicht gehärtet. Beim Einsatzhärten wird die Randschicht eines kohlenstoffarmen Stahles aufgekohlt und dann gehärtet. Durch Nitrieren (Zuführen von Stickstoff) erhält das Werkstück eine Nitrid-Randschicht.

Eisen-Gußwerkstoffe

Große Bedeutung für die technologische Gestaltbildung haben die Eigenschaftsänderungen, die mit der inneren Morphologie der Grafitausscheidung zusammenhängen, Bild 3.2.1/1. Während beim Stahlguß und bei den unlegierten und legierten Stählen kein Kohlenstoff in Grafitform vorliegt, haben Gußwerkstoffe i. a. Grafitanteile im Gefüge.

Grauguß (GG) ist ein Gußeisen mit blättchenförmigem Grafit und enthält 2,6 bis 3,6 % Kohlenstoffanteile. Die Grafitlamellen bedingen eine innere Kerbwirkung. Grauguß ist gut gießbar. Durch besondere Zugaben (Si) kann man die Grafitausscheidung sehr feinblättrig gestalten (Mehanite-Guß).

Gußeisen (GGG) mit kugeligem Grafit kann durch Impfen der Gußeisenschmelze mit einer Ni-Mg-Legierung erzeugt werden. Der Kohlenstoff scheidet sich dabei bei der Erstarrung in Form kleiner Kugeln ab. Die innere Kerbwirkung ist gering, was gute Dehnung und Festigkeit zur Folge hat.

Hartguß entsteht, wenn beim Erstarren des flüssigen Gußeisens durch rasche Abkühlung (Stahlformen) und durch höhere Mangangehalte die Grafitausscheidung verhindert wird. Hartguß ist nur durch Bearbeitung mit Hartmetallen oder Schleifen formbar.

Beim *Temperguß* unterscheidet man den weißen und den schwarzen Guß. Weißer Temperguß entsteht durch Entzug der Kohlenstoffanteile in den Randzonen von Gußeisen. Beim Glühen in Roteisenstein wird Sauerstoff frei und verbindet sich mit dem Kohlenstoff im Randbereich. Schwarzer Temperguß wird aus in Sand verpackten Gußeisenteilen durch Glühen erzeugt. Der Zementit zerfällt dabei in Ferrit und flockige Temperkohle.

Stahlguß entsteht durch Abgießen von Stahl in Formen.

MORPHOLOGIE DER GRAPHITAUSSCHEIDUNG
(SCHLIFFBILDER ~100-FACH VERGRÖSSERT)

GG (GUSSEISEN MIT LAMELLENGRAPHIT)

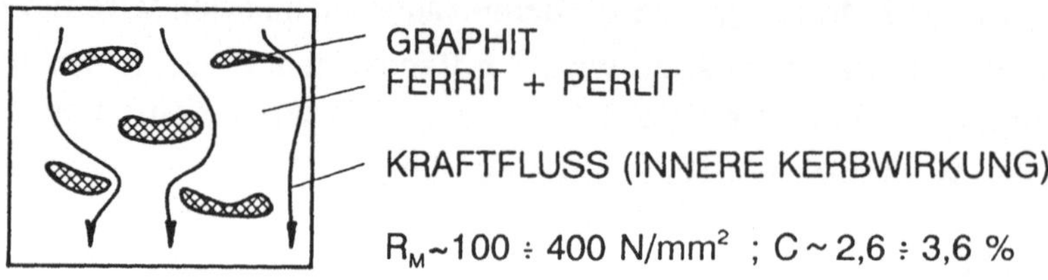

$R_M \sim 100 \div 400$ N/mm^2 ; C $\sim 2,6 \div 3,6$ %

GGG (GUSSEISEN MIT KUGELGRAPHIT, GLOBULAR)

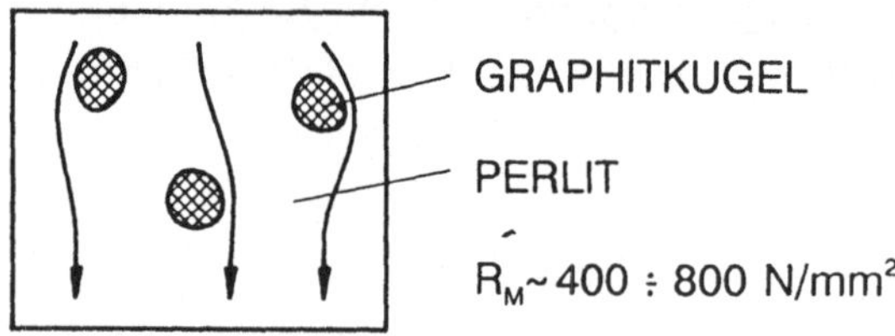

$R_M \sim 400 \div 800$ N/mm^2

GTS (SCHWARZER TEMPERGUSS)

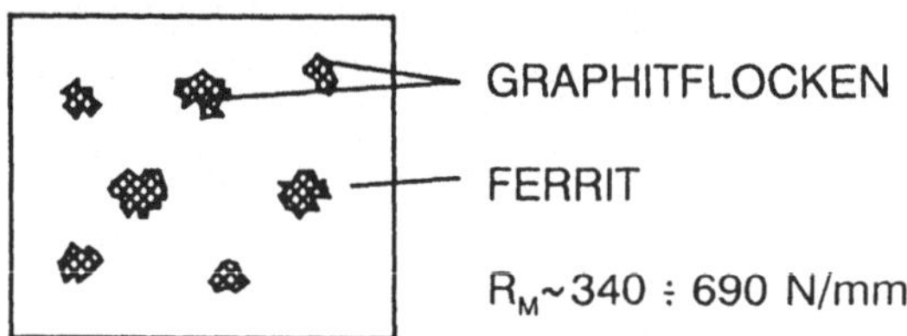

$R_M \sim 340 \div 690$ N/mm^2

GS (STAHLGUSS)

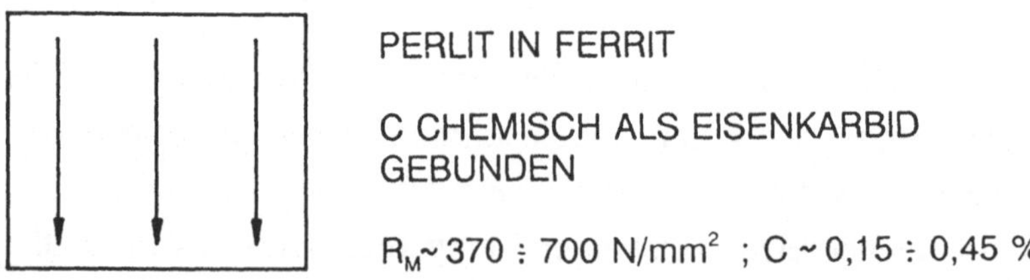

$R_M \sim 370 \div 700$ N/mm^2 ; C $\sim 0,15 \div 0,45$ %

Bild 3.2.1/1   Morphologie der Grafitausscheidung bei Gußwerkstoffen

Stellt man - wie früher dargelegt - die Einflußgrößen (Technologieparameter), die auf das Gefüge und die Eigenschaften von Gußteilen einwirken, zusammen, so sind zu nennen:

- Geometrie: insbesondere Wandstärke des Gußteils, Formverfahren, Steiger, Anschnitt;
- Stoffe: chemische Zusammensetzung (Fe, C), Gehalt an Legierungselementen (z. B. Si), Gehalt an Spurenelementen, Formstoffe;
- weitere Parameter: Schmelzbehandlung, Keimzustand der Schmelze, Gießtemperatur, Gießzeit, Abkühlungsbedingungen.

Mit diesen Parametern lassen sich die Ergebnisgrößen wie Maßhaltigkeit, Oberfläche, mechanische Eigenschaften usw. darstellen.

Aluminiumwerkstoffe

Sie haben große Bedeutung in der Gerätetechnik. Aluminium wird aus Aluminiumoxid durch Schmelzelektrolyse gewonnen. Der Schmelzvorgang aus Aluminiumoxid und Kryolith (Natrium-Aluminiumfluorid Na_3AlF_6) wird in Elektrolysezellen mit Gleichstrom durchgeführt. Die Zellen bestehen aus einer mit Kohlesteinen ausgekleideten Stahlwanne, die an den Minuspol gelegt ist. Die Anode sind Kohleelektroden, die von oben in die als Elektrolyt wirkende Schmelze ragen. Das Schmelzgut wird unter Einwirkung eines Lichtbogens geschmolzen und dann in Aluminium und Sauerstoff zerlegt. Der Kryolith wird dabei nicht zerlegt, sondern senkt nur den Schmelzpunkt des Aluminiumoxids von 2000 auf 950 °C. Das Aluminium sammelt sich am Boden der Wanne und wird von dort zeitweise abgesaugt.

Aluminium und seine Legierungen werden verwendet, wo geringes Gewicht, gute Korrosionsbeständigkeit und gute Verarbeitbarkeit gefordert werden. Man unterscheidet:

- *Reinstaluminium:* Al-Anteil mindestens 99,99 %, Anwendung: Reflektoren, Beleuchtungskörper, Fahrzeugzubehör, Rohrleitungen in der chemischen Industrie, Kondensatoren;
- *Reinaluminium:* Al-Anteil mindestens 99,9 %, Anwendung: Geschirr für Haushalt, Folien, Dosen, Tuben, Drähte, Kabel, Stromschienen für den chemischen Apparatebau und als Plattierungsmaterial;
- *Hüttenaluminium:* durch Zulegieren von Cu, Mg, Si werden Werkstoffe für Halbzeuge (Strangpreßprofile) und für Gußteile erzeugt;

44

- *Aluminium-Knetlegierungen:* AlCuMg1 aushärtbar, geringe Korrosionsbeständigkeit, AlMgSi aushärtbar, schweißbar, polierfähig, AlMg nicht aushärtbar, seewasserfest, gut polierbar, dekorative Wirkung.
- *Aluminium-Gußlegierungen:* G-AlSi nicht aushärtbar, Gießbarkeit gut, korrosionsfest für dünne Teile und Haushaltsmaschinen, G-AlSiMg aushärtbar, G-AlSi10Mg für schwierige und schwingungsbeanspruchte Teile, gut schweißbar, korrosionsfest, mit 11 % Si verschleißfest.

In Bild 3.2.1/2 ist das Zustandsschaubild für Al-Si-Legierungen, in Bild 3.2.1/3 sind einige Erstarrungstypen von Aluminium und Al-Legierungen dargestellt, um eine Vorstellung vom inneren Aufbau bei der Abkühlung zu erhalten.

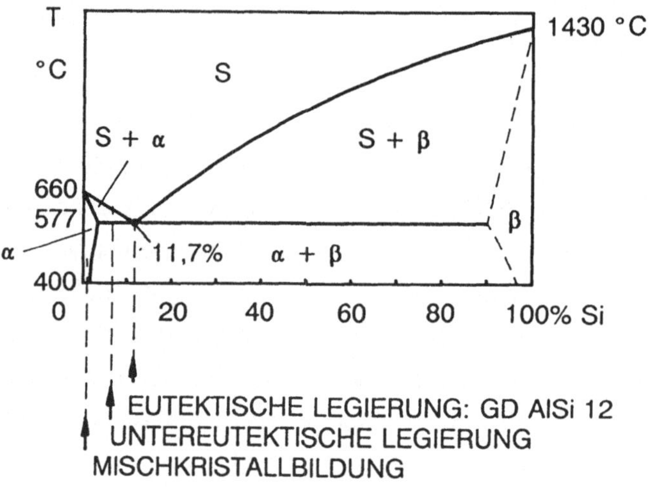

Bild 3.2.1/2   Technologiefläche "binäres Zustandsdiagramm Al-Si"

Die gerichtete Erstarrung von Aluminiumguß ist technologisch besonders schwer zu beherrschen. Man strebt an, daß die Erstarrungsfront dem Wärmestrom entgegenläuft. Das verlangt, die Kokille u.U. an bestimmten Stellen zu heizen und wieder zu kühlen, wenn die Erstarrungswärme entwichen ist, Bild 3.2.1/4. Aluminium-Druckguß wird im Kaltkammerverfahren hergestellt, denn heißes Aluminium greift Stahlteile an. Zusätzlich besteht folgendes Dilemma: Um eine hohe Standzeit der Form zu erreichen, muß man das Schmelzgut bei möglichst tiefen Temperaturen einspritzen, und dies bewirkt im Teil wiederum u. U. Kaltschweißstellen, deren Beseitigung hohe Schmelztemperaturen bedingen.

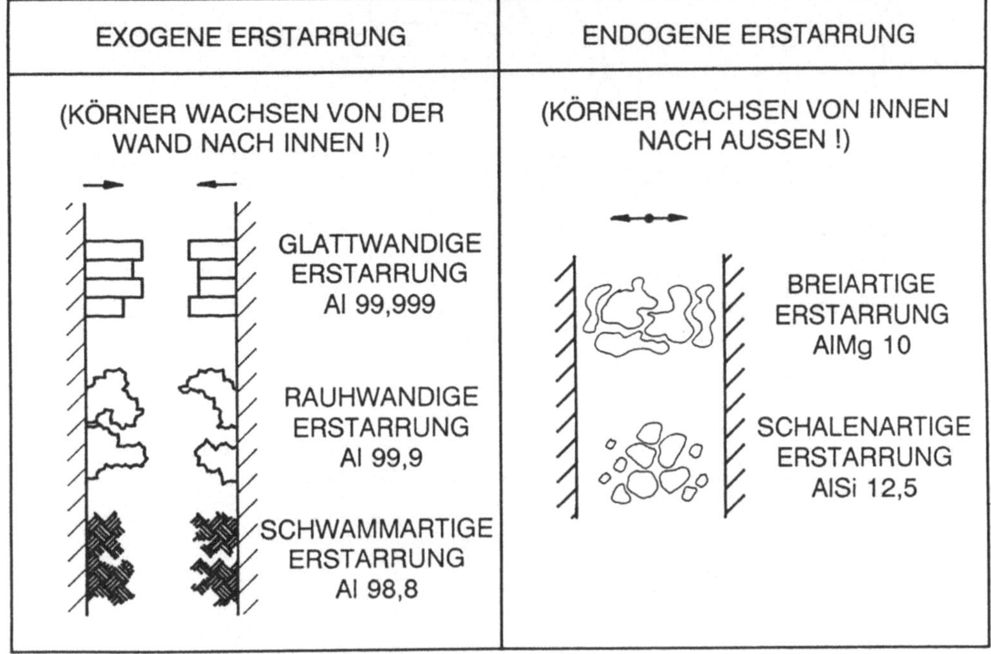

Bild 3.2.1/3   Erstarrungsmorphologie von Aluminium und Al-Legierungen

Die Wärmebehandlung von Aluminium und Aluminiumlegierungen kann durch Glühen, Aushärten und Auslagern erfolgen. Weichglühen wird besonders dann angewendet, wenn das Material durch Umformvorgänge oder Aushärten zu hart und spröde geworden ist. Man glüht bei 370 bis 410 °C. Härte und Festigkeit sinken, die Umformbarkeit nimmt zu.

Durch Aushärten kann man die Festigkeit aushärtbarer Al-Legierungen (z. B. AlCuMg, AlMgSi, AlZnMgCu) beträchtlich erhöhen. Es erfordert drei Schritte: Lösungsglühen, Abschrecken und Auslagern. Beim Lösungsglühen (ca. 520 °C) gehen alle Legierungsbestandteile im Al-Kristall in Lösung, es entsteht ein Mischkristall. Durch Abschrecken in Wasser von 20 °C wird der Gefügezustand, der beim Lösungsglühen erzeugt wurde, festgehalten. Es entsteht ein übersättigter Mischkristall. Anschließend erfolgt ein Auslagern.

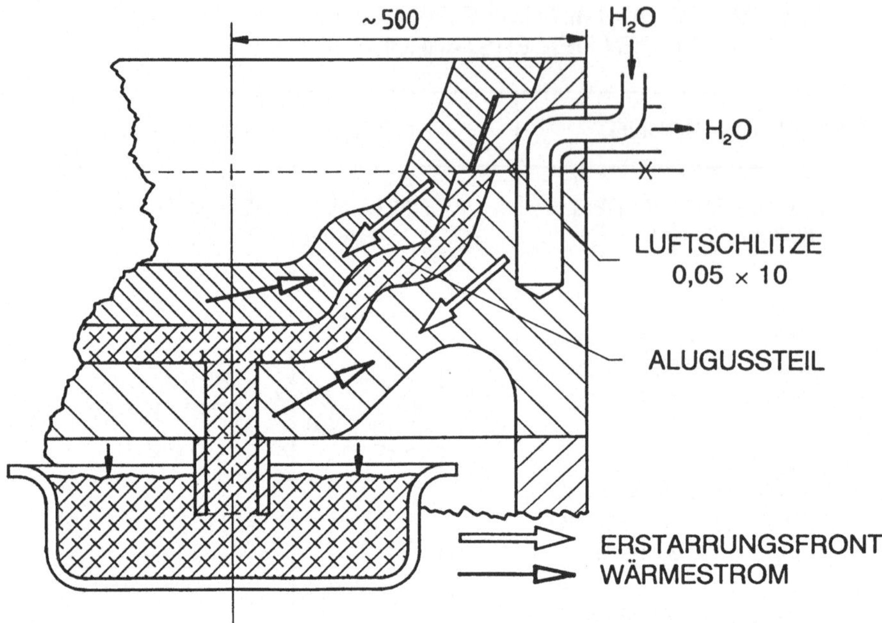

Bild 3.2.1/4   Zum Technologieprinzip Aluminiumguß in Kokillen

Hier erfährt das noch weiche Werkstück eine Erhöhung seiner Festigkeit und Härte, während die Dehnfähigkeit abnimmt. Beim Auslagern, das sowohl bei Raumtemperatur als auch bei höherer Temperatur erfolgen kann, scheiden sich aus dem übersättigten Mischkristall in feiner Verteilung Legierungsbestandteile aus, die zur Verspannung des Gitters und damit zur Steigerung der Härte und der Festigkeit führen.

Spanlose Umformvorgänge sollten unmittelbar nach dem Abschrecken erfolgen. Ausgehärtete Al-Legierungen sind wärmeempfindlich, weil die ausgeschiedenen Legierungsbestandteile in Lösung gehen und damit die Härte wieder sinkt. Ausgehärtete Al-Legierungen können also nicht ohne Härteverlust geschweißt werden.

Beispiel: Aluminiumgußteile für Meßmaschinengehäuseteile.

Al-Gußteile für hochwertige Anwendungen, z. B. aus G-AlSi10Mg, erfordern besondere Wärmebehandlungen, um eine höhere konventionelle Fließgrenze ($R_{0,2}$) und eine höhere Brinellhärte bei ausreichender Festigkeit (R_m) zu gewährleisten. Nach dem Abgießen in Sandformen oder Kokillen werden solche Teile - wie oben schon erläutert - einer Nachbehandlung unterzogen. Man benötigt dazu eine Anlage, die aus einem Lösungsglühofen, einem Wasserbad, einem Auslagerungsofen und einer schnell positionierbaren Krananlage besteht, Bild 3.2.1/5.

Das Lösungsglühen im Beispiel erfolgt bei 520 ± 5 °C (dicht unter der Soliduslinie) bei einer Haltezeit von 6 bis 8 h. Dabei gehen bestimmte Segregate (Ausscheidungen) wieder im α-Mischkristall in Lösung. Beim Abschrecken im Wasserbad auf Raumtemperatur bleiben die Ausscheidungen im Mischkristall. Danach ist ein Richten der Gußteile möglich. Beim anschließenden Warmauslagern (165 °C, Haltezeit 8 h) werden bestimmte Anteile und Mengen der beim Lösungsglühen in Lösung gebrachten Segregate wieder aus dem Mischkristall ausgeschieden und bewirken durch Gitterverspannung höhere Festigkeit und Härte bei etwas geringerer Bruchdehnung. Anschließend erfolgt Abkühlen an Luft auf Raumtemperatur.

Bild 3.2.1/6 zeigt die aus vielen Experimenten ermittelten Einstellwerte, die zu günstigen mechanischen Eigenschaften der betrachteten Al-Legierungen führen. Sie kann als eine Technologiefläche des Technologieprinzips "Aluminiumguß" angesehen werden.

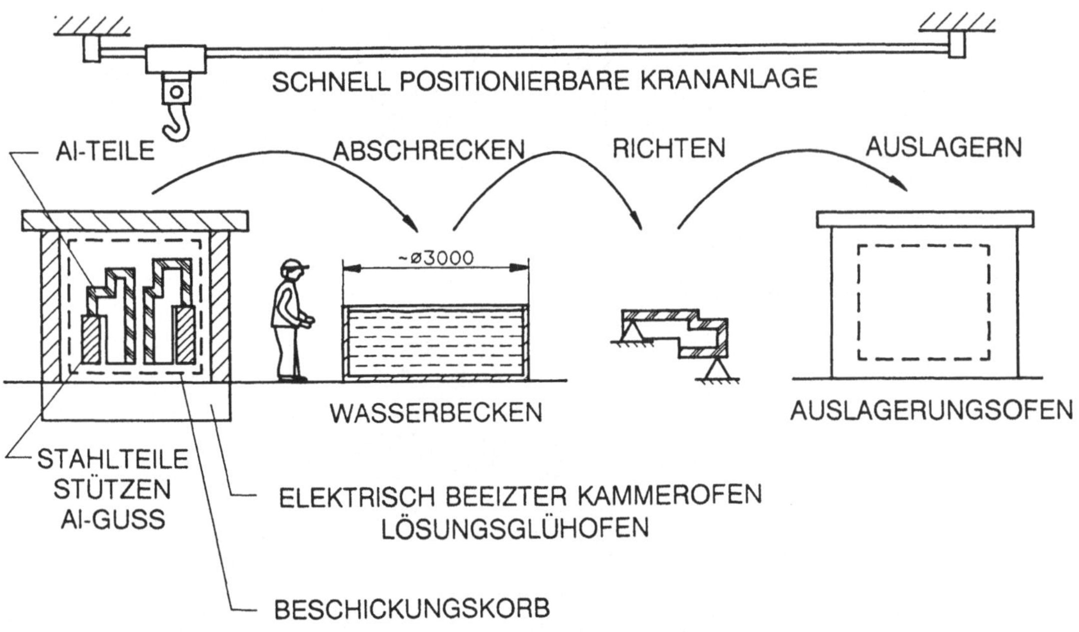

Bild 3.2.1/5   Zum Technologieprinzip Aluminiumguß für hochwertige Teile

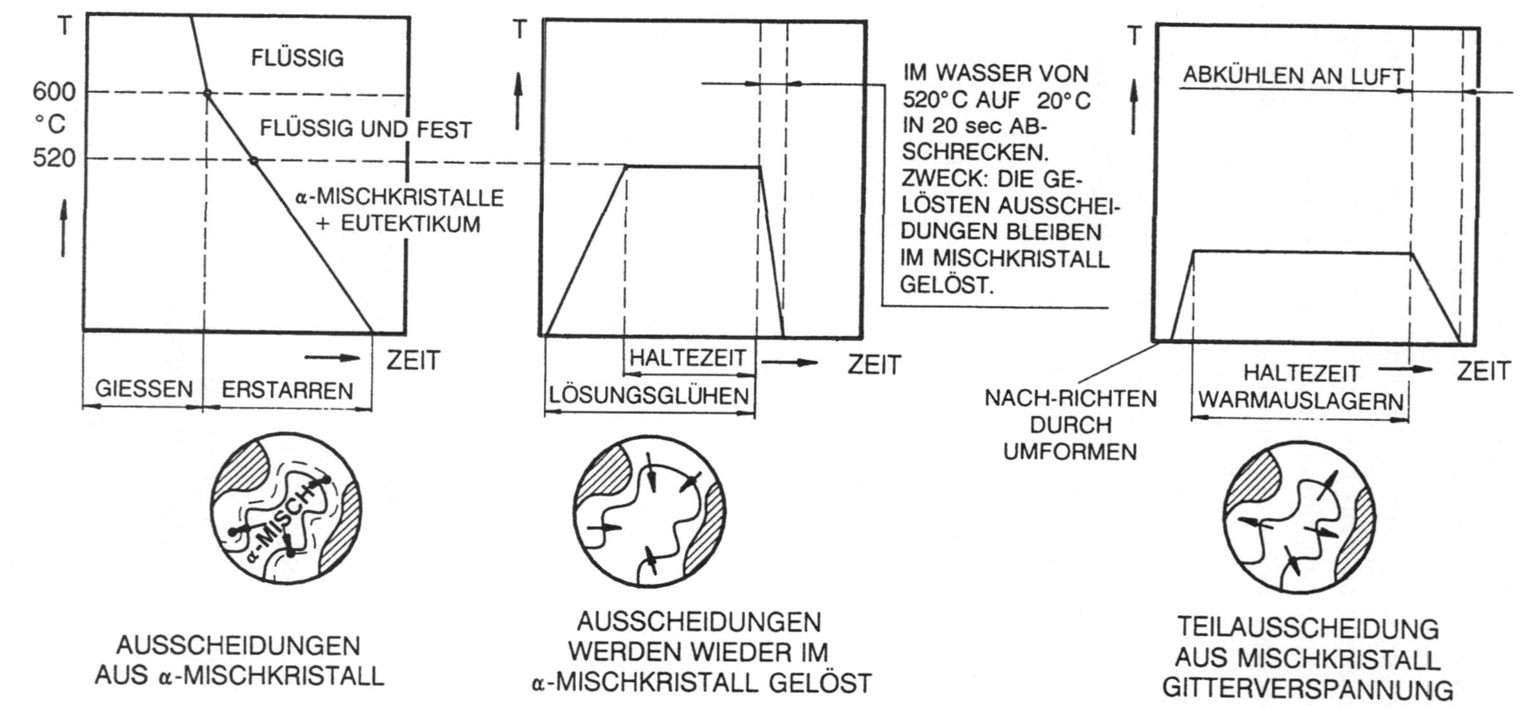

gehört zu Bild 3.2.1/5

HÄRTEVORSCHRIFTEN

FÜR DIE WÄRMEBEHANDLUNG DER NACHSTEHEND AUFGEFÜHRTEN AL-GUSSLEGIERUNGEN

LEGIERUNGSBEZEICHNUNG	LÖSUNGSGLÜH-TEMPERATUR °C	LÖSUNGSGLÜH-ZEIT h	ABSCHRECK-WASSERTEMPERATUR °C	AUSLAGERUNGS-TEMPERATUR °C	AUSLAGERUNGSZEIT h
G-AlSi 12 Mg wa G-AlSi 10 Mg wa G-AlSi 10 Mg (Cu) wa G-AlSi 9 Mg wa G-AlSi 7 Mg wa G-AlSi 5 Mg wa	520 - 525 (520)	4 BIS 8 (6)	20 - 50 (25)	165 160	6 BIS 10 (8) 10 BIS 12 (11)
G-AlMg 3 Si wa G-AlMg 5 wa	545 - 550 (545)	4 BIS 8 (6)	20 - 50 (25)	165	8 BIS 10 (10)
G-AlCu 4 Ti wa G-AlCu 4 TiMg wa	525 - 530 (525)	6 BIS 10 (8)	50 - 80 (50)	165	6 BIS 8 (7)

ENTSPANNEN BZW. STABILISIERUNGSGLÜHUNG:

G-AlSi 10 Mg st. G-AlSi 9 Mg st.	220 - 230 (220)	5 BIS 8 (6)	LUFTABKÜHLUNG BIS AUF RAUMTEMPERATUR

BEMERKUNGEN:
1. DIE ANGEGEBENEN LÖSUNGSGLÜH- UND AUSLAGERUNGSZEITEN SIND REINE HALTEZEITEN OHNE ANWÄRMZEIT.
2. DIE ANGEGEBENEN LÖSUNGSGLÜH- UND AUSLAGERUNGSZEITEN DÜRFEN NICHT ÜBERSCHRITTEN WERDEN.
3. BEI EINEM NORMALEN HÄRTEVORGANG SIND DIE EINGEKLAMMERTEN WERTE ZU VERWENDEN.
4. BEI DICKWANDIGEN SANDGUSSTEILEN MUSS JEWEIS DIE HÖCHSTE LÖSUNGSGLÜHZEIT (GEGEBENENFALLS + 2 h) GEWÄHLT WERDEN.
5. GENERELL GILT FÜR DEN KOKILLENGUSS KÜRZERE, FÜR DEN SANDGUSS LÄNGERE LÖSUNGSGLÜHZEIT.

Bild 3.2.1/6   Tabelle zu Bild 3.2.1/5

3.2.2 Technologieprinzipien und Gestaltungsregeln

Wir gehen davon aus, daß die Grundregeln zur Gestaltung von Gußteilen weitgehend bekannt sind. [1] Hier sollen lediglich einige Regeln zur Gestaltung wiederholt werden, die bei verschiedenen Technologieprinzipien des Urformens sinngemäß

SCHWIERIG ZU FORMENDES PHANTASIETEIL (INTEGRALTEIL)

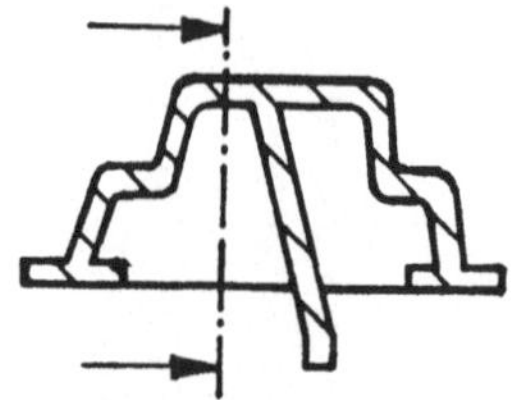

1. VEREINFACHUNG:

ARM ABTRENNEN.
GEHÄUSE BESITZT NOCH
HINTERSCHNEIDUNGEN,
D.H. KERNE BEI SANDGUSS
ERFORDERLICH, BZW. ZÜGE
IN DAUERFORMEN.

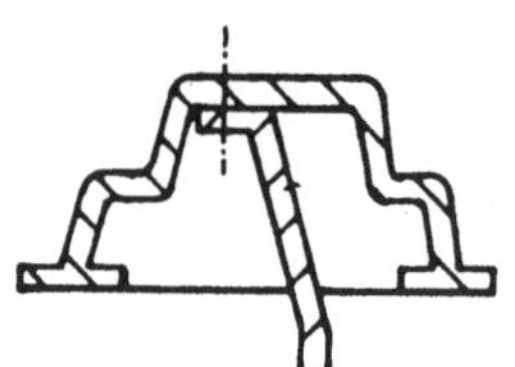

2. VEREINFACHUNG:

HINTERSCHNEIDUNGEN
ENTFERNT. NATURMODELL.

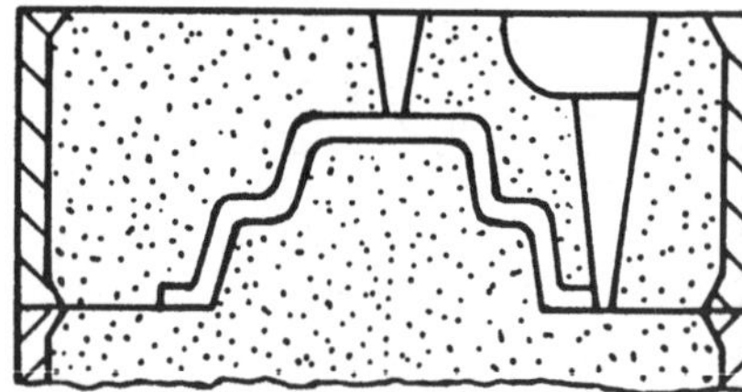

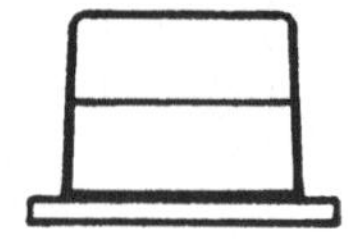

ALTERNATIVE: LÖSEN VON DER VORGEGEBENEN GESTALT.
SEITLICHES ÖFFNEN, ARM DURCHZIEHEN,
ABDECKEN MIT BLECHDECKEL.

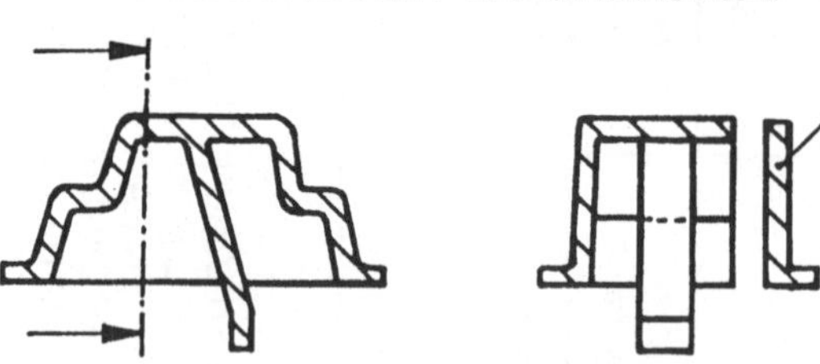

Bild 3.2.2/1   Grundregeln zur Gußteilgestaltung I

---

[1] Auskünfte über Werkstoffe, Firmen und Forschungsergebnisse können z. B. beim Verein Deutscher Gießereifachleute, Düsseldorf, Sohnstr. 70, und beim Verband Deutscher Druckgießereien, Düsseldorf, Tersteegenstr. 28, eingeholt werden.

Anwendung finden. In den Bildern 3.2.2/1 bis 3.2.2/3 sind diese Regeln veranschaulicht. Die Gußteile sollten so vereinfacht werden, daß man keine Hinterschneidungen formen muß, sondern mit einem Naturmodell (eine Auszugsrichtung) auskommt.

Die Lage von Angußsystem und Steigern ist so zu wählen, daß Sichtflächen möglichst wenig davon tangiert werden, weil damit die erforderliche Nacharbeit

Bild 3.2.2/2   Grundregeln zur Gußteilgestaltung II

VERRIPPEN EINER GUSSKONSTRUKTION

<u>AUFGABE:</u> SÄULE MIT ARBEITSTISCH-OPTIKGERÄT.

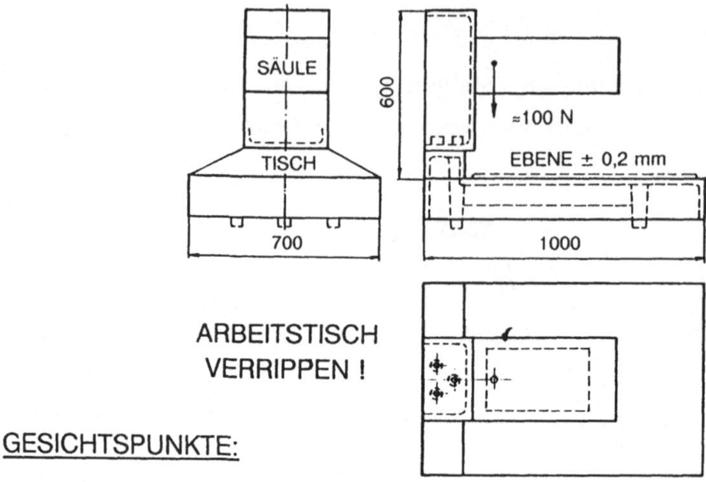

<u>GESICHTSPUNKTE:</u>

① HAUPTVERRIPPUNG DEM KRAFTFLUSS VON DER SÄULE IN DEN ARBEITSTISCH ANPASSEN.

② NEBENVERRIPPUNG FÜR DIE BEARBEITUNG DER TISCHOBER-FLÄCHE (HOBELN BZW. FRÄSEN).

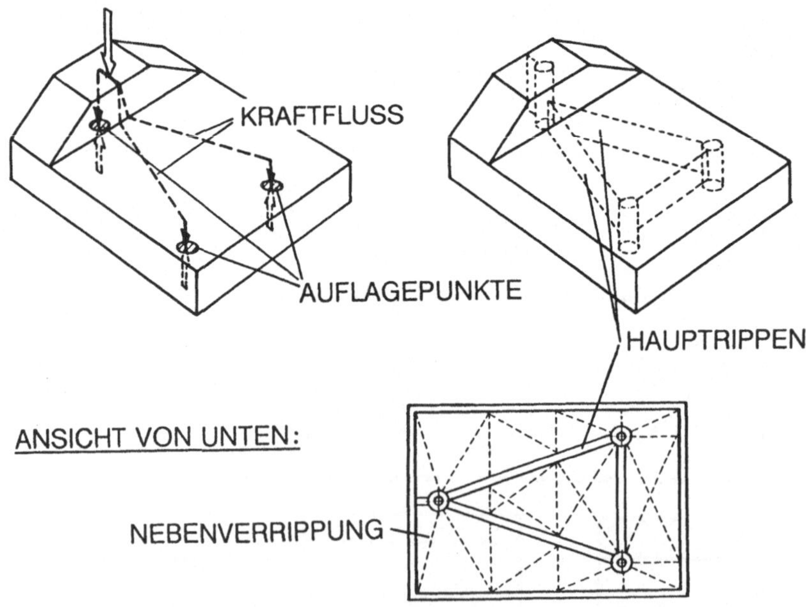

Bild 3.2.2/3   Gestalten einer Verrippung

gering wird. Am Gußteil sollte möglichst überall die gleiche Wanddicke angestrebt werden, weil so Eigenspannungen, Lunkerbildung (Hohlräume) und Entmischungserscheinungen (Seigerungen) gering gehalten werden. Es sollten, insbesondere bei Sandgußteilen, Ausformschrägen vorgesehen werden, die das Ausformen des Modells erleichtern. Am Gußteil sind scharfe Ecken zu vermeiden, weil davon Risse ausgehen können. Knotenstellen, an denen Verrippungen zusammentreffen, sind in geeigneter Weise aufzulösen, damit die Materialanhäufungen verschwinden. Die Gestaltung von Verrippungen ist dem Hauptkraftfluß anzupassen, wobei man bei einem Graugußteil bedenken muß, daß es Druckspannungen leichter erträgt als Zugspannungen. Für die Bearbeitung sind am Gußteil geeignete Auflagerstellen zur deformationsarmen Aufspannung vorzusehen u. a. m.

Soviel sei zu den allgemeinen Gestaltungsregeln beim Gießen in die Erinnerung zurückgerufen. Die Entscheidung für ein Gußteil, für ein Verfahren, für den Werkstoff erfolgt in größeren Firmen nach einem bestimmten organisatorischen Ablauf, in den mehrere Personen verantwortlich einbezogen sind. Vereinfachter Ablauf: Die Entscheidung für ein Gußteil wird nach einem entsprechenden Stückzahlvergleich und technischen Randbedingungen getroffen. Es folgen die Wahl des Gießverfahrens und des Werkstoffes. Beim Grobentwurf des Teils müssen Überlegungen zum Erstarrungsverhalten, zum Ausdehnungsverhalten und zur Beanspruchung angestellt werden. Zur Gestaltbildung wird etwa nach folgendem Ablauf vorgegangen:

- Klärung der Anschnittlage: Sichtfläche vermeiden, weil Nacharbeit erforderlich;
- Klärung der Steigeranordnung: Einfallstellen beachten;
- bei Festlegung der Trennebene Lackierung bedenken;
- Aufspannstellen für Bearbeitung sollen zu möglichst geringer Deformation führen;
- Vorrichtungen zur Bearbeitung einplanen.

Teile, die später im Druckgußverfahren hergestellt werden sollen, werden mitunter zunächst als Sandgußteile vorgefertigt. An ihnen erfolgen Erprobungen und notfalls Änderungen. Erst wenn die endgültige Werkstückform vorliegt, wird die Druckgußform gebaut. Beispiel: Schwingungsgerechte Gußteilkonstruktion für ein Gerätechassis:

- Grundrahmen aus dem Vollen fräsen,
- Belastungsgewichte und Schwingungen aufbringen,
- beobachten, messen, rechnen,

- ändern, bis Ergebnis befriedigt (evtl. Teile anschweißen),
- nach dem optimierten Teil Gußteil gestalten.

3.2.3 Feinguß

Unter Feingußverfahren werden alle Verfahren verstanden, die ausschmelzbare bzw. ausbrennbare, in ungeteilte Gießformen eingebettete Modelle verwenden. Im Ausland ist der Feinguß unter den Namen "investment casting", "lost wax process" und "fonte a cire perdue" bekannt. Es handelt sich also um Gießverfahren mit verlorenen Modellen.

Es besteht beim Feingießen eine große Freiheit in der Werkstoffauswahl, da fast ohne Ausnahme alle gießbaren Werkstoffe (Edel-, Leicht- und Schwermetalle und deren Legierungen sowie alle Stahlqualitäten) vergossen werden können. Besondere Vorteile bietet das Feingießen von spanabhebend schwer zu bearbeitenden Werkstoffen. Es ist natürlich z. B. möglich, Teile in einem Stück zu gießen, die bei spanabhebender Fertigung aus mehreren Einzelteilen gefertigt und zusammengesetzt werden müssten. Vom Konstrukteur ist zu beachten, daß er die für alle Gießverfahren gültigen gießtechnischen Gesichtspunkte (Vermeidung von Werkstoffanhäufung, von schroffen Querschnittsübergängen usw.) berücksichtigt. Eine Ausnahme gilt für die Ausformschrägen. Sie sind beim Feinguß nicht erforderlich.

Es lassen sich mit dem Verfahren hohe Oberflächengüte und verhältnismäßig hohe Maßgenauigkeiten erzielen, so daß in manchen Fällen die spanabhebende Bearbeitung entfallen kann, in den meisten Fällen ist nur eine geringe Nacharbeit (z.B. Herstellung von Paßmaßen) erforderlich. Der Hauptverwendungsfall liegt bei kleinen Stückgewichten (1 bis 500 g). Mittlere Stückgewichte (1 bis 2 kg) werden ebenfalls gefertigt, und höhere sind - Wirtschaftlichkeit vorausgesetzt - durchaus möglich. Im allgemeinen ist die Wirtschaftlichkeit erst von einigen hundert Stück ab gegeben.

Als Werkstoff für die verlorenen Modelle werden speziell entwickelte Wachssorten, ferner Kunststoffe, in den USA auch Quecksilber verwendet. Die Kokillen für die Herstellung der Modelle bestehen bei kleinen Fertigungsstückzahlen meist aus Weichmetall, bei größeren Serien aus Stahl.

Fertigungsablauf

Die einzelnen mit einem Einspritzverfahren erzeugten Wachsmodelle werden durch Ankleben auf Eingußtrichter und Zulauf aus Wachs zu Gießeinheiten zusammengesetzt und die so entstandenen "Bäume" oder "Trauben" in Formmassen eingebettet. Dazu wird zunächst auf die Trauben ein Überzug durch Tauchen oder Spritzen aufgebracht, der aus einer Aufschlämmung aus einem feuerfesten Bindemittel, meist Äthylsilikat oder Natrium-Wasserglas und feinkörnigen Füllstoffen wie z.B. Quarz oder Sillimanit besteht. Anschließend werden diese überzogenen Trauben in eine Formhülse eingesetzt und mit gröberen Formmassen hinterfüllt. Nach dem Trocknen und Abbinden des Formwerkstoffes erfolgt das Ausschmelzen oder Ausbrennen der Modelle und schließlich das Brennen der Formen bei Temperaturen bis zu 1100 °C.

Das Abgießen geschieht in die heißen Formen bei Formtemperaturen bis zu 1000 °C. Dabei wird durch Anwendung von Druck, Sog oder Schleudern bewirkt, daß die Schmelze auch feinste Einzelheiten der Form ausfüllt und einen dichten Guß ergibt. Nach dem Erkalten und Ausschlagen der abgegossenen Formen, werden die einzelnen Gußstücke abgetrennt und geputzt, und, je nach Verwendungszweck und Notwendigkeit, Feingußteile aus gewissen Stahlsorten zur Verbesserung ihrer physikalischen Eigenschaften noch wärmebehandelt.

Herstellbar sind Teile aus Legierungen der Edelmetalle, der Leichtmetalle, der Schwermetalle und aus Gußeisen. Weiter sind Teile aus Stählen durch Feingießen möglich. Man vergießt Einsatzstähle, Nitrierstähle, Vergütungsstähle, Werkzeugstähle, Schnellarbeitsstähle, rost- und säurebeständige Stähle, hitzebeständige Stähle, warmfeste Stähle und Sonderwerkstoffe, wie z.B. Hartlegierungen, Magnetlegierungen und hochwarmfeste Legierungen.

Für die normal erreichbaren Längentoleranzen können folgende Werte als Richtwerte angesetzt werden:

- für Nennmaße bis 18 mm IT 12 (nach DIN 7151), jedoch nicht unter ± 0,08 mm,
- für Nennmaße über 18 bis 50 mm IT 13,
- für Nennmaße über 50 bis 80 mm IT 14,
- für Nennmaße über 80 mm ± 0,7 %.

Die Formtoleranzen, z.B. Unrundheit, richten sich nach der jeweiligen Gestaltung der Teile.

Für höhere Genauigkeiten ist eine mechanische Nacharbeit erforderlich. Als Schnittzugaben werden empfohlen für Bohr- und Fräsarbeiten 0,3 bis 0,5 mm, für Schleifarbeiten 0,2 bis 0,4 mm. Höhere Genauigkeiten sind zwar im Ausleseverfahren erreichbar, doch steigen mit der damit verbundenen höheren Ausschußquote die Stückkosten so an, daß im Einzelfall entschieden werden muß, ob Auslese oder Nacharbeit wirtschaftlicher ist. Wichtig ist noch der Hinweis, daß bei schnellerem Fertigungsablauf diese Fertigungstoleranzen nicht immer eingehalten werden können.

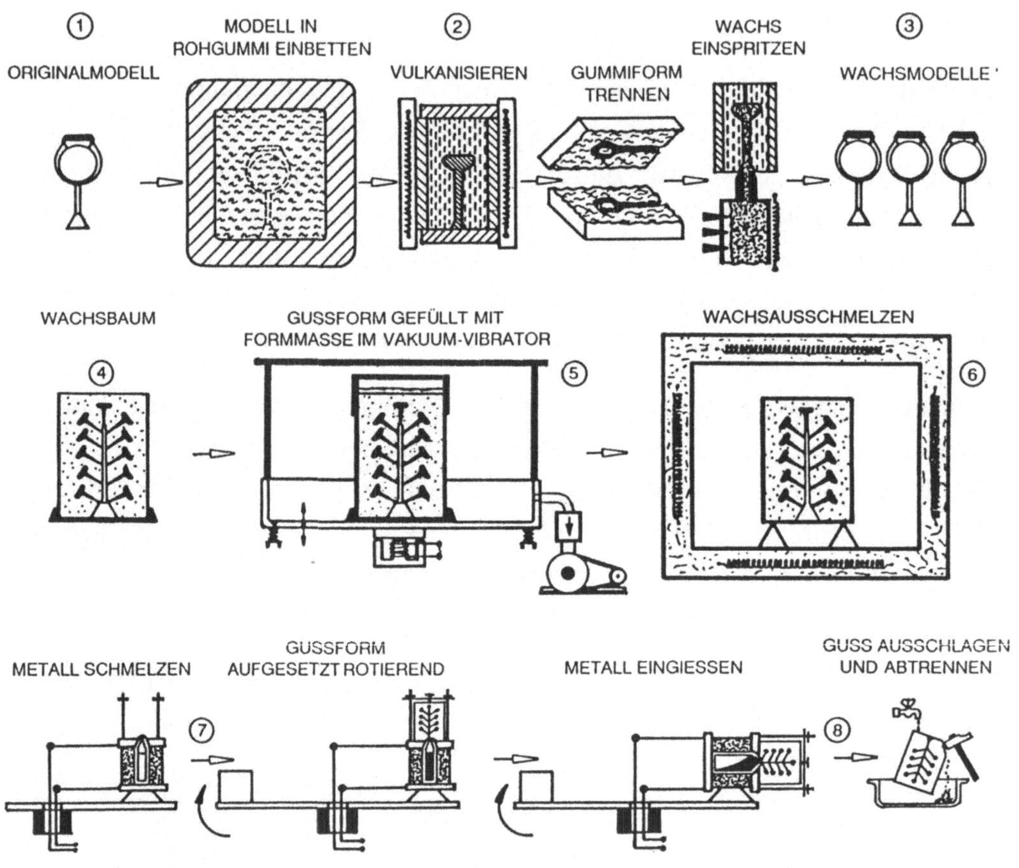

Bild 3.2.4/1   Wachsausschmelzverfahren im Schleuderguß

3.2.4 Wachsausschmelz-Schleuderguß

Dieses Verfahren wird zur Herstellung komplizierter Kleinteile (Schmuck, Dental-
bereich usw.) benutzt, und es existieren vielfältige Abwandlungen und Verfahrens-
varianten.

Bild 3.2.4/1 zeigt den Verfahrensablauf zum Wachsausschmelz-Schleudergußver-
fahren, auf dessen spezielle Feinheiten hier nicht näher eingegangen werden kann.
Es existiert eine ganze Infrastruktur an Geräten zu diesem Verfahren.

3.2.5 Vakuum-Druckguß

Bild 3.2.5/1 zeigt die Arbeitsschritte beim Vakuum-Druckguß für Dentalzwecke.
Bei den Vakuum-Druckgießgeräten handelt es sich um Gießmaschinen, die für das

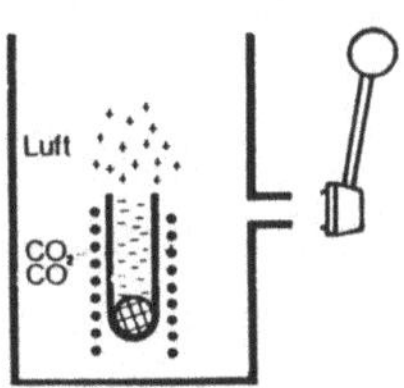

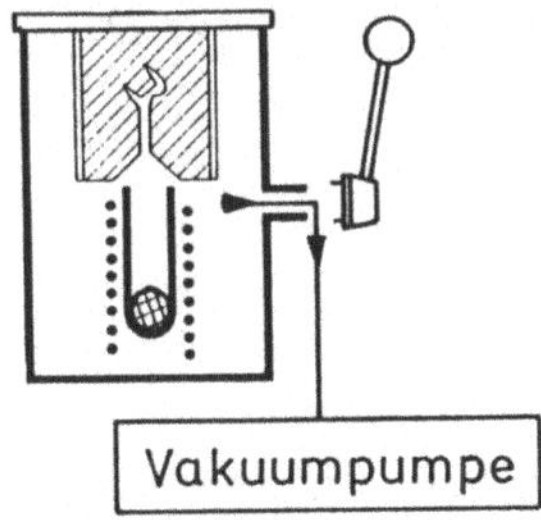

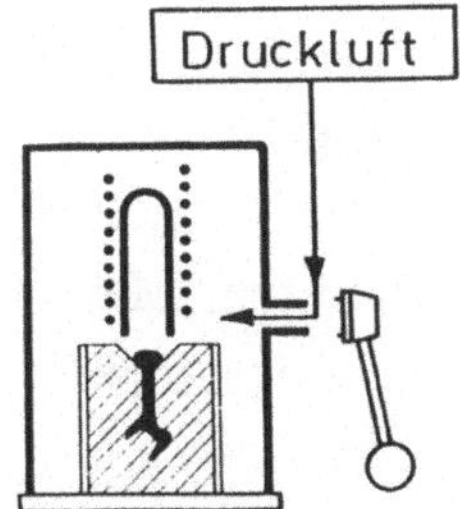

Bild 3.2.5/1   Vakuum-Druckguß

Gießen von Edelmetall-Dentallegierungen konzipiert sind. Die wichtigsten Teile sind der Gießkessel mit dem widerstandsbeheizten Ofen und der elektrische und pneumatische Versorgungsteil. Mit einer separaten Vakuumpumpe wird der Kessel evakuiert. Die Druckluftbeaufschlagung erfolgt aus einer Ringleitung oder einem separaten Kompressor.

Fertigungsablauf: Die Edelmetall-Dentallegierung wird im Graphittiegel unter Atmosphärendruck aufgeschmolzen und automatisch auf die eingestellte Gießtemperatur gebracht. Dabei ensteht durch die Reaktion des Luftsauerstoffs mit dem Graphit des Tiegels ein Gemisch von Kohlenmonoxid und Kohlendioxid, das einen Schutzgasschleier über der Legierung bildet und einer Oxidation der Schmelze entgegenwirkt. Nach Erreichen der eingestellten Gießtemperatur wird der Graphittiegel in den heißen Keramiktiegel eingesetzt, aufgeheizt und dann die Legierungsmenge eingefüllt. Nachdem die Schmelze die vorgegebene Gießtemperatur erreicht hat, wird die vorgewärmte Gießform über dem Tiegel positioniert. Der Gießkessel wird dann geschlossen und evakuiert. Dabei wird gleichzeitig auch die Gießform evakuiert, so daß kaum Gase in der Gießform verbleiben, die ein vollständiges Ausfließen der Schmelze bis in die grazilen Partien der Gießform verhindern könnten. Bei Erreichen des Vakuums von unter 50 mbar wird der Kessel je nach Bauart von Hand oder automatisch um 180 ° geschwenkt. Die Schmelze fließt durch ihr Gewicht in die Gießform, und der anschließend einströmende Druck überwindet die Oberflächenspannung der Schmelze und bewirkt das vollständige Ausfließen. Nach Ablauf des Erstarrungsvorgangs wird der Kessel automatisch druckentlastet, in die Ausgangslage zurückgeschwenkt und die Gießform mit dem fertigen Guß dem Kessel entnommen.

3.2.6 Spritzguß

Von allen Urformverfahren für Teile aus thermoplastischen Werkstoffen kommt dem Spritzgießen in der Feinwerktechnik die größte Bedeutung zu. Aus diesem Grunde sei hier auf das Verfahren etwas ausführlicher eingegangen. Die Vielzahl der verarbeitbaren Thermoplaste mit ihrem großen Eigenschaftsspektrum sowie die ständige Kreation neuer Thermoplaste mit speziellen Eigenschaften bringen immer neue Freiheiten der Anwendung. Hinzu kommen die Möglichkeiten, bei der Gestaltbildung viele Funktionen in einen Teil zu integrieren. Man erreicht hiermit kostengünstige Lösungen für Geräte, für hochwertige Konsumgüter und - leider - auch für "Wegwerfteile".

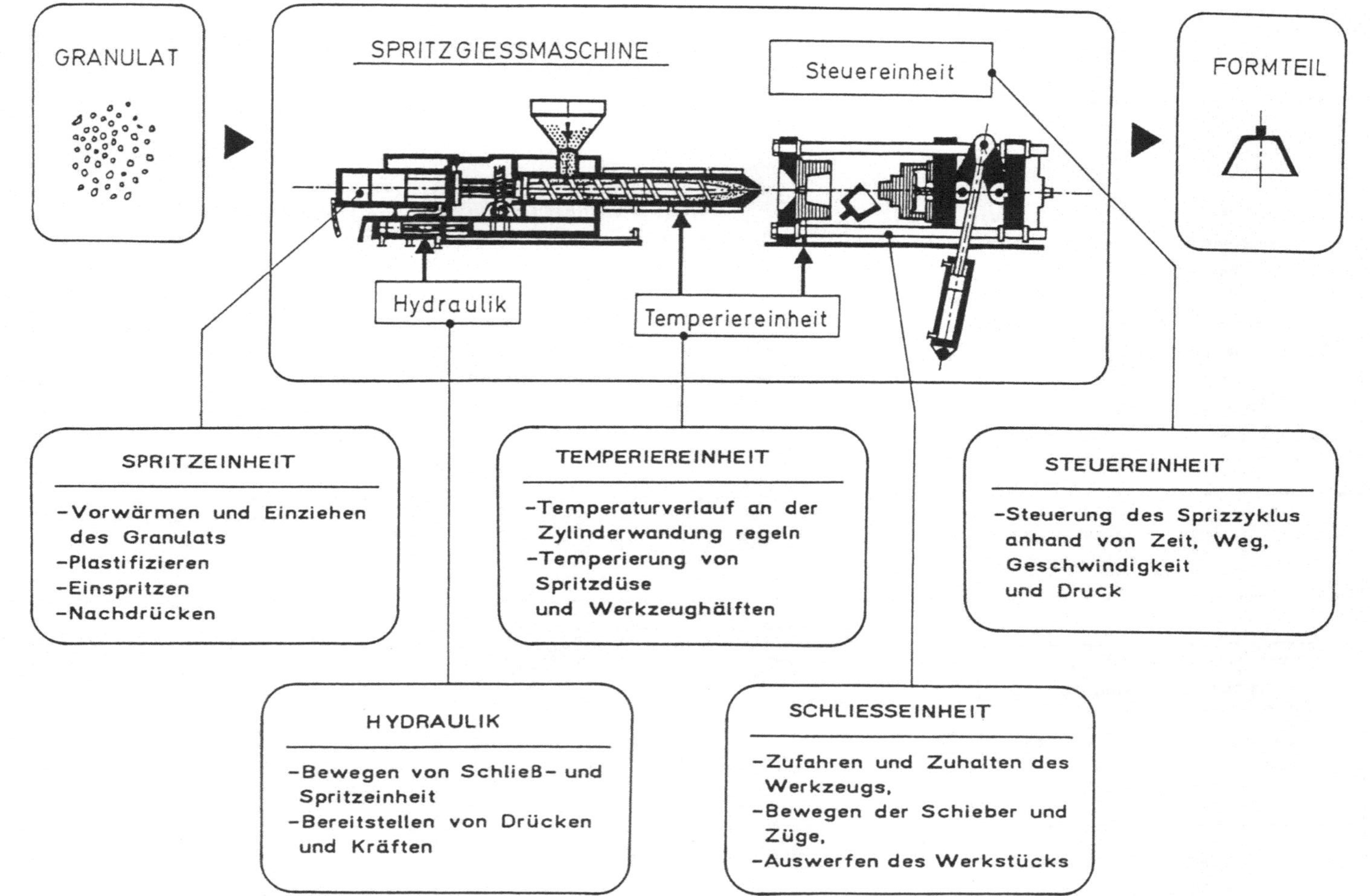

Bild 3.2.6/1   Hauptbaugruppen einer Spritzgußmaschine

KOLBENSPRITZGIESSMASCHINE	KOLBENSPRITZGIESSMASCHINE MIT SCHNECKENPLASTIFIZIERUNG	SCHNECKENKOLBEN-SPRITZGIESSMASCHINE
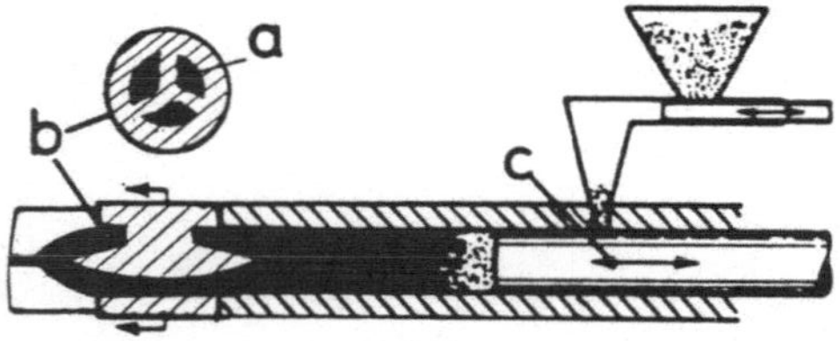	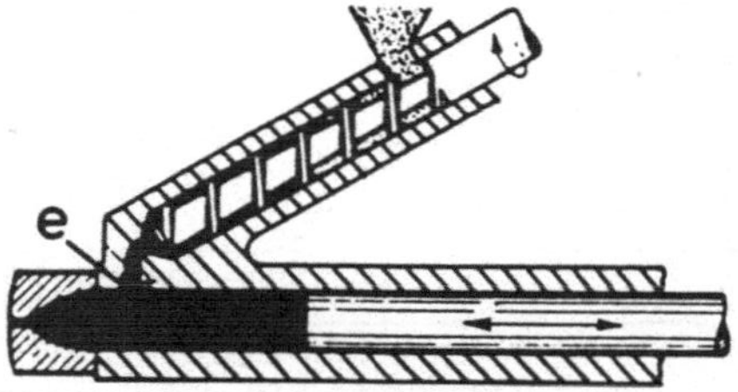	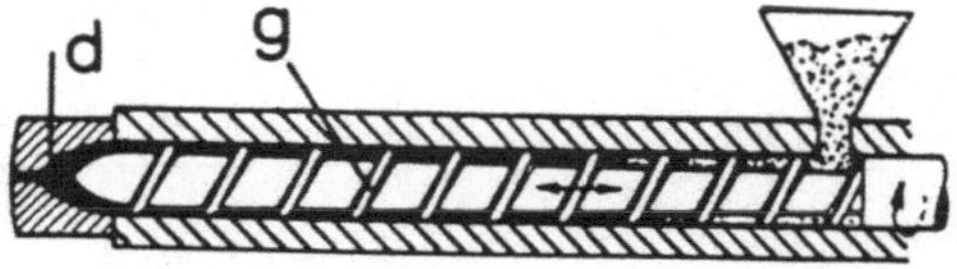
a Stützrippen b Torpedo c Spritzkolben	e Rückschlagventil	d Sammelraum g Schneckenkolben
Das über eine Dosiervorrichtung zugeführte Granulat wird in dem zwischen den Arbeitsakten ruhenden Zylinderraum aufgeschmolzen. Anschließend wird die plastifizierte Masse vom Kolben durch die Düse in das Werkzeug gedrückt. Es entsteht ein hoher Druckverlust durch die Kompaktierung des kalten Granulates. Der geringe Homogenisierungsgrad der Schmelze kann durch den Einbau eines TORPEDOS verbessert werden.	Im Plastifizierzylinder wird das Granulat erschmolzen und mittels einer Schnecke durchmischt und in den Druckzylinder gefördert. Von diesem Druckzylinder aus wird die plastifizierte Masse durch den Kolben in das Werkzeug gedrückt. Die Trennung von Plastifizier- und Einspritzeinheit führt zu einer gleichmäßigeren Temperaturverteilung in der plastifizierten Masse.	Die Schnecke zieht das Granulat ein und durchmischt es während der Plastifizierungsphase. Durch die anschließende Axialverschiebung der Schnecke wird die plastifizierte Masse in das Werkzeug gespritzt. Die Doppelfunktion der Schnecke führt zu kürzeren Zykluszeiten, niedrigeren Einspritzdrücken und geringeren Wärmeverlusten.

Bild 3.2.6/2 Prinzipien der Granulatverarbeitung beim Spritzgießen

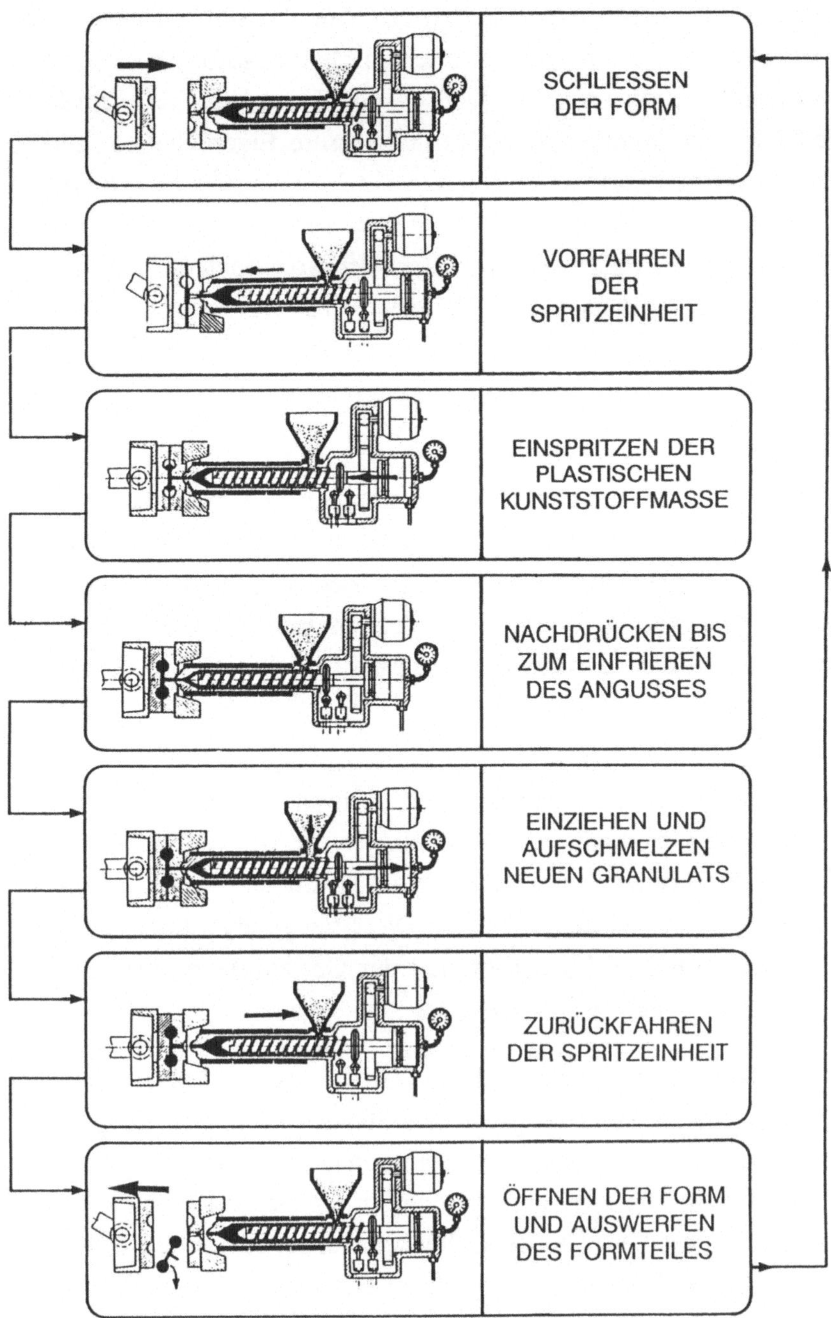

Bild 3.2.6/3   Zeitphasen der Entstehung eines Spritzteils

Der Gestaltbildungsvorgang geht oft von Zielen aus wie: Es soll ein neues Teil hergestellt werden, bei dem bestimmte Kunststoffeigenschaften gefordert sind, oder es soll eine Materialsubstitution erfolgen, weil es die Kostensituation erfordert. Mitunter sind die Ziele auch komplexer: Es werden bessere Eigenschaften, geringeres Gewicht und niedrigere Herstellkosten für ein Teil angestrebt. Die Verdrängung von Metallteilen im Automobil liefert hierzu viele Beispiele. Ein neues Spritzgußteil entsteht aus den Erfahrungen und Ideen des Konstrukteurs, der dieses Teil einsetzen möchte, den Kenntnissen des Werkzeugkonstrukteurs und im weiteren dem Verfahrenswissen des Verarbeiters von Thermoplasten, d. h. es müssen die Kenntnisse mehrerer Fachleute zusammengeführt werden.

Die Spritzgießmaschine in ihrer heute meist üblichen Form als Schneckenkolbenmaschine - Bild 3.2.6/1 - besteht aus fünf Hauptgruppen, die im allgemeinen in einem Maschinenbett zusammengefaßt sind. Das Problem, das die Wärme schlecht leitende Granulat zu plastifizieren, spiegelt sich in den verschiedenen in Bild 3.2.6/2 dargestellten Plastifizierungseinheiten wider. In Bild 3.2.6/3 schließlich sind die Hauptschritte aus einem Spritzzyklus dargestellt. [2]

Gestaltung des Spritzgußteils

Betrachtet man die Konstruktion eines Spritzgußteils, wie sie in der Praxis abläuft, so findet man trotz vieler methodischer Bemühungen (z. B. /3.2.6/2/) einen erheblichen Anteil an Erfahrungswissen, das nötig ist, um den immer simultan ablaufenden Vorgang der Formteilgestaltung, der Werkzeugkonstruktion und der Materialwahl zu erfüllen. Im Drei-Ebenen-Modell der Gestaltbildung stellen sich die Vorerfahrungen daher gemäß Bild 3.2.6/4 dar.

Beispiel: Es soll ein kleines Dioptergehäuse (Zielhilfsvorrichtung für einen Theodoliten), das bisher aus Metall gefertigt wird, als Kunststoffgehäuse ausgeführt werden. Bild 3.2.6/5 zeigt die beiden Ausführungen. Oben ist die Metallausführung - der Istzustand - dargestellt. Die Idee, die optische Strichplatte durch einen Boden mit einem Durchbruch zu gestalten, der die Zielmarke ersetzt, bringt eine deutliche Kostensenkung. Hier ist die Erkenntnis ersichtlich, daß man ein Metallteil nicht

---

[2] Die Bilder 3.2.6/1 bis 3.2.6/3 wurden von meinem früheren Mitarbeiter, Herrn Prof. Dr. L.A. Gäng, unter Zugrundelegung des Buches "Kunststoffkunde für Ingenieure" von C.M. von Meysenburg für das Vorlesungsmanuskript "Fertigungsverfahren der Feinwerktechnik", IKFF/Universität Stuttgart erstellt. Übersichtsdarstellungen zum Verfahren findet man in /3.2.6/1/ bis /3.2.6/3/.

Spritzgußteil?

1 neues Teil?
2 Materialsubstitution?
3 Funktion erfüllbar?
4 Vorteile / Nachteile?

Vorerfahrungen

Theorie	Formenschatz	Technologische Vorerfahrungen
Funktion des geplanten Bauteils Geometrie- Funktionsprinzip? Stoff-Funktions- prinzip?	Ähnliche Teile? aus aus Metall Kunststoff	Gestaltung von Spritzteilen Formenbau Formmaterial? Spritzgießprozeß

Gestaltungsprozeß → neues Teil?
→ Materialsubstitution?

Abstraktionsebene	Wachsende Erfahrung
Stabilität? ——→	←—Verrippung
Chemikalienfest? ——→	←—Werkstoffwahl
Zusammenfassen von Teilen? ——→	Wachsende Komplexität der Form?
Zeitstandverhalten? —→	←—Experimente mit Prototypen

Bild 3.2.6/4   Spritzgußteil im Drei-Ebenen-Modell

einfach durch eine Kopie aus Kunststoff ersetzen, sondern möglichst viele Funktionen integrieren sollte. Im Beispiel bereitete die kleine Dreikantausführung des Formstempels einige Fertigungsprobleme.

Folgende allgemeine Gesichtspunkte können für die Gestaltung von kleinen Kunststoffgehäusen (50 x 50 x 50 mm) u. a. genannt werden:

- Es sind immer möglichst viele Funktionen zusammenzufassen. Eine reine Materialsubstitution bringt im allgemeinen wenig Kostenvorteile.
- Die Befestigung von Teilen ist unter den Aspekten der Schwingungen, der Wärmeausdehnung usw. zu beachten. Evtl. ist ein Prototypgehäuse spanend aus dem vorgesehenen Kunststoff anzufertigen und experimentell sein Verhalten zu überprüfen.
- Die Chemikalienbeständigkeit ist nachzuweisen, weiter sind das Alterungsverhalten (Lichtechtheit) und die Feuchtigkeitsaufnahme zu überprüfen.
- Falls erforderlich, sind entsprechende Nachbehandlungen vorzunehmen. Tempern oder Konditionieren ist angezeigt, um Nachschwindung zu vermeiden usw.

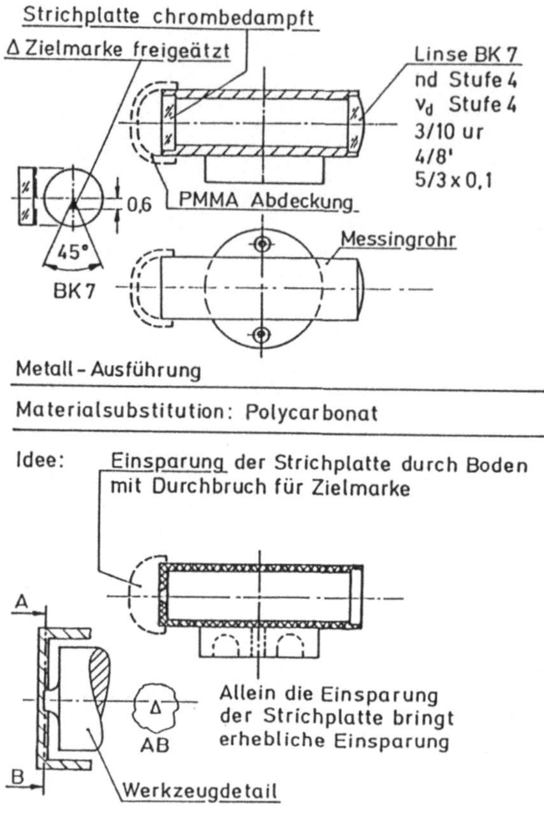

Bild 3.2.6/5   Substitution einer Metallkonstruktion durch eine Kunststofflösung

Achtung: Beim Transport in Kunststoffbehältern können Weichmacher aus den Schaumstoffen der Behälter die Kunststoffteile des verpackten Gegenstandes angreifen! Diese Erfahrung mußte z.B. an Bedienknöpfen für geodätische Instrumente teuer bezahlt werden.

Spritzgießwerkzeuge

Ein Spritzgießwerkzeug stellt eine beachtliche Investition dar. Um Vorversuche mit gespritzten Werkstücken durchführen zu können, benutzt man Spritzgießwerkzeuge einfachsten Aufbaus. Die Formnester werden in Messingplatten gefräst. Darin sind leicht Änderungen durch Löten bzw. Fräsen möglich, und die Spritzform kann schrittweise optimiert werden. Ist ein befriedigender Formteilzustand erreicht, so kann ein teures Serienwerkzeug mit Formplatten aus Werkzeugstahl hergestellt werden, aus dem man nun funktionierende Spritzgießteile erwarten darf /3.2.6/3/.

Vorversuche zur Ermittlung der richtigen Verarbeitungsbedingungen wie Temperaturführung in der Plastifizierzone, Kühlung der Formhälften, Einspritzdruckverlauf, Nachdruck und Nachdruckzeit usw. sind besonders bei Präzisionsspritzteilen unbedingt erforderlich, bei denen kleine Toleranzen erreicht werden müssen. Oft ist sogar ein Chargeneinfluß vom Material gegeben, d. h. sehr genaue Spritzgießteile erfordern Eingangskontrollen des Materials (Schmelzviskosität, optische Eigenschaften usw). Heute simuliert man den Formfüllvorgang für größere Teile mit Rechnerprogrammen, um Experimente zu sparen.

Die Gestaltung eines Spritzgießwerkzeuges wird natürlich in erster Linie vom Spritzgießteil bestimmt, von der Komplexität seiner Geometrie, vom Werkstoff, von den maschinellen Möglichkeiten der Spritzmaschine und natürlich von den günstigsten Formkosten. Betrachten wir zunächst zwei Aspekte, die möglichen Arbeitsstellungen der Maschine und die Kraft-Druck-Verhältnisse zwischen Maschine und Form.

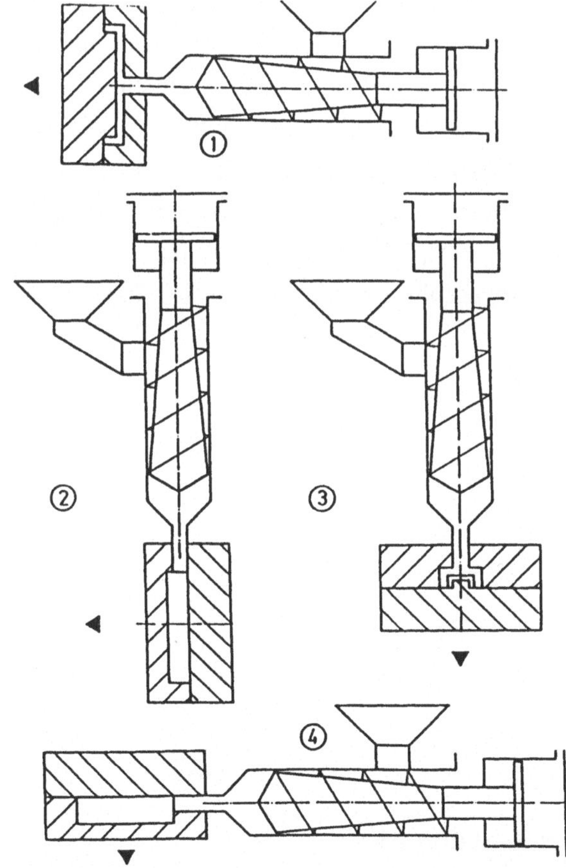

Bild 3.2.6/6
Varianten des Einspritzens
in die Spritzgußform

Arbeitsstellungen: Nicht jede Maschine erlaubt die in Bild 3.2.6/6 dargestellten Relativlagen zwischen den Formöffnungsrichtungen (dunkler Pfeil) und der Einspritzrichtung in die Form. Es bedeuten:

- Konfiguration 1:   für konventionelle Teile geeignet.
- Konfiguration 2:   für längliche, großflächige Teile vorzuziehen, weil kurze Angußwege und daher geringerer Druckverlust beim Einspritzen auftritt.
- Konfiguration 3:   besonders geeignet zum Einlegen von Teilen
- Konfiguration 4:   Anwendung wie unter 3, nur erfolgt das Einspritzen in die Trennebene.

Technologiefläche "Grobdimensionierung von Kraft und Druck"

In Bild 3.2.6/7 sind die im folgenden beschriebenen groben Abschätzungen veranschaulicht. Beim Einspritzen wird die Schnecke von einem Hydraulikzylinder nach links bewegt und baut einen spezifischen Spritzdruck p_{spez} im Spritzvolumen auf. Beträgt der Hydraulikdruck 160 bar, so ergibt sich für einen bestimmten Schneckendurchmesser z. B. 3000 bar Spritzdruck. Würde dieser verlustlos in der Form wirksam und hätte die Form eine Projektionsfläche von 10 cm^2, so würden 300000 N = 300 kN Schließkraft F_z erforderlich sein, damit sich die Form nicht öffnet. In Wirklichkeit wird in der Form immer ein kleinerer Forminnendruck p_i herrschen (Reibungsverluste), so daß mit $F_i = p_i \, A_{proj}$ die Obergrenze der erforderlichen Schließkraft F_z der Maschine abgeschätzt wird. Umgekehrt kann man

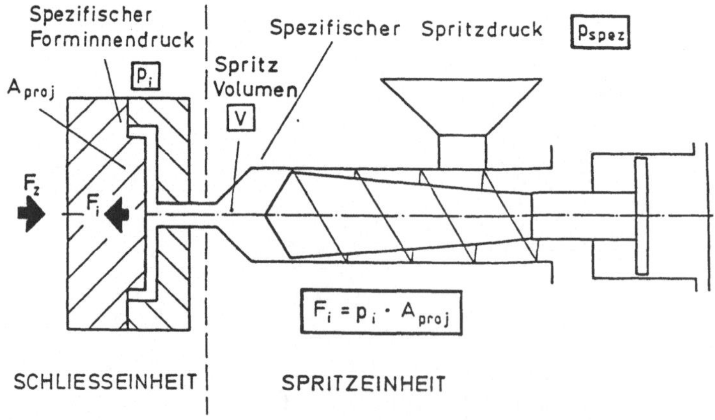

Bild 3.2.6/7   Grobauslegung einer Spritzform 1

auch auf die größtmögliche Projektionsfläche A_{proj} schließen, die das Teil bei größtem Forminnendruck $p_i = p_{spez}$ gerade noch haben darf. Praktisch muß man den Forminnendruck so wählen, daß mit dem entsprechenden Fließweg-Wanddikken-Verhältnis, der Wandstärke und dem Fließverhalten des Kunststoffes die Form richtig gefüllt wird und eine ausreichende Zuhaltekraft gewährleistet ist, damit keine "Schwimmhäute" auftreten. Einen Überblick vermittelt die Darstellung in Bild 3.2.6/8, die sich selbst erklärt.

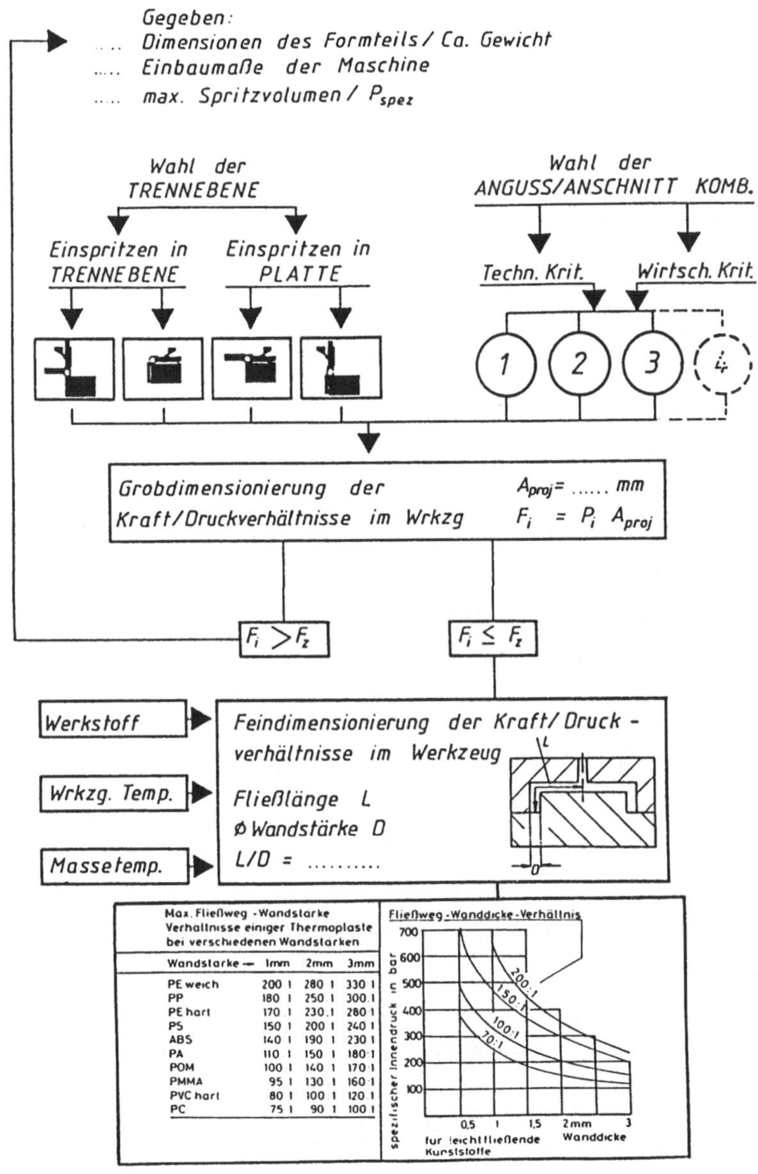

Max. Fließweg -Wandstärke Verhältnisse einiger Thermoplaste bei verschiedenen Wandstärken			
Wandstärke →	1mm	2mm	3mm
PE weich	200 1	280 1	330 1
PP	180 1	250 1	300 1
PE hart	170 1	230 1	280 1
PS	150 1	200 1	240 1
ABS	140 1	190 1	230 1
PA	110 1	150 1	180 1
POM	100 1	140 1	170 1
PMMA	95 1	130 1	160 1
PVC hart	80 1	100 1	120 1
PC	75 1	90 1	100 1

Bild 3.2.6/8   Grobauslegung einer Spritzform 2

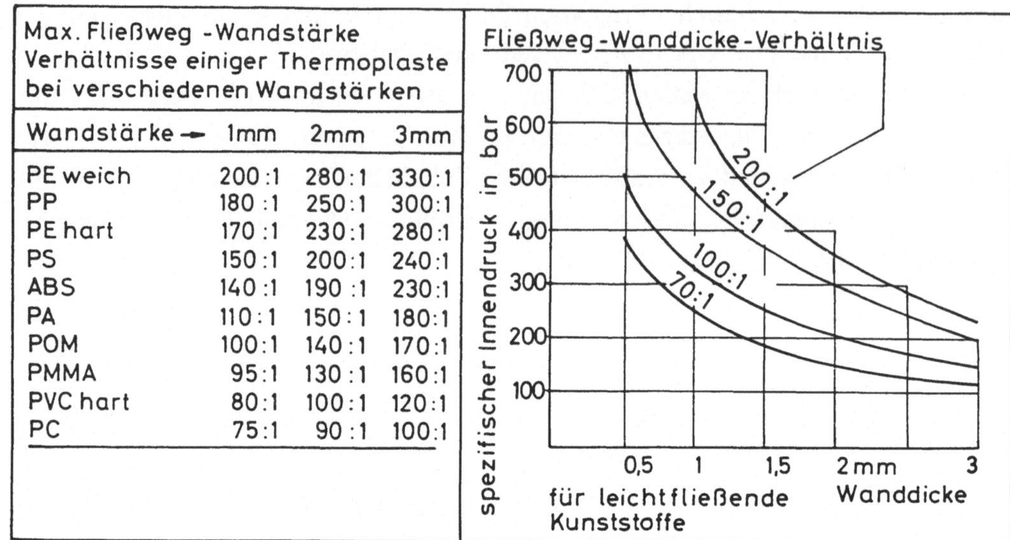

Max. Fließweg -Wandstärke Verhältnisse einiger Thermoplaste bei verschiedenen Wandstärken			
Wandstärke →	1mm	2mm	3mm
PE weich	200:1	280:1	330:1
PP	180:1	250:1	300:1
PE hart	170:1	230:1	280:1
PS	150:1	200:1	240:1
ABS	140:1	190:1	230:1
PA	110:1	150:1	180:1
POM	100:1	140:1	170:1
PMMA	95:1	130:1	160:1
PVC hart	80:1	100:1	120:1
PC	75:1	90:1	100:1

Bildausschnitt aus Bild 3.2.6/8

Angußsystem

Anguß- und Anschnittgeometrie sowie Anbindung an das Formnest sind für die Qualität und die Kosten eines Formteils von größter Bedeutung. In Bild 3.2.6/9 sind die Begriffe Anguß und Anschnitt anschaulich dargestellt. Man entnimmt daraus: Der Anschnitt ist die kleine Schnittfläche und entsteht, wenn der Anguß (das Angußsystem) vom Formteil getrennt ist. Bei der Gestaltung sind u. a. folgende Kriterien maßgebend:

- Der Anguß und der Anschnitt müssen gewährleisten, daß das Formnest ausreichend gefüllt wird.
- Das System muß ein ausreichendes Nachdrücken von Masse ermöglichen, um die Schwindung am Formteil auszugleichen.
- Der Anguß muß leicht abtrennbar sein. Der Anschnitt sollte das Formteil vom Aussehen her nicht beeinträchtigen.
- Die eventuell erforderliche Nacharbeit muß ein Minimum darstellen.
- Die Materialkosten für den abgetrennten Anguß sollten so niedrig wie möglich gehalten werden.

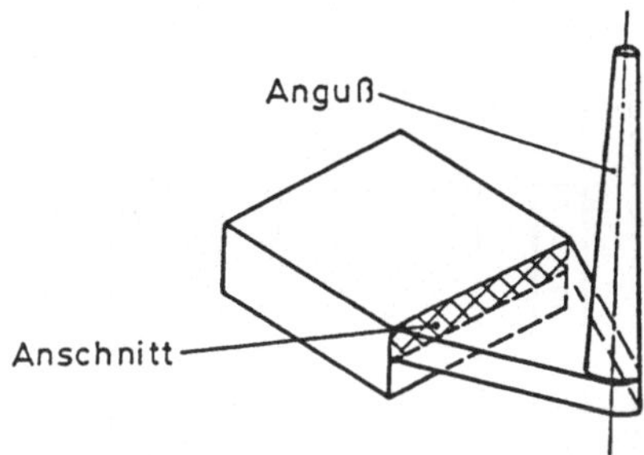

Bild 3.2.6/9   Anguß und Anschnitt bilden das Angußsystem

Bild 3.2.6/10 gibt eine Übersicht über die wichtigsten Anguß-Anschnitt-Systeme. Die Stückzahl, die Formteilqualität und der Werkstoff entscheiden letztlich über die Wahl des Systems. Es gilt allgemein: Je mehr Wert darauf gelegt wird, den Anguß automatisch zu entfernen oder ihn durch ein abfalloses System zu ersetzen, desto höher sind die Werkzeugkosten. Bei dieser Überlegung kommt also der Stückzahl die entscheidende Bedeutung zu. In den Bildern 3.2.6/11 bis 3.2.6/13 sind verschiedene Angußsysteme I, II und III mit Einzelheiten dargestellt, die im folgenden kurz erläutert werden:

1 Kegelanguß ohne Verteiler: Der Kegelanguß wird nach dem Entformen abgeschnitten. Die Anschnittstelle wird meist spanend bearbeitet, bleibt jedoch sichtbar. Es entstehen Kosten für das Abtrennen.

2 Kegelanguß mit Schirmverteiler: Er ermöglicht die Füllung der Hohlräume ohne Bindenaht und liefert sehr exakt runde Teile, erfordert aber ebenfalls teure Nacharbeit.

3 Kegelanguß und Ringverteiler: Er ermöglicht bei länglichen Teilen eine beidseitige Lagerung des Kerns (Stichwort: Kernversatz bei Schirmverteiler).

4 Kegelanguß mit Verteiler für Bandanschnitt: Er ist im Prinzip ein Ringverteiler in aufgeschnittener Form. Die Engstellen am Anschnitt bei 2, 3 und 5 sorgen für eine gleichmäßige Verteilung der Masse.

5 Kegelanguß mit Bandanschnitt.

6 Kegelanguß und Reihenverteiler und Punktanschnitt: Die Teile können leicht vom Anguß entfernt werden. Ein Schwindungsausgleich durch Nachdrücken von Masse ist nur kurzzeitig möglich.

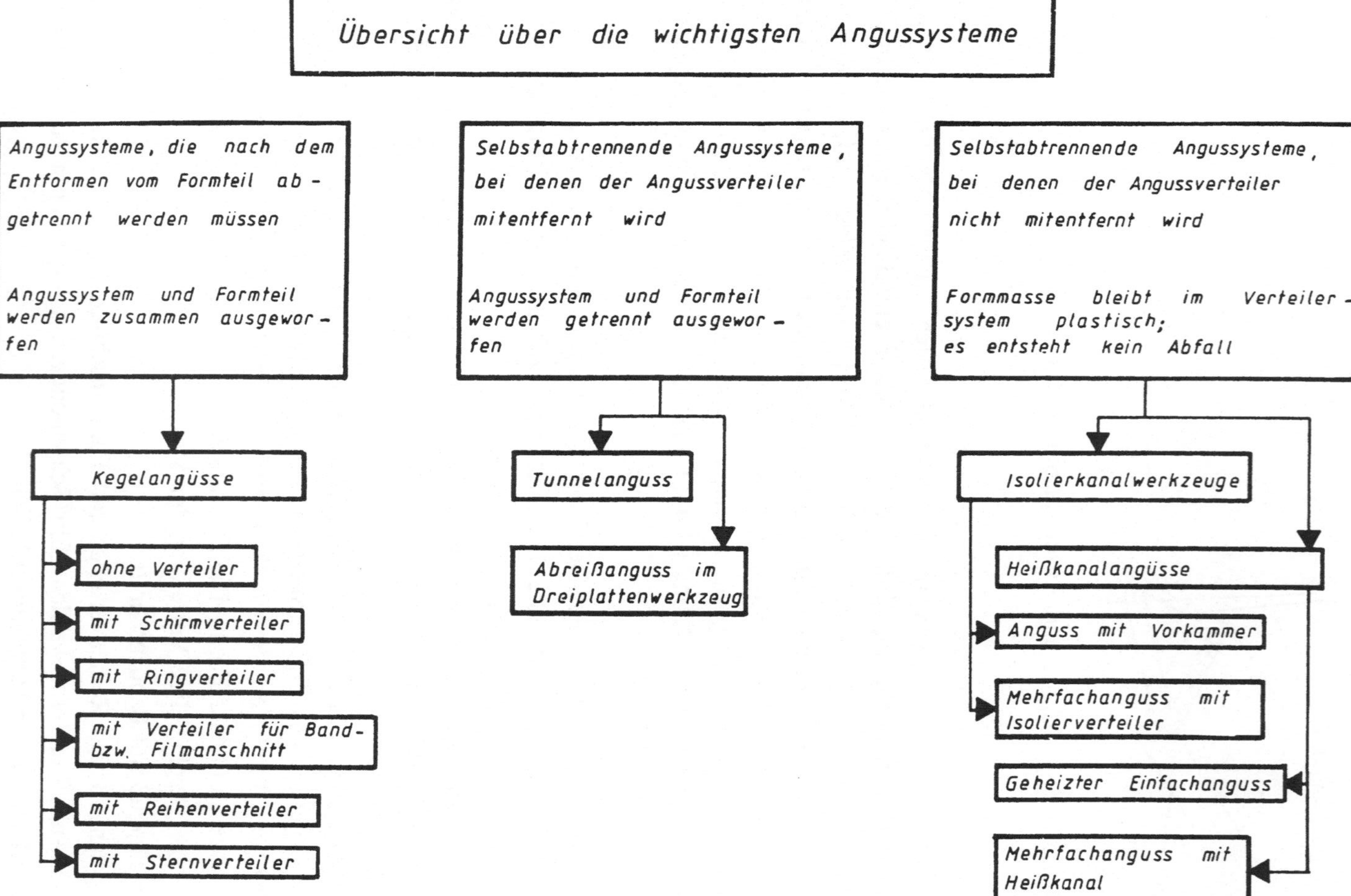

Bild 3.2.6/10   Übersicht der Angußsysteme 1

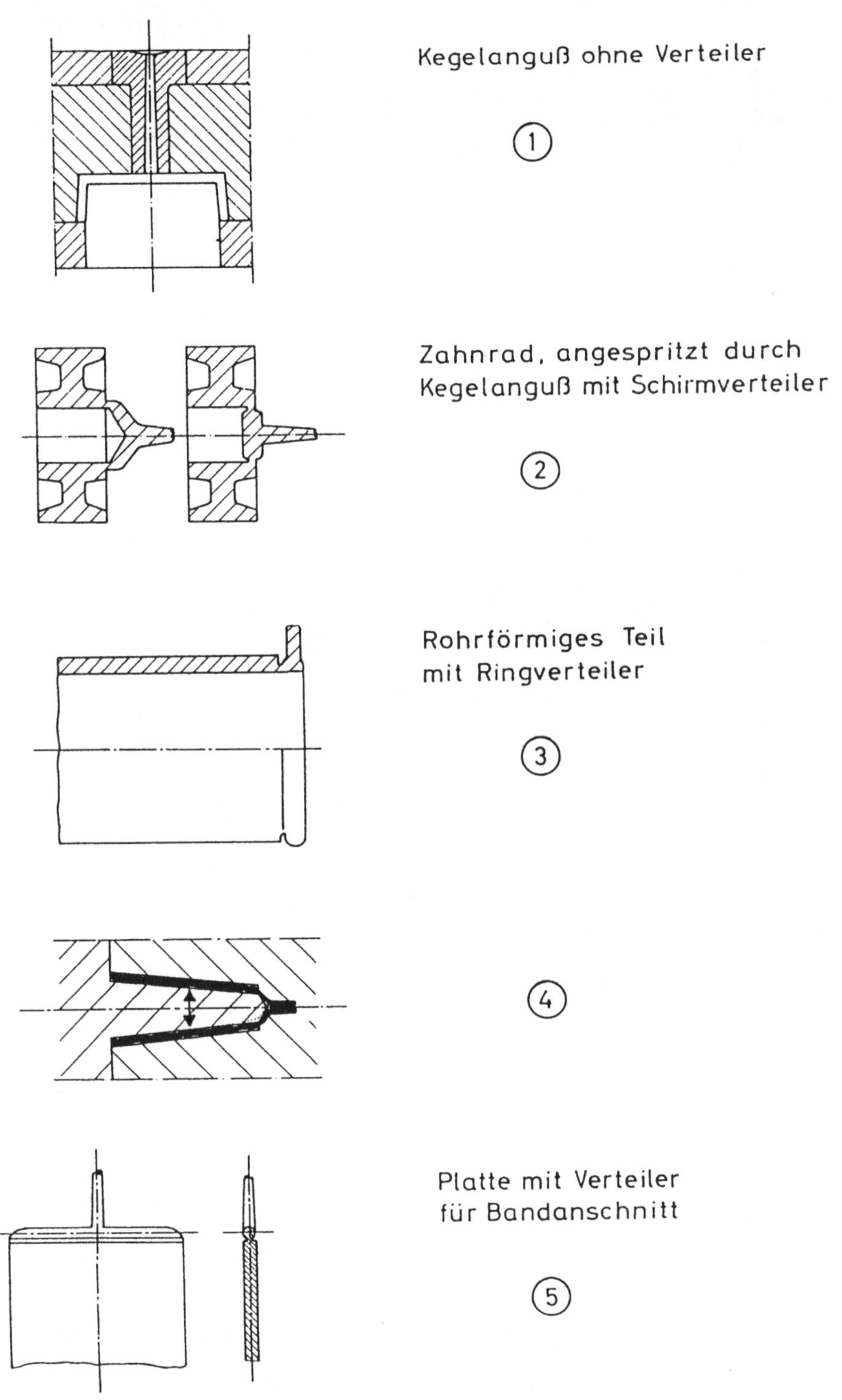

Bild 3.2.6/11   Übersicht der Angußsysteme 2

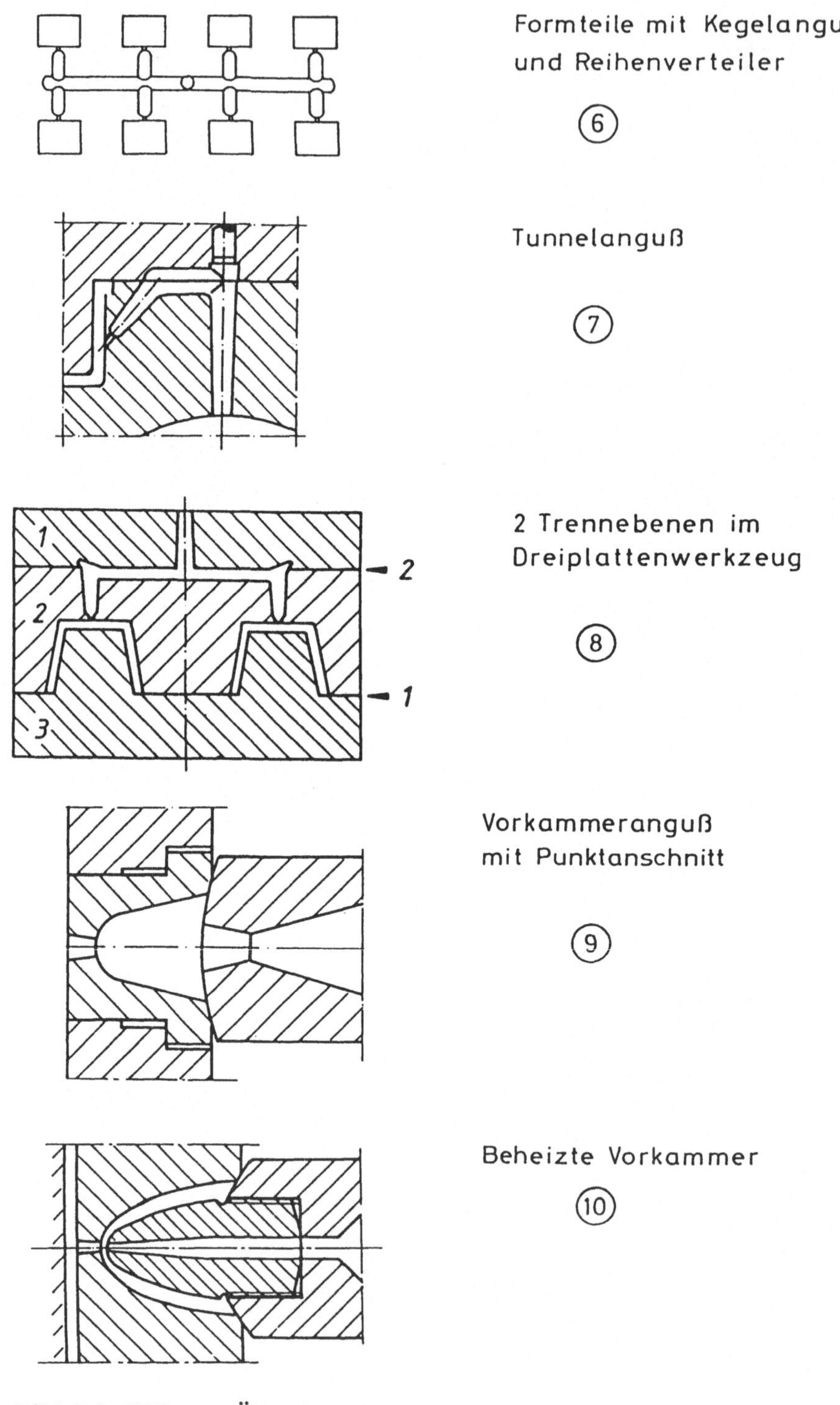

Bild 3.2.6/12   Übersicht der Angußsysteme 3

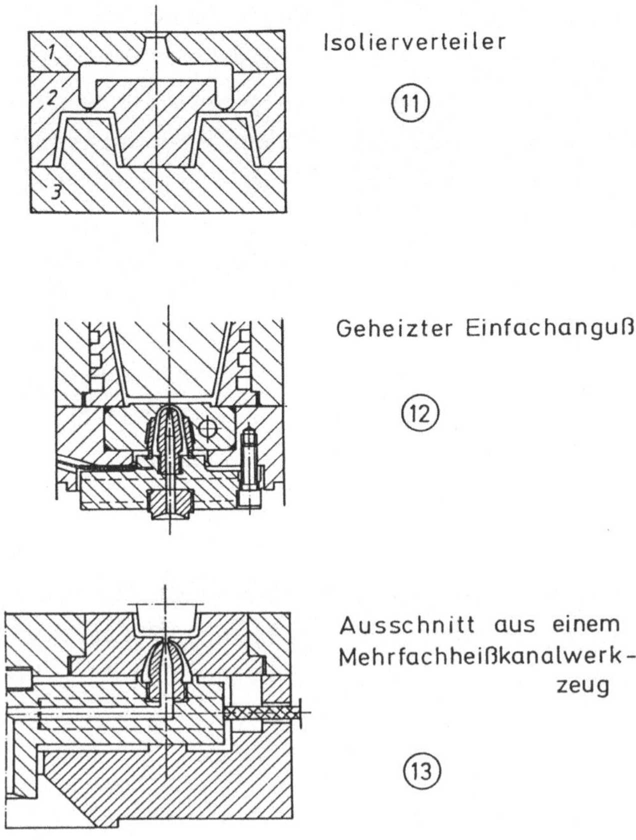

Bild 3.2.6/13   Übersicht der Angußsysteme 4

7 Tunnelanguß: Beim Öffnen der Werkzeughälften wird der Anguß vom Formteil abgeschert, die Nacharbeit entfällt. Mit Tunnelanguß ist kaum Nachdruck möglich, und er ist schlecht geeignet für spröde Massen.

8 Dreiplattenwerkzeug: Durch die zeitlich getrennte Öffnung der beiden Tennebenen findet eine automatische Abtrennung des Angußes vom Formteil statt.

9 Anguß mit Vorkammer: Bei hinreichend schneller Schußfolge und anliegender Düse bleibt in der Vorkammer eine "plastische Seele" erhalten. Bei Betriebspausen muß der erkaltete Pfropfen jedoch herausgezogen werden.

10 Beheizte Vorkammer: In die Vorkammer ragt eine mit der beheizten Düse verbundene Kupferspitze. Dadurch wird ein Erkalten der Masse in der Vorkammer vermieden.

11 Isolierverteiler: Prinzip wie beim Vorkammeranguß. Eine schnelle Schußfolge verhindert bei entsprechend dick gewählten Kanälen ein Einfrieren der Masse.

12 und 13 Heißkanalanguß: In einem Heißkanalwerkzeug werden die von der Angußbuchse zu den Formhöhlungen führenden Verteilerkanäle durch Patronen elektrisch geheizt. Dies verhindert ein Einfrieren der Masse im sog. Heißkanalblock. Dieser muß vom restlichen Werkzeug und der Maschine getrennt werden. Er liegt deshalb meist auf kleinen Scheiben, die die Verbindung zum übrigen Werkzeug herstellen.

Wir betrachten die bisher gegebene Darstellung zum Spritzteil und zum Spritzgießwerkzeug als einen Teil unserer Vorerfahrung und stellen zur Gestaltbildung von Teil und Form noch einmal in Kurzform die Überlegungen zusammen.

Gestaltbildung von Formteil und Werkzeug

Die Spritzteilgeometrie wird aus funktionalen und technologischen Gesichtspunkten grob festgelegt. Die Gestaltungsregeln sind ähnlich wie bei Metallgußteilen, d. h. es ist Wandstärkengleichheit anzustreben, es sind Anformschrägen (Bild 3.2.6/14)

Tabelle über Konizitätsmaß X an Spritzgußteilen

Steigung in Grad bzw. Prozent										
Grad					0.5		1.0	1.5	2.0	3.0
%		0.2	0.3	0.5	0.87	1.0	1.7	2.6	3.5	5.2
	mm	Konizitätsmaß in mm								
Artikeltiefe in mm	10	0.02	0.03	0.05	0.087	0.10	0.17	0.26	0.35	0.52
	20	0.04	0.06	0.10	0.175	0.20	0.35	0.52	0.70	1.04
	30	0.06	0.09	0.15	0.260	0.30	0.51	0.78	1.05	1.56
	40	0.08	0.12	0.20	0.350	0.40	0.68	1.04	1.40	2.08
	50	0.10	0.15	0.25	0.430	0.50	0.85	1.30	1.75	2.60
	60	0.12	0.18	0.30	0.520	0.60	1.02	1.56	2.10	3.12
	70	0.14	0.21	0.35	0.520	0.70	1.20	1.82	2.45	3.64
	80	0.16	0.24	0.40	0.610	0.80	1.36	2.10	2.80	4.16
	90	0.18	0.27	0.45	0.780	0.90	1.53	2.34	3.15	4.68
	100	0.20	0.30	0.50	0.870	1.00	1.70	2.60	3.50	5.20
	150	0.30	0.45	0.75	1.300	1.50	2.50	3.90	5.20	7.80
	200	0.40	0.60	1.00	1.700	2.00	3.50	5.20	7.00	10.4
	250	0.50	0.75	1.20	2.200	2.50	4.30	6.50	8.70	13.0
	300	0.60	0.90	1.50	2.600	3.00	5.20	7.80	10.5	15.5

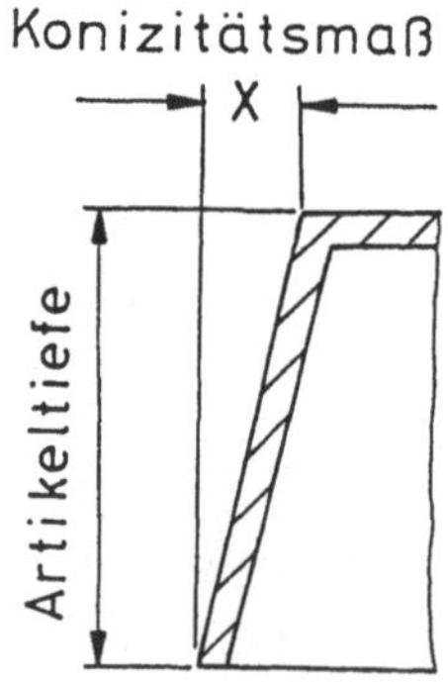

Bild 3.2.6/14 Konizität von Spritzgußteilen

zu beachten, es sollen keine Rippenanhäufungen an einer Stelle auftreten usw. Bild 3.2.6/15 zeigt dazu einige Hinweise aus verschiedenen Firmenveröffentlichungen. Erfahrungen mit dem Versuchswerkzeug sind in das Serienwerkzeug einzubringen. Trennebene, Anguß/Anschnitt, Schieber usw. sind grob aus der Formteilgeometrie und ggf. mit Hilfe eines Versuchswerkzeug festzulegen. Die Zahl der Formnester folgt aus einer Wirtschaftlichkeitsbetrachtung (zu erwartende Gesamtstückzahl, Formkosten). Den Formaufbau sollte man möglichst unter Verwendung handelsüblicher Normalien vornehmen, die von Spezialfirmen angeboten werden. Diese Werkzeugnormalien liegen heute in Form von Dateien für die CAD-Anwendung vor.

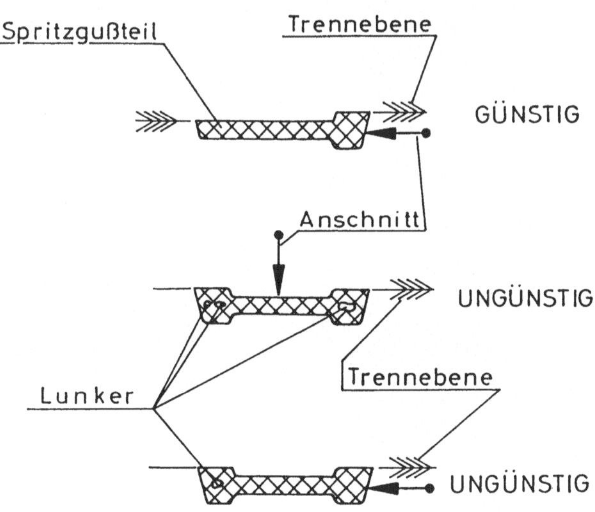

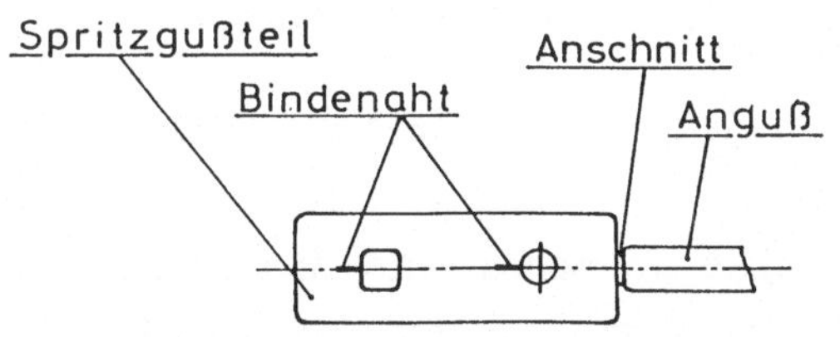

Bild 3.2.6/15   Einige Gestaltungsregeln zum Angußsystem

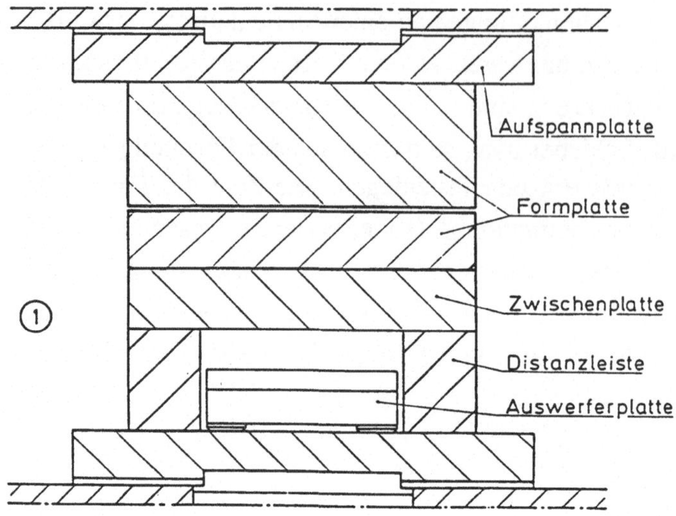

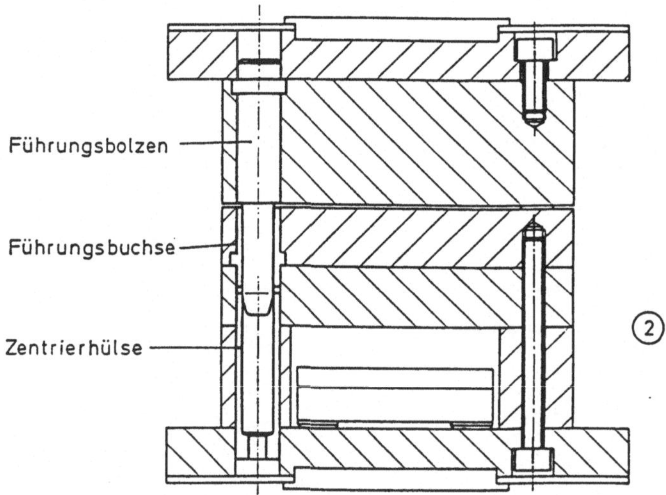

Bild 3.2.6/16   Normalien für Spritzwerkzeuge 1

In den Bildern 3.2.6/16 bis 3.2.6/19 sind einige *Werkzeugnormalien* zum Aufbau von Spritzgießwerkzeugen dargestellt. Dazu folgende Kurzerläuterungen:

1 Grundaufbau eines Werkzeugs aus Normalien: Eine Isolierplatte trennt Werkzeug und Maschine. Die Montage an die Maschine erfolgt entweder mit Schrauben oder mit Spannelementen. Die Zwischenplatte dient meist zur Sicherung von Elementen, die in der Formplatte verankert sind. Der Einbauraum für das Auswerfersystem wird durch eine Distanzleiste hergestellt.

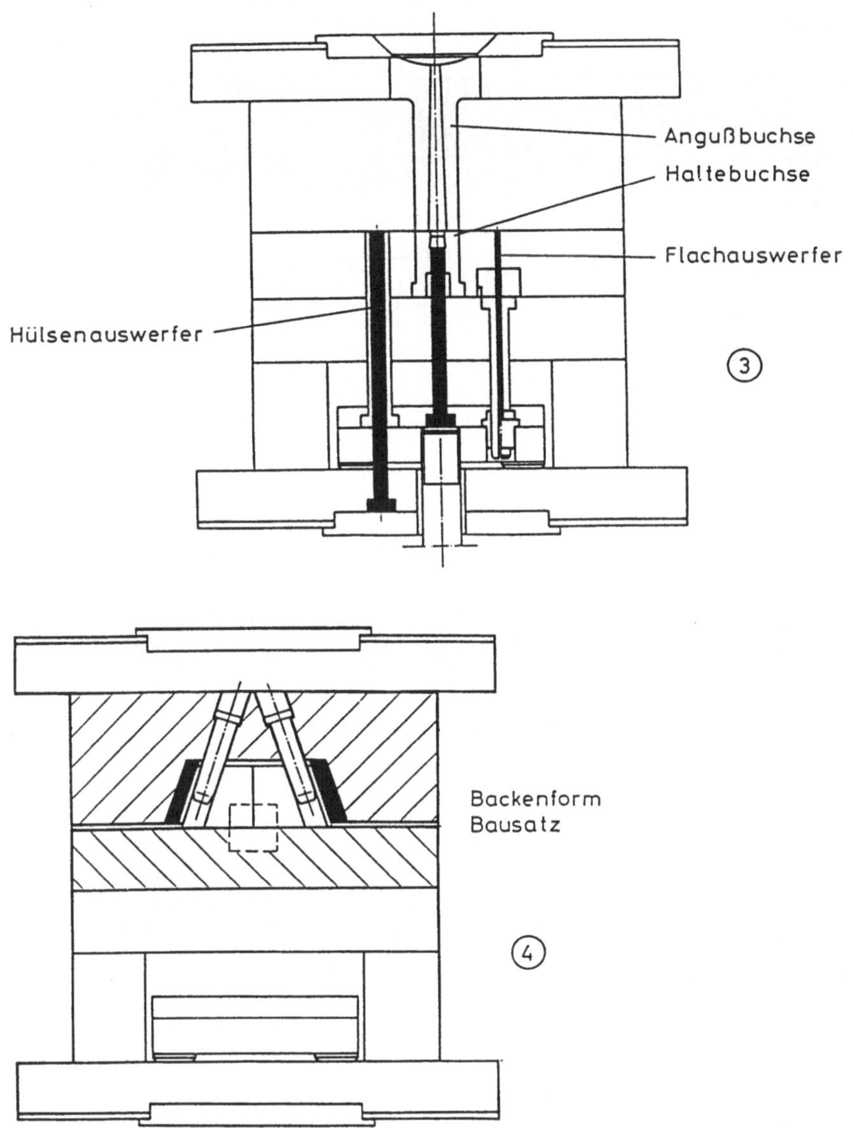

Bild 3.2.6/17   Normalien für Spritzwerkzeuge 2

2 Verbindung zwischen den Aufbauelementen: Die Größen der Platten und die Länge von Bolzen, Buchsen, Hülsen und Schrauben sind aufeinander abgestimmt. Die Bohrungen sind ebenfalls vorhanden.

3 Einige Möglichkeiten zur Auswerfertechnik zeigt eine für den Stangenanguß verwendbare Angußbuchse.

4 Komplett beziehbarer Backenformbausatz, mit dem Hinterschneidungen entformt werden können.

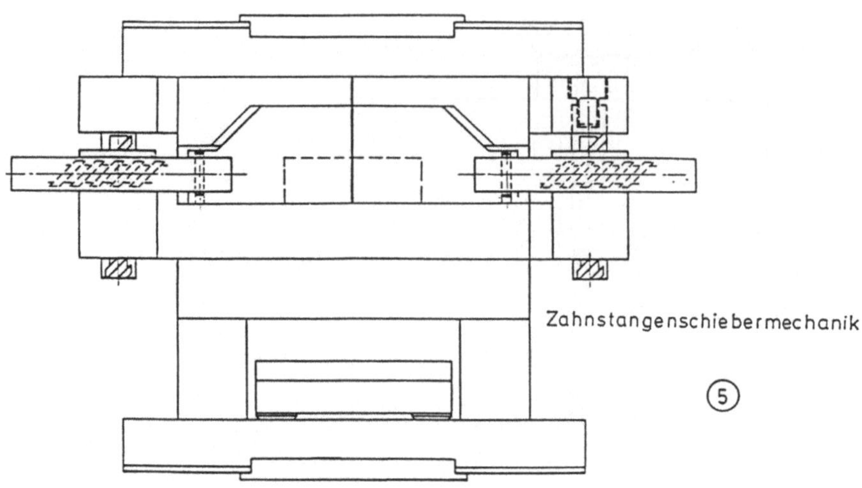

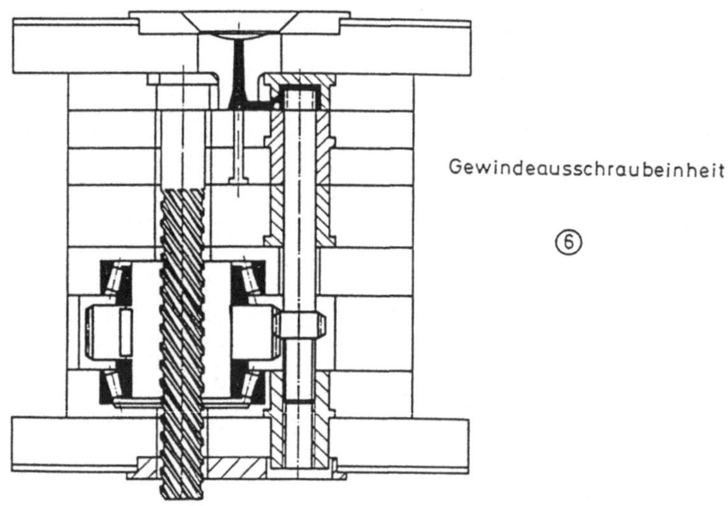

Bild 3.2.6/18   Normalien für Spritzwerkzeuge 3

5 Ist ein Backenformbausatz aus Platzgründen nicht anwendbar, verwendet man eine Zahnstangen-Schiebermechanik. Beim Öffnen der Werkzeughälften zwingt die im Bild vertikal angeordnete Zahnstange die horizontale Zahnstange zu einer Seitwärtsbewegung.

6 Innengewinde in Formteilen können mittels einer Gewindeausschraubeinheit entformt werden. Eine mit der einen Werkzeughälfte (im Bild die obere) starr verbundene Gewindespindel zwingt bei der Öffnungsbewegung eine Mutter zur Rotation. Die Drehbewegung überträgt sich auf den Gewindekern mittels einer

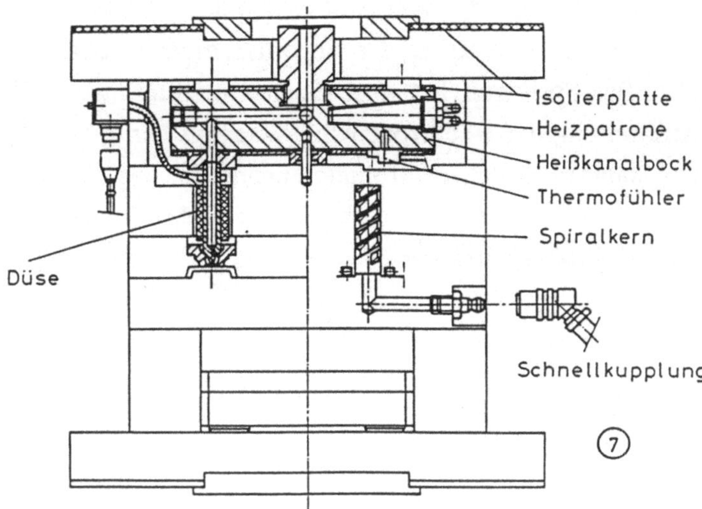

Bild 3.2.6/19   Normalien für Spritzwerkzeuge 4

Verzahnung. Spindeln, Muttern, Lager und Gewindekerne sind beziehbare Elemente.

7 Heißkanalblock: Der Block selbst und seine Isolierung werden als Halbzeug bezogen. Heizpatronen, Regler, Thermofühler, Düsen usw. sind auf das Programm der einzelnen Hersteller abgestimmt.

Bei Verwendung von Normalien besteht die Gestaltungsaufgabe im wesentlichen in der Festlegung der Trennebene, des Formnestes, evtl. erforderlicher Schieber, des Angusses und Anschnittes, der Auswerfer und einige weiterer Normelemente.

Die Trennebene und andere Gestaltungsfragen

Wie kann man das Formteil drehen oder wenden, um ohne Querschieber auszukommen, wie, um mit möglichst wenig Schiebern auszukommen? Evtl. ist das Formteil so umzugestalten, daß die funktional erforderliche Spritzteil-Geometrie erhalten bleibt, man aber ohne Schieber arbeiten kann. Wo sind Sichtflächen? Wie muß das Angußsystem gestaltet werden?

Wenn die Ausformschrägen stören, dann ist das Formteil umzugestalten. Dabei sind die Entformbarkeit und die Gratbildung zu beachten. Bei Verzug sind Verstärkungsrippen anzubringen, die Auswerfer sind auf Rippen zu setzen. Die Schwindmaße sind einzurechnen. Füllverhalten der Masse in das Nest: Die Fließwege sind in Abhängigkeit der Wandstärke, des Werkstoffes und des erforderlichen Forminnendruckes zu beachten (s. o.). Dazu ist der Formfüllvorgang genau zu durchdenken (Bild 3.2.6/20). Bei Spritzguß hat man einen Quellfluß, weil die Kohäsionskräfte nur eine Ausbreitung der Fließfront vom Anschnitt her zulassen. Mit einem Versuchswerkzeug kann man die Formfüllung anhand der sog. Stufenabspritzung beobachten und ggf. danach die Form solange ändern, bis Bindenahteffekte, Fließfronten usw. ein Minimum darstellen.

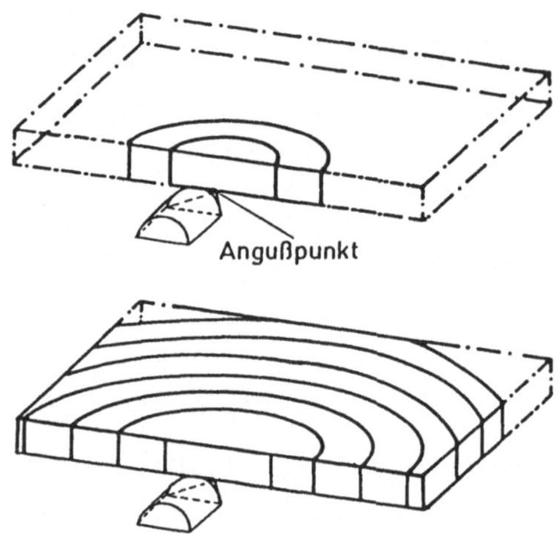

Bild 3.2.6/20   Formfüllvorgang Quellfüllung

Bei der Stufenabspritzung (Bild 3.2.6/21) wird die eingespritzte Formmassenmenge stufenlos erhöht, bis das Nest vollständig gefüllt ist. Ausnahmen vom Quellfluß bestehen beim Spritzgießen von Sinterkeramikteilen. Hier kann die beim Druckguß übliche Staudruckfüllung, auch Strahlfüllung genannt, auftreten, Bild 3.2.6/22.

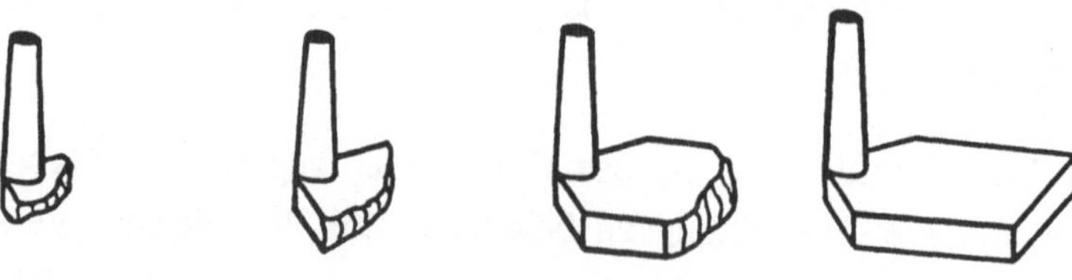

Bild 3.2.6/21   Stufenabspritzung

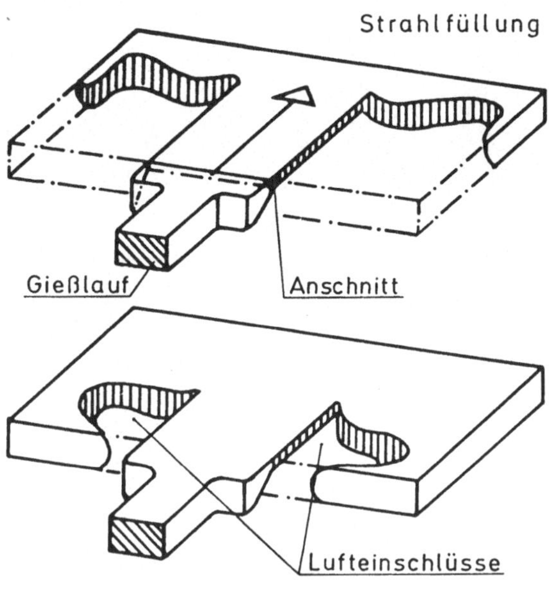

Bild 3.2.6/22   Formfüllvorgang Strahlfüllung

Weitere Fragen zur Formnestgestaltung: Welcher Werkstoff eignet sich für den Formeinsatz? Gespritzte Optikteile erfordern z.B.polierfähige Stähle ohne Mikrolunker usw. Wie ist die Lage der Kühlkanäle relativ zu den Formnestern anzubringen (Wärmeabfuhr)? Müssen Entlüftungskanäle usw. vorgesehen werden? Im übrigen besteht heute auch die Möglichkeit der Simulation des Formfüllvorganges mit Rechnerprogrammen. Dies ist besonders bei großen Teilen hilfreich.

Die Lage und die Art des Angusses bestimmen beim Formteil Fließlinien an der Oberfläche, Bindenähte und damit das Festigkeitsverhalten. Besonders bei kleinen Teilen der Feinwerktechnik kann das Abtrennen des Formteils am Anschnitt zum schwierigen Problem werden. Zur Montage ist es oft hilfreich, die Kleinteile am Angußsystem bis unmittelbar vor dem Montagevorgang zu belassen.

Beim Öffnen soll der Spritzling auf der auswerferseitigen Formhälfte verbleiben. In Bild 3.2.6/23 ist der Vorgang am Beispiel des Tunnelangusses dargestellt. Durch die Schneidkante des Tunnels (obere Formplatte) wird der Anschnitt beim Öffnen des Werkzeugs abgetrennt. Beim weiteren Öffnen des Werkzeugs wird der Verteilerast des Angusses so weit verbogen, bis der Anguß aus dem Tunnel gezogen werden kann. Dabei sorgt die "Auszieherkralle" in der unteren Formhälfte dafür, daß das Angußsystem ebenfalls in der unteren Formhälfte verbleibt, bis der

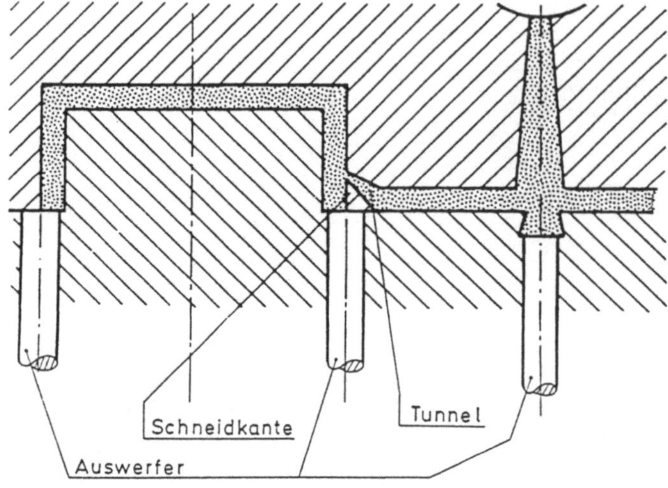

Bild 3.2.6/23   Tunnelangußsystem

Auswerfer wirksam wird. Die erkaltete Kunststoffmasse muß diese Verformung aushalten ohne abzubrechen, weshalb der Anguß bei spröden Kunststoffen so rechtzeitig entformt werden muß, wie er noch warm und elastisch ist. Das Spritzteil und der Anguß werden getrennt voneinander ausgeworfen. Die Auswerfermarkierungen sollten nicht auf Sichtflächen liegen.

Komplexe Teile benötigen i. a. Schieber, die vor dem Öffnen der Form gezogen werden müssen. Deren Antrieb erfolgt mit Keilschiebern, Pneumatikzylindern, Schrägzahnstangen; Gewindedorne werden aus den Spritzteilen mittels Steilgewindespindeln und Zahnrädern gedreht.

Damit sind die wichtigsten Aspekte der Formteil- und Werkzeuggestaltung angesprochen. Wie im Vorrichtungsbau, so kann man auch im Formenbau von produkttypischen Funktionen sprechen: Neben Träger-, Positionsdefinitions-, Führungs-, Halte-, Isolierfunktionen hat man die Abbildungsfunktion des Formnestes, verschiedene Ausformfunktionen, Auswerferfunktionen, Entlüftungsfunktionen usw. Diese gestaltorientierten Funktionen werden vom Formenkonstrukteur im allgemeinen auf Grund seiner Erfahrungen unmittelbar an der konkreten Gestalt realisiert. Fehler an Spritzgußteilen können viele Ursachen haben, Bild 3.2.6/24 gibt einen Überblick. Man versucht diese Fehler i. a. durch Eingriff in die Maschinenparameter zu beseitigen, bevor man Formänderungen vornimmt.

FEHLERBEZEICHNUNG	FEHLERURSACHE	FEHLERBEHEBUNG
SCHALLPLATTENRILLEN (ORANGENHAUT) 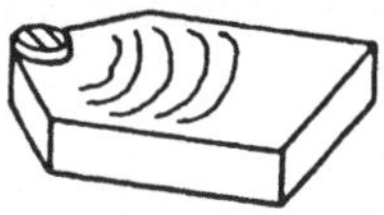	Die noch auf dem Vormarsch in die Form befindliche Masse erkaltet bei Berührung mit den kalten Formwänden zu früh und wird durch die nachschiebende heiße Masse dann "ruckweise" nach vorne geschoben	1. Werkzeugtemperatur erhöhen, um ein frühzeitiges Erstarren der Masse an den kalten Formwänden zu verhindern. 2. Einspritzgeschwindigkeit erhöhen. 3. Temperatur der Kunststoffmasse erhöhen.
BINDENÄHTE 	Treffen zwei von verschiedenen Seiten kommende Kunststoffströme innerhalb der Form zusammen, so besteht bei nicht vollständiger Verschmelzung an den Zusammenfließstellen die Gefahr der Rißbildung. Die geringere Festigkeit an dieser Stelle führt dann leicht zum Bindenahtbruch.	1. Erhöhen der Massetemperatur, um das Verschmelzen zu verbessern. 2. Erhöhen der Werkzeugtemperatur, um ein zu schnelles Erkalten der Masse zu Verhindern. 3. Ändern der Strömungsrichtung, um die Nahtstelle an eine geeignetere Stelle zu legen.
EINFALLSTELLEN 	Schwinden der Formmasse durch Volumenkontraktion beim Abkühlen der Formmasse in der Form.	1. Verringern der Massetemperatur 2. Nachdruck erhöhen (Achtung, Gefahr von Eigenspannungen!) 3. Nachdruckzeit verlängern 4. Formteil umgestalten
LUNKER und VAKUOLEN 	Die äußeren Schichten des Formteils erkalten, der Kern ist noch heiß und versucht erst relativ spät sich zusammen zu ziehen. Die erstarrten Randzonen lassen kein Schwinden mehr zu und so bilden sich im Forminnern sog. Lunker bzw. Vakuolen	1. Erhöhen der Werkzeugtemperatur 2. Verringern der Massetemperatur 3. Nachdruckzeit verlängern 4. Nachdruck erhöhen 5. Umgestalten des Wekzeugs (geringere Wandstärken schaffen)
SCHWIMMHÄUTE 	Kunststoffmasse dringt während des Formfüllprozesses durch die Trennebene aus.	1. Schließkraft erhöhen 2. Nachdruck verringern 3. Trennebene anders wählen 4. Anzahl der Kavitäten verringern

Bild 3.2.6/24   Hauptfehler bei Spritzgußteilen

Technologieflächen an der Spritzmaschine

Die wesentlichen Einstellparameter der Spritzmaschine entnimmt man dem Bild 3.2.6/25 (unter Verwendung von Firmenunterlagen und von /3.2.6/4/ erstellt). Mit Hilfe der *Maschineneinstellgrößen* läßt sich die Spritzgießmaschine dem Werkstoff und dem Formteil anpassen.

Die *Zylindertemperaturen* müssen entsprechend den Angaben des Kunststoffherstellers in einem von der Formteilgeometrie und den Anschnittbedingungen beeinflußten engen Toleranzbereich eingestellt werden, um ein schadfreies Aufschmelzen der Kunststoffmasse zu gewährleisten. Die *Düsentemperatur* ist abhängig vom Kunststoff, vom Düsenquerschnitt, vom Staudruck und von der Einspritzgeschwindigkeit zu wählen. Die *Massetemperatur* ist nicht nur von der elektrischen Beheizung, sondern im überwiegenden Maße von der Friktionswärmezufuhr (bedingt

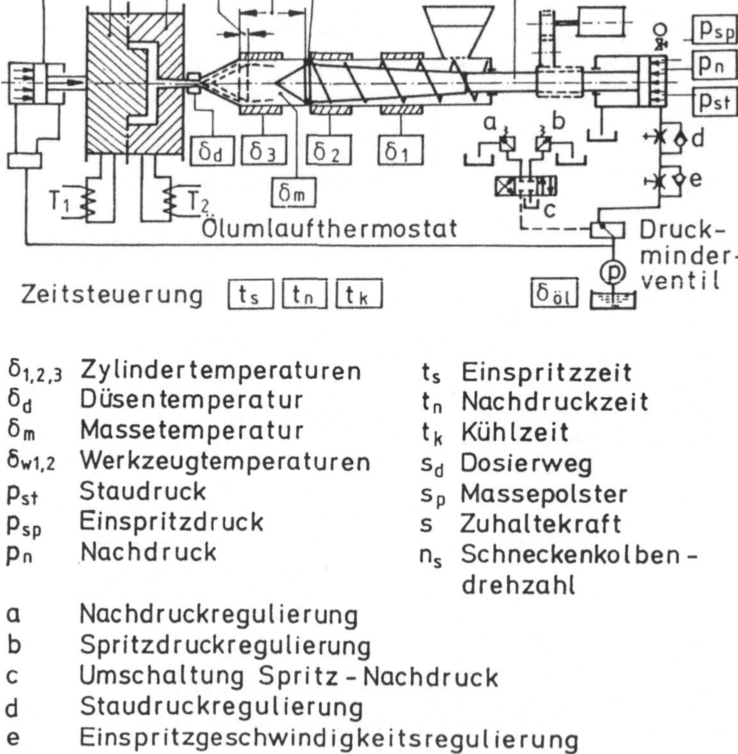

$\delta_{1,2,3}$	Zylindertemperaturen	t_s Einspritzzeit
δ_d	Düsentemperatur	t_n Nachdruckzeit
δ_m	Massetemperatur	t_k Kühlzeit
$\delta_{w1,2}$	Werkzeugtemperaturen	s_d Dosierweg
p_{st}	Staudruck	s_p Massepolster
p_{sp}	Einspritzdruck	s Zuhaltekraft
p_n	Nachdruck	n_s Schneckenkolbendrehzahl

a Nachdruckregulierung
b Spritzdruckregulierung
c Umschaltung Spritz – Nachdruck
d Staudruckregulierung
e Einspritzgeschwindigkeitsregulierung

Bild 3.2.6/25   Einstellparameter an der Spritzmaschine

durch die Scherwirkung der rotierenden Schnecke) und vom Staudruck abhängig. Die Massetemperatur muß im Bereich zwischen Schmelz- bzw. Glastemperatur und Zersetzungstemperatur liegen. Je höher die Massetemperatur gewählt wird, desto geringer ist die Maßstreuung der einzelnen Formteile. Die *Werkzeugtemperaturen* müssen unterhalb des Glaspunktes der Kunststoffmasse liegen, damit die plastifizierte Kunststoffmasse in der Form erstarrt. Mit zunehmender Werkzeugtemperatur nimmt die Nachschwindung des Formteils ab und die Zykluszeit zu.

Der *Staudruck* beeinflußt die Rotationsdauer der Schnecke und homogenisiert die Kunststoffmasse während des Plastifizierens. In Verbindung mit der Schneckenrotation beeinflußt er auch die Friktionswärmezufuhr. Der *Einspritzdruck* ist verantwortlich für die *Einspritzgeschwindigkeit*, mit welcher die Schnecke beim Füllen der Form nach vorne fährt. Im allgemeinen sollte der Einspritzdruck und somit die Einspritzgeschwindigkeit hoch gewählt werden, da schnelles Einspritzen geringere Orientierungen im Spritzling hervorruft. Der *Nachdruck* wirkt nach Beendigung des Formfüllvorgangs auf die Kunststoffmasse und soll der starken Volumenkontraktion des erstarrenden Kunststoffteils entgegenwirken. Ein zu niedriger Nachdruck führt zu Einfallstellen, ein zu hoher Nachdruck zu erheblichen inneren Spannungen.

Die *Einspritzzeit* ist zum Erreichen einer hohen Einspritzgeschwindigkeit so kurz wie möglich zu wählen. Die untere Grenze ist durch die Maschine oder durch thermische Schädigungen am Formteil gegeben. Die *Nachdruckzeit* muß so gewählt werden, daß der Nachdruck so lange wirkt, bis der Anschnitt "zugefroren" ist. Experimentell wird die optimale Nachdruckzeit durch Steigern der Nachdruckzeit (von einem Minimalwert ausgehend) mit anschließendem Wiegen der Spritzteile gefunden. Sobald die Spritzteilmasse nicht mehr zunimmt, ist die optimale Nachdruckzeit erreicht. Eine zu lange Nachdruckzeit kann zu einem Überladen des Angußsystems und zum Klemmen des Spritzteils beim Entformen führen. Die *Kühl- oder Standzeit* muß so bemessen werden, daß die Masse des gesamten Spritzlings überall auf Temperaturen deutlich unterhalb der Erstarrungstemperatur abkühlen kann.

Der *Dosierweg* ist so zu wählen, daß genügend Kunststoffmasse zum Füllen und Nachdrücken bereitgestellt wird. Bei einem zu großen Dosierweg kann ein Teil der unverbrauchten Kunststoffmasse zu lange im Plastifizierzylinder verweilen und somit thermisch geschädigt werden. Das *Massepolster* ist notwendig, um in der Nachdruckphase während der Volumenkontraktion der erkaltenden Kunststoffmasse im Formnest noch Kunststoffmasse zur Schwindungskompensation nachzudrücken.

Die *Schließkraft* ist so zu bemessen, daß keine Schwimmhäute in der Trennebene des Spritzgießwerkzeugs auftreten können. Eine zu hohe Schließkraft kann zu erhöhtem Werkzeugverschleiß führen.

Um die günstigsten Verarbeitungsbedingungen für ein Spritzgußteil herauszufinden, müssen zunächst die kunststoffspezifischen Grundparameter an der Spritzgießmaschine eingestellt werden. Danach ist durch *schrittweises Zudosieren* der notwendige werkzeugspezifische Dosierhub zu bestimmen. Bei diesem Vorgang erhält man eine Serie von unvollständig gefüllten Formteilen, welche *Stufenabspritzung* genannt wird. Mit Hilfe der Stufenabspritzung läßt sich das Fließverhalten der Kunststoffmasse im Formnest anschaulich verfolgen. Dabei können nochmals Rückschlüsse auf eventuell ungünstig gewählte Anschnitte und Verteiler gezogen werden. Nach dieser Phase beginnt das eigentliche *Anfahren* der Spritzgießmaschine, welches in Bild 3.2.6/26 dargestellt ist.

Beim Ermitteln der *optimalen Verarbeitungsparameter* ist zu berücksichtigen, daß sich der Spritzgießprozeß stets nur bezüglich eines Kriteriums optimieren läßt. Werden mehrere Anforderungen an das Spritzgießteil gestellt, so müssen im allgemeinen Kompromisse gefunden werden. Zu den üblichen Kriterien bei Präzisionsspritzteilen zählen geringe Kosten (kurze Zykluszeit), geringe Maßstreuung, geringe Formabweichung, bestmögliche Maßstabilität, hochwertige isotrope Eigenschaften.

Eine Möglichkeit, den zeitaufwendigen Optimierungsprozeß zu verkürzen, bietet das Anbringen von Sensoren in der Form. Üblicherweise werden Druck-, seltener auch zusätzliche Temperaturfühler verwendet, wobei die Druckfühler den Forminnendruck direkt oder über einen Auswerferstift messen. Typische Druckverläufe im Forminnern sind in Bild 3.2.6/27 zu sehen. Durch synchrones Übertragen von dem gemessenen Druckverlauf und der mittleren Formteiltemperatur in ein *p-v-ϑ-Diagramm* sind aus dem Kurvenverlauf Aussagen über den *Schwindungsverlauf* und die *Schmelzbewegung* im Formnest während der Nachdruckphase zu machen:

1 Beginn der Werkzeugfüllung (Schmelze berührt den Druckaufnehmer im Werkzeug),

2 Werkzeug ist volumetrisch gefüllt,

3 Ende der Kompressionsphase und Umschaltung auf Nachdruck,

3,4 teilweise Entladung des Werkzeugs,

5 Nachdruck wird abgeschaltet,

6   Anschnitt ist eingefroren,

7   Druck ist auf Atmosphärendruck abgesunken,

8   Entformung (Werkzeug öffnet sich),

9   Temperatur des Formteils ist auf Raumtemperatur abgesunken.

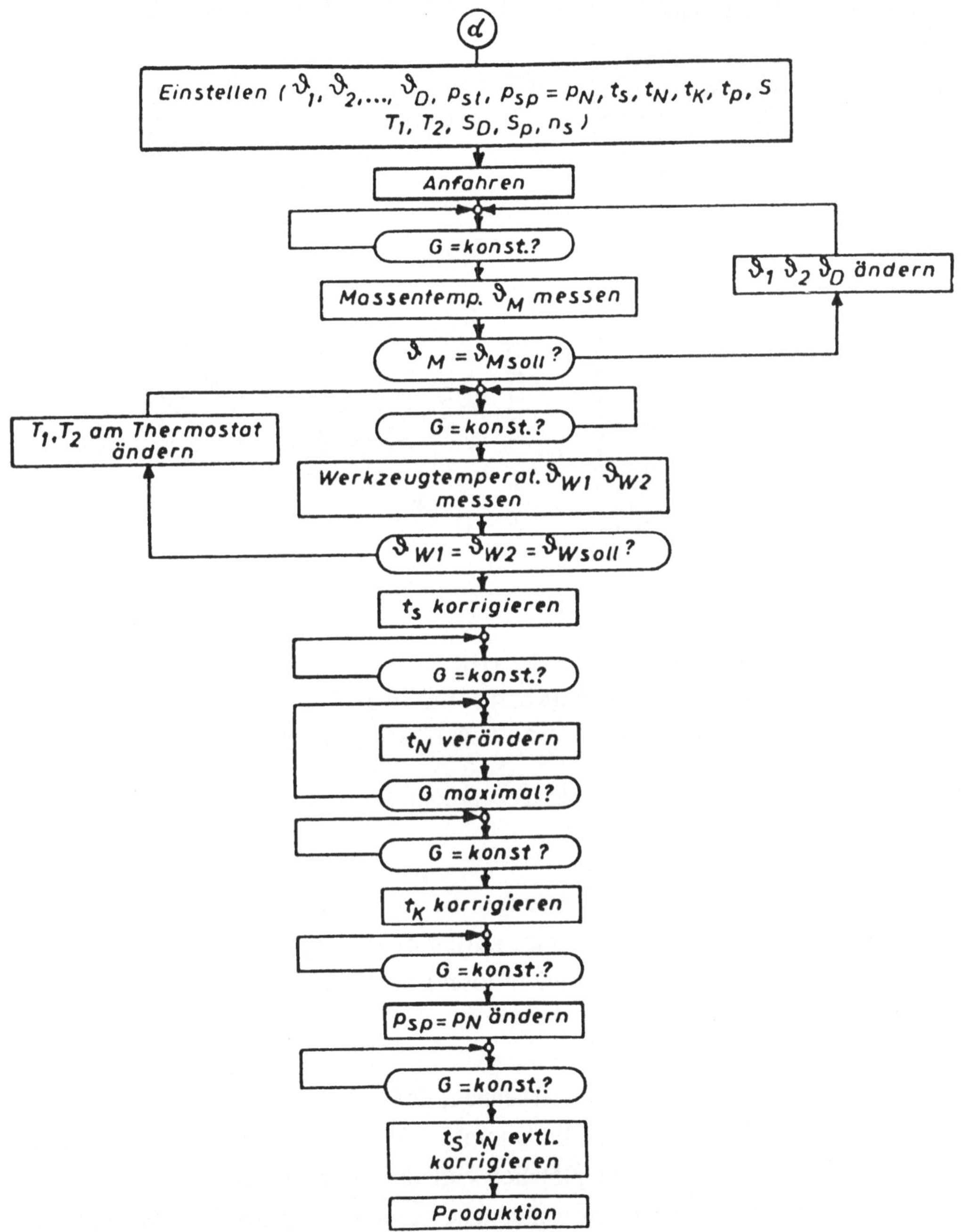

Bild 3.2.6/26   Einfahrstrategie beim Spritzgießen

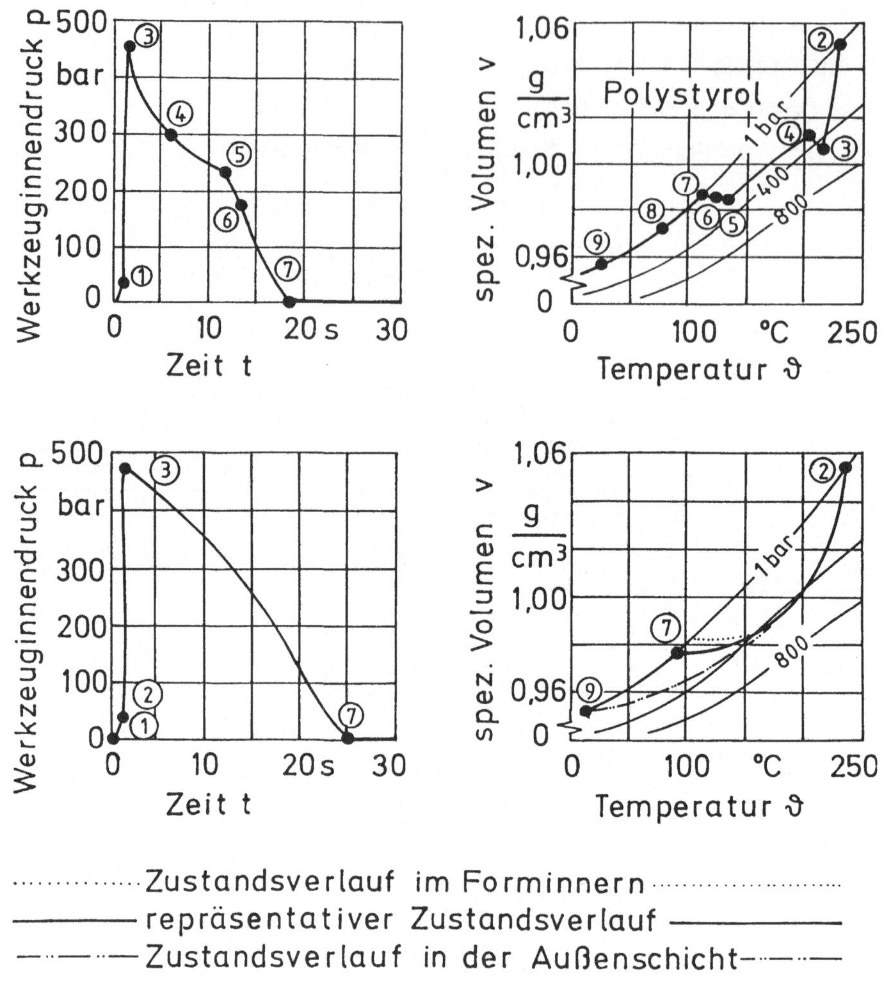

············· Zustandsverlauf im Forminnern ···········...········

————— repräsentativer Zustandsverlauf —————

—·—··— Zustandsverlauf in der Außenschicht—·—··—

Bild 3.2.6/27   Spritzgießprozeß: Technologieflächen "p-v-δ- Diagramme"

Entscheidend für die Formteilabmessungen ist die Schwindung von *v*; sie läßt sich in den *p-v-ϑ*-Diagrammen als Ordinatendifferenz der Punkte 7 (hier beginnt sich das Formteil von der Werkzeugwand zu lösen) und 9 (Formteil hat Raumtemperatur) ablesen.

Aus Bild 3.2.6/27 a und b läßt sich erkennen, daß in diesem Fall die Umschaltung auf Nachdruck zu spät erfolgt ist. Es kommt zu einer hohen Druckspitze (Punkt 3) die sich nach der Umschaltung plötzlich entlädt und zu einem Schmelzrückfluß führt, der hohe Orientierungen in Angußnähe verursacht. Außerdem ist der Nachdruck zu früh abgeschaltet worden, was durch den plötzlichen Druckabfall (Punkt

5) angezeigt wird. Die in Bild 3.2.6/27 c und d dargestellten Diagramme zeigen einen erheblich besseren Verlauf. Hier wurde der Nachdruck gleich hoch wie der Spritzdruck gewählt.

Das Beispiel "Spritzgießen" zeigt sehr klar, wie wenig eine zu allgemeine Konstruktionsmethodik bei einem hochentwickelten technologischen Fertigungsverfahren helfen kann, um auf neue Wege zu kommen. Hier sind die gestaltorientierten Funktionsbegriffe und der Begriff der Technologiefläche die adäquateren methodischen Hilfsmittel. Deshalb wurde es besonders ausführlich dargestellt.

3.3 Technologieprinzipien des Sinterns

Stoffe in pulvrigem oder grobkörnigem Zustand (Granulat, s. u.) werden durch Pressen und anschließende thermische Behandlung unter Umgehung der flüssigen Phase in eine grobe Fertigform gebracht. Es handelt sich also um ein Urformen aus dem pulvrigen Zustand (Fritten, Zusammenbacken). Sintern wendet man auf Metallpulverkomponenten an und spricht dann von Pulvermetallurgie, weiter wendet man es auf die konfektionierten (s. u.) Ausgangsstoffe bei der Keramikherstellung aus Ton, Kaolin, Flußmittel, Bauxit, Quarz, Kohlenstoff usw. an und spricht dann von Elektrokeramik, Schneidkeramik, Strukturkeramik, Piezokeramik. Die Anwendung der Sintertechnik auf Kunststoffpulver wird in sehr modifizierter Form praktiziert, man spricht von Preßsintern, Tauchsintern, Wirbelsintern.

Granulat: Fein pulverisierte Stoffe neigen zur Agglomeration. Die elektrostatische Anziehung sowie van der Waalssche Kräfte werden wirksam und bedingen ein oft unerwünschtes Haften der Partikel z. B. beim pneumatischen Transport. Will man feine Pulver bequem schütten, dosieren, lösen usw., so ist es vorteilhaft, mit einer "gewollten Agglomeration" (Granulation) ein locker aufgebautes Granulat herzustellen. Wenn man das nicht granulierte, feine Pulver z. B. mit Flüssigkeit übergießt, so entsteht außen eine schmierige Trennschicht und innen bleibt es trocken. Bei einem Granulat hingegen kann die Flüssigkeit in die groben Poren eindringen und so alle Pulverteilchen benetzen.

Konfektionierung: Keramikteile werden durch Pressen von Pulvern in Werkzeugen aus Hartmetall oder unter allseitigem hohen Druck (isostatisches Pressen) in flexiblen Formen zu sogenannten Grünkörpern geformt, die anschließend durch das Sintern zu einem hochfesten Körper verbacken werden. Diese Herstellungstechnologie erfordert die "Konfektionierung" der im allgemeinen sehr feinkörnigen Pulver mit Teilchengrößen im Bereich von Mikrometern. Mit Konfektionierung bezeichnet der Keramiker die Herstellung von standardisierten Ausgangsmaterialien für die Formgebung mit festgelegten Eigenschaftsmerkmalen. Die kontrollierte Einstellung dieser Eigenschaften ist die Voraussetzung für Erzeugnisse von gleichbleibender Qualität.

Da die erwähnten feinkörnigen Pulver preßtechnisch nicht verarbeitbar sind, ist der Konfektionierungsschritt des Granulierens, d. h. der Agglomeration von Pulverteilchen zu größeren Granulaten, notwendig. Die Granulate fließen leichter in die Preßform und füllen diese besser aus. Der Aufbau der Granulate sollte so sein, daß sie beim Preßvorgang wieder zerstört werden und sich die Pulverteilchen im Preßkörper homogen verteilen. Inhomogenitäten im Grünkörper verstärken sich im allgemeinen beim Sintern und führen zu Fehlern im Produkt. Dies bedeutet, daß die Granulate nicht zu fest sein dürfen, damit sie beim Pressen zerstört werden können, andererseits müssen sie fest genug sein, um die Handhabung vor dem Pressen zu überstehen.

Technologieflächen

Bei sintertechnologisch hergestellten Teilen spielen u. a. folgende Parameter eine Rolle für die Ermittlung von Technologieflächen: die Stoffzusammensetzung (Reinheit), die Korngrößenverteilung, die Rieselfähigkeit des Granulats, die Pressdrücke usw. Besonders beim Trockenpressen ist die Abstimmung der Teilestärke mit dem Teilegewicht vorzunehmen (μm-Längenmessung und Gewichtskontrolle im mg-Bereich). Bei den Preßbedingungen und bei den Sinterbedingungen sind die Einlagerung im Ofen, die Flammenführung, der Preßdruck, der Temperaturverlauf über der Zeit Parameter der Technologieflächen. Bei der Nacharbeitung, der sog. Hartbehandlung erfolgt die Kontrolle auf Risse usw. Zur Stoffzusammensetzung vergleiche die Bilder 1.2/8 und 1.2/9 mit den Parameterdarstellungenen in Bild 1.2/10 /3.3/1/, /3.3/2/, /3.3/3/.

Technologieprinzip Pulvermetallurgie

Die Sinterung, der für alle pulvermetallurgischen Erzeugnisse fundamentale Prozeß, bedeutet das "Zusammenwachsen" der Pulverteilchen durch Diffusionsprozesse bei Temperaturen weit unterhalb ihres Schmelzpunktes. Chrom-Nickel-Stahl z.B. wird bei 1200 bis 1280 °C gesintert. Nach der Sinterung verlaufen die Korngrenzen über die ursprünglichen Teilchengrenzen hinaus, d. h. die gebildeten

Sinterbrücken zwischen den Teilchen sind im allgemeinen metallurgisch mit den Teilchen selbst identisch. Die Festigkeit eines gesinterten Teiles, im Vergleich zum schmelzmetallurgisch hergestellten mit gleicher Zusammensetzung, hängt deshalb überwiegend von der Porosität ab, die den tragenden Querschnitt verringert. Höchstverdichtete, d.h. im Sinterschmiedeverfahren hergestellte Werkstoffe erreichen Zugfestigkeiten von 1700 N/mm² und leisten dank des spezifisch steuerbaren Formgebungsverfahrens mehr als normale Schmiedestähle. Hier sind Eisen- bzw. Stahlpulver oder NE-Metallpulver (Bronze, Messing, Neusilber, Kupfer, Aluminium) die Ausgangsstoffe, welche ggf. mit Schmiermitteln und Legierungsmetallen auf Pressen mit hohen Drücken (30 bis 80 kN/cm²) in Stahl- oder Hartmetallmatrizen zu dem betreffenden Formteil verpreßt werden. Die Sinterung erfolgt dann in Öfen zwischen 1100 bis 1300 °C (Sinterstahl). Die gesinterten Teile können dann nachverdichtet, kalibriert, gehärtet und ölgetränkt werden. Maßgenaue Teile (IT 7 bis IT 8) werden nach der ersten Sinterung nachgepresst, nochmals gesintert und nochmals kalibriert.

Grundbedingungen für die Wirtschaftlichkeit des Sinterns sind hohe Stückzahlen. Dann werden Sinterteile z. B. mit Feingußteilen konkurrenzfähig. Aus Sicht der Funktion werden auch - dann allerdings sehr teure - Einzelstücke gesintert. Die Erzeugung von besonderen mechanischen Eigenschaften ist durch Sintern möglich, z. B. ist große Härte erzielbar. Herstellung von Hartmetallen: Bild 3.3/1. Drückstähle, Fräser, Hartmetall-Schraubenfedern mit $D = 60$, $d = 3,4$, $L = 130$ aus 92% Wolframcarbid, 2 % Titan-Tantal-Niobcarbid, 6 % Kobalt. E-Modul 635800 N/mm², G-Modul 260600 N/mm², Preis der Feder 1986: 5000 DM. Hartmetalle haben den höchsten E-Modul der Werkstoffe. Daher werden sie auch als Taststifte in Meßgeräten verwendet.

Bronze-Sinterlagerbuchsen: Hier sind die Lagerhohlräume mit Öl getränkt. Daher haben diese Lager sehr gute Laufeigenschaften. Die Kombination von gesinterten Bronzelagerbuchsen mit Nadellager-Nadeln ergibt kostengünstige Lagerungen mit kleinsten Toleranzen, Bild 3.3/12. Durch Kalibrierung und Paarung erreicht man ein Spiel in der Größe 1 bis 3 μm. Bild 3.3/2 zeigt einige Gestaltungsregeln für Sinterlager.

Luftlager /3.3/3/: Die Lager-Rohlinge werden in einem Schüttsinterverfahren in einer Stahlform gesintert. Ausgegangen wird von Bronzekugeln mit 0,1 bis 0,15 mm Durchmesser, die nicht imprägniert sind. In Bild 3.3/3 ist der Herstellungsvorgang schrittweise dargestellt, wie er am Institut für Feingerätebau der TU München entwickelt wurde.

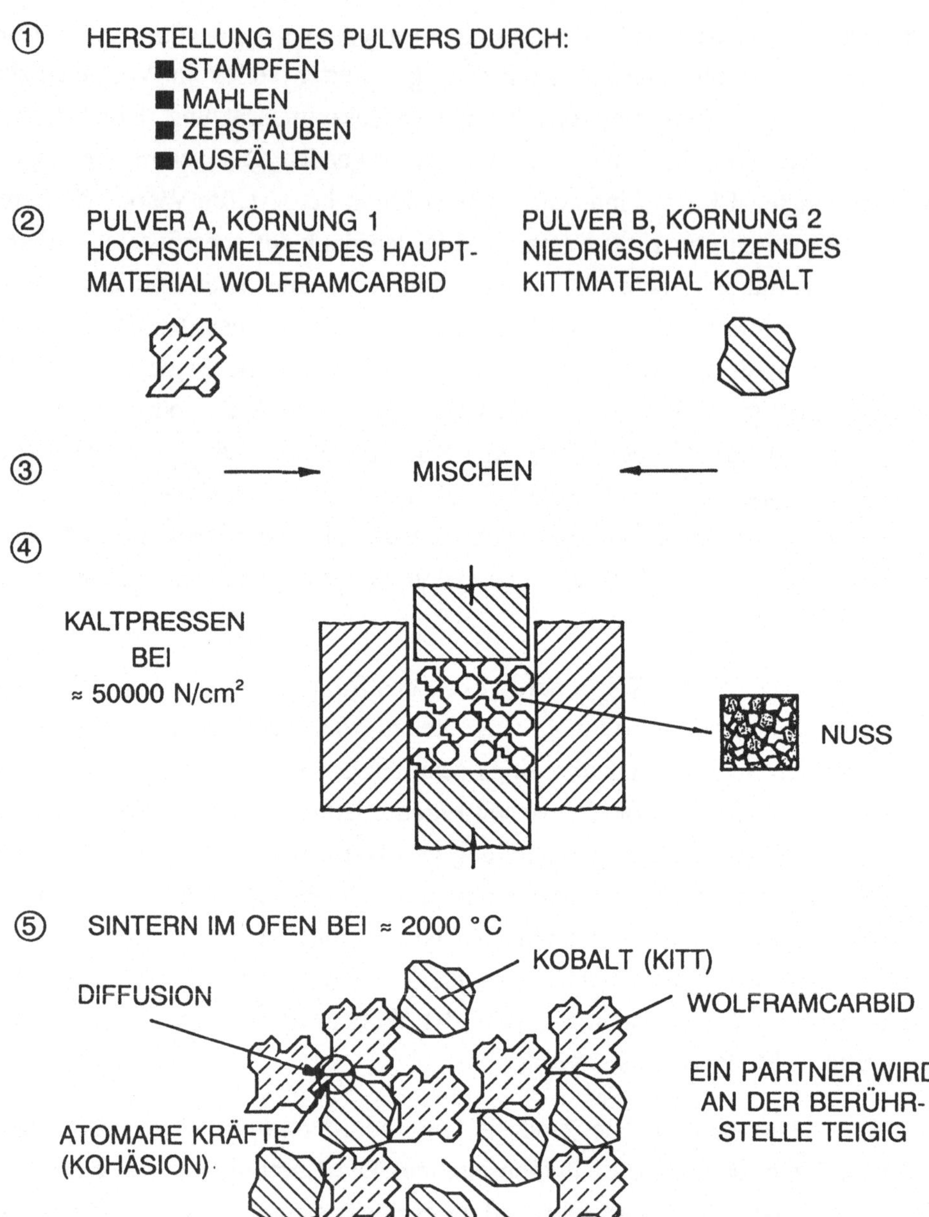

Bild 3.3/1   Schritte bei der Herstellung von Hartmetallen

- MÖGLICHST KEINE SPANGEBENDE NACHARBEIT
- QUERSCHNITTSÜBERGÄNGE SO, DASS DIE PRESSLINGE
  AUS DEM GESENK AUSGESTOSSEN WERDEN KÖNNEN.
- SCHARFE KANTEN VERMEIDEN

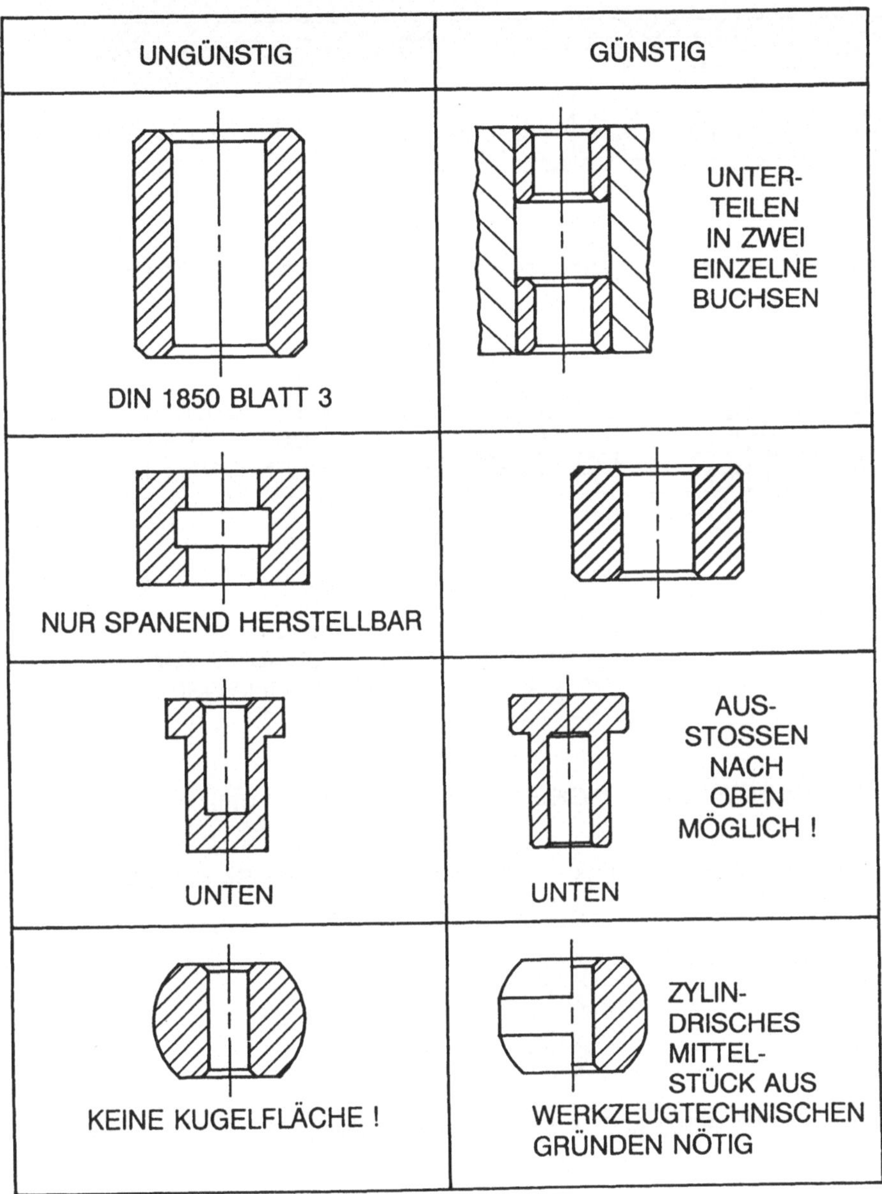

Bild 3.3/2   Gestaltung von Sintermetallagern

GEOMETRISCH - FUNKTIONALE IDEE

ERSETZUNG EINES LUFTLAGERS MIT EINZELDÜSEN DURCH EINE
GESINTERTE LUFTDURCHLÄSSIGE LAGERPLATTE :

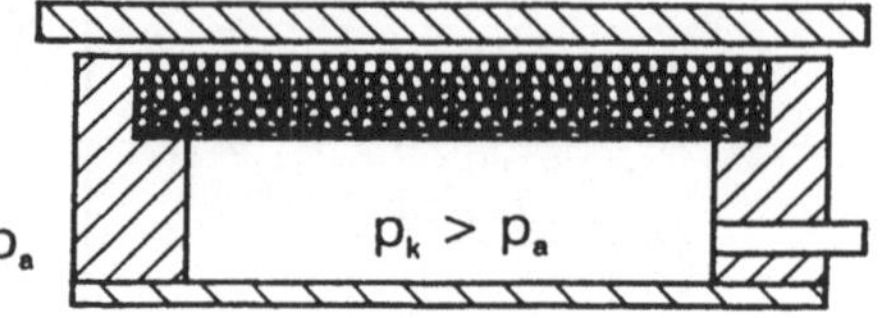

BEISPIEL: TECHNOLOGISCHER ABLAUF FUR EINE KUGELSCHALE

① 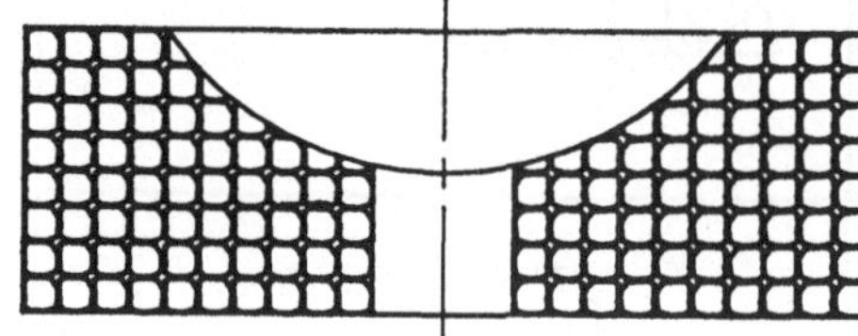

BRONZEKUGELN Ø0,1
IN STAHLFORM IM
SCHÜTTSINTERVER-
FAHREN GESINTERT

② ERGEBNIS: 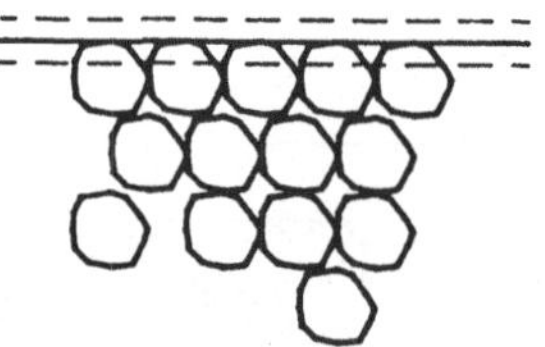

$\pm$ 50 μm
ABWEICHUNG VON
DER SOLLFORM

DICHTE KUGELPACKUNG MIT POREN ($\approx$ 50 μm)

③ DIE OBERSTEN SCHICHTEN WERDEN DURCH MEHRMALIGES
ÜBERWALZEN EINGEEBNET (SETZEN $\approx$ 200 μm)

DIE SOLLFORM WIRD AUF $\pm$ 5 μm ENDBEARBEITET

④ FEINKORREKTUR DER LAGERFLÄCHEN MIT DIAMANTWERK-
ZEUGEN AUF ± 0,5 μm FÜR KUGELFÖRMIGE LAGER

SPEZIALMASCHINEN:

FRÄSKOPFACHSE

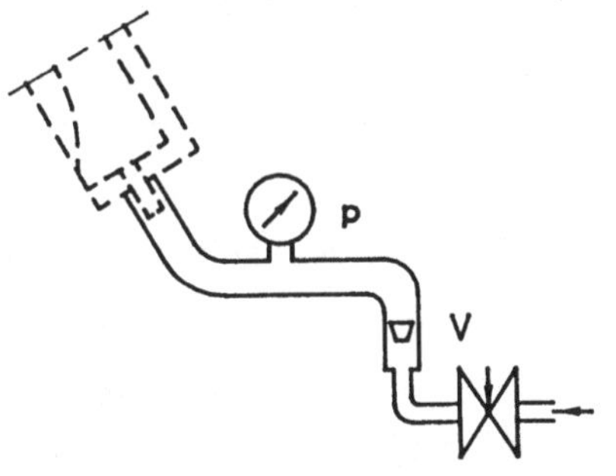

BEIDE ACHSEN MÜSSEN SICH EXAKT IN EINEM PUNKT
SCHNEIDEN, DAMIT EINE EXAKTE KUGEL ENTSTEHT.

WERKSTÜCKACHSE:
- ■ LUFTGELAGERTE SPINDEL
- ■ SCHEIBENLÄUFERMOTOR MIT REIBRADGETRIEBE
- ■ ACHSE AUF BLATTFEDER
- ■ VORSCHUBBEWEGUNG

BEARBEITUNGSWERKZEUGE:
- ■ HARTMETALLROLLEN
- ■ KUGELLAGERRINGE
- ■ DIAMANTWERKZEUGE

DIE EINEBNUNG WIRD MIT EINER
DRUCK-DURCHFLUSSMENGEN-
MESSUNG GESTEUERT.
DIE ÜBERPRÜFUNG MIT DRUCK-
LUFT ERFOLGT ZWISCHEN DEN
BEARBEITUNGSVORGÄNGEN.

Bild 3.3/3   Sinter- Luftlager: Schritte bei der Herstellung

Auch besondere elektrische oder magnetische Eigenschaften können durch Sintern erzeugt werden. Beispielhaft seien Schleifkohle und Magnetkeramik genannt.

Nichtmetallische Keramikwerkstoffe

Seit ca. 5000 Jahren ist Keramik in Form von gebranntem Ton bekannt. Man teilt diese Stoffe in drei Hauptgruppen ein: Silikate (z. B. Steinzeug, Porzellan, Steatit), Oxide (z. B. Aluminiumoxid) und Nichtoxide (z. B. Siliciumcarbid, Berylliumcarbid). Die Anwendungsbereiche sind Gebrauchskeramik, Elektrokeramik, Schneidkeramik, Strukturkeramik. Die Herstellungsverfahren für Keramikteile sind vielfältig. Bei der Gestaltung von Keramikteilen sind bestimmte Regeln einzuhalten. Hochwertige Keramik - z. B. Multilayer-Substrate - erfordern viel technologisches Wissen (s. u.).

Im Vergleich zu Metallen ist der Hauptvorteil der Keramikeigenschaften die hohe Zugfestigkeit bei höheren Temperaturen (Siliciumcarbid: bei 1000 °C bis 40000 N/cm^2). Keramik besitzt weitereine gute Korrosionsbeständigkeit und ist resistent gegen die meisten Säuren (eine Ausnahme hierbei bildet nur die Wasserdampfbeständigkeit bei höherem Druck). Weitere positive Eigenschaften: große Härte (Al_2O_3 = Korund hat eine Mohssche Härte von ca. 9, im Vergleich zu Stahl von ca. 7); hohe Druckfestigkeit (Al_2O_3 ca. 3mal höher als Stahl); geringe thermische Ausdehnung (Al_2O_3 ca. $7,5 \cdot 10^{-6}$ K^{-1}); geringe Dichte (Al_2O_3 ca. 3,6 kg/dm3); große Variationsbreite in der elektrischen Leitfähigkeit; große Variationsbreite in der Wärmeleitung (Al_2O_3 ca. 30 W/mK, AlN ca. 170 W/mK, BeO ca. 250 W/mK, zum Vergleich Stahl ca. 45 und Cu ca.380 W/mK). Hohe Temperaturbelastbarkeit, große Härte und hoher E-Modul bedeuten gemeinsam hohe Verschleißfestigkeit.

Nachteilig sind in erster Linie die Sprödigkeit (nach 0,1 % Dehnung erfolgt i.a. Bruch), die geringe Zugfestigkeit und die begrenzte Freiheit in der Formgebung. Es bestehen geringe Bearbeitungsmöglichkeiten durch Schleifen, Läppen und Polieren. Die Streubreite der Eigenschaften ist groß. Die Bruchanfälligkeit steigt mit dem Bauteilvolumen. Es besteht eine geringe Trockenfestigkeit vor dem Brennen. Die Schwindung beim Brennvorgang ist groß, woraus das Problem der Einhaltung von Toleranzen resultiert. Die Verbindungstechnik von Keramikteilen ist schwierig. Die Übersicht (Bild 3.3/4) zeigt die Vielfalt der Verfahren zur Keramikherstellung in einem ganz vereinfachten Schema. Hier sollen nur einige feinwerktechnisch interessante Beispiele behandelt werden.

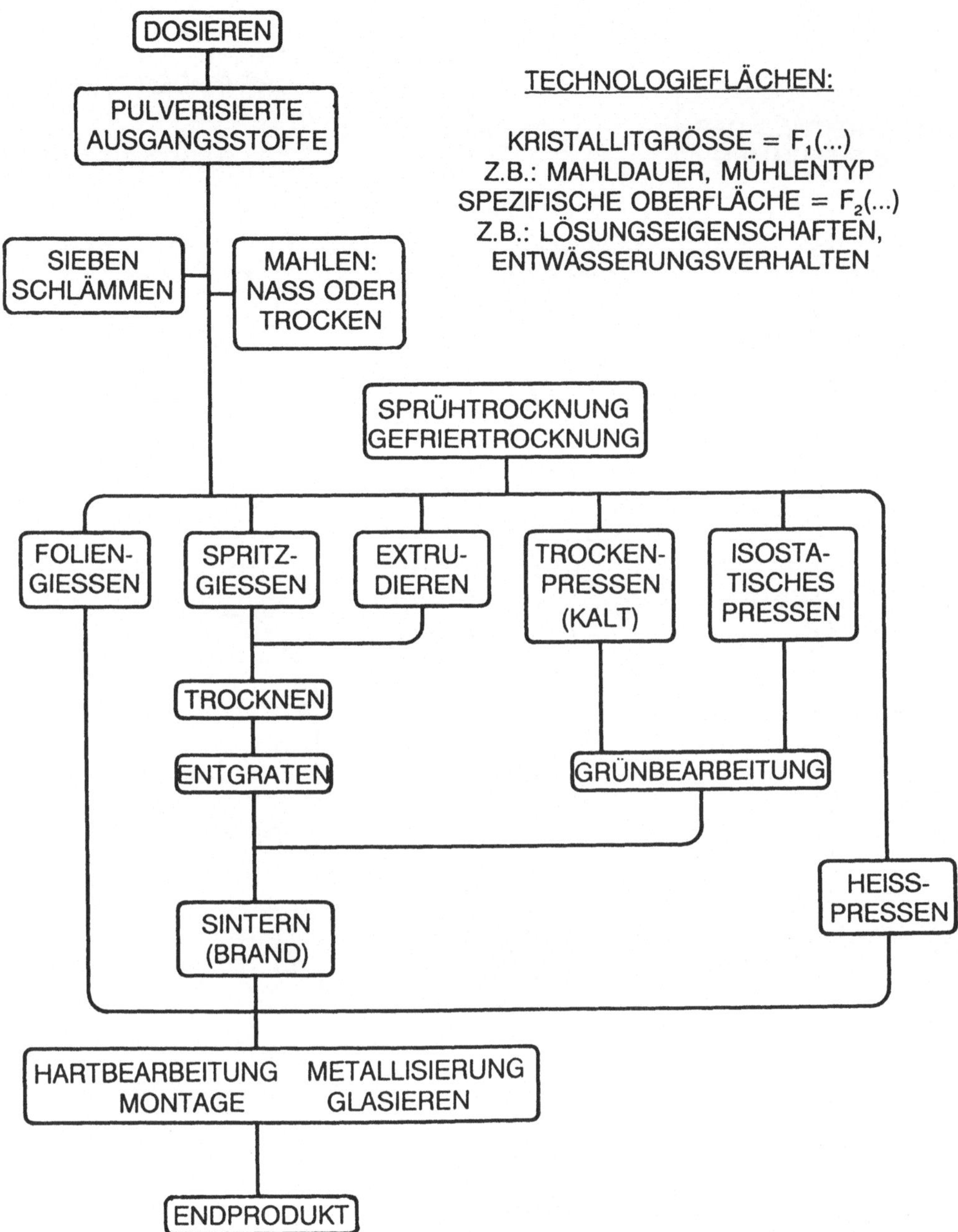

Bild 3.3/4   Allgemeiner Verfahrensablauf bei der Keramikherstellung

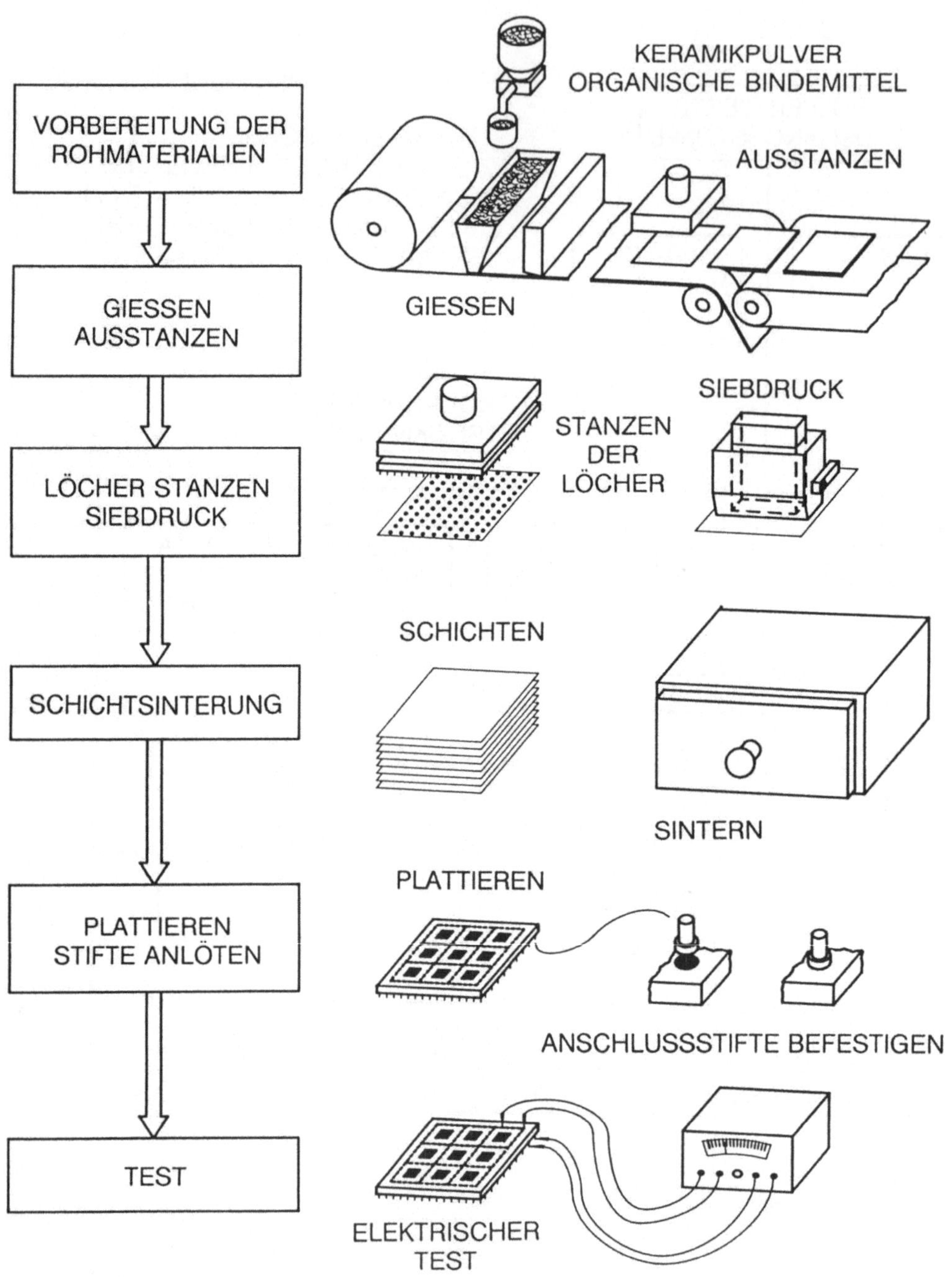

Bild 3.3/5   Keramische Multi-Layer-Herstellung

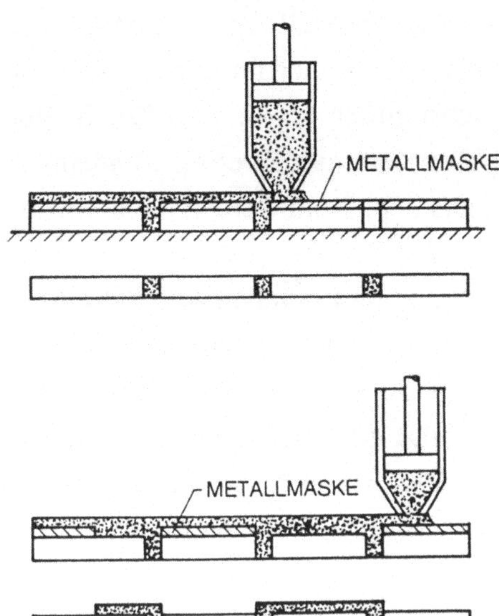

Bild 3.3/6   Detail zu Bild 3.3/5: Bedrucken

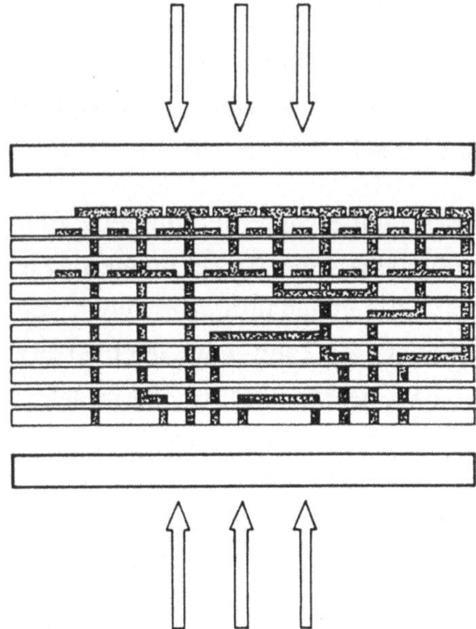

Bild 3.3/7   Detail zu Bild 3.3/5: Schichten und unter Druck sintern

Beispiel: Multilayer-Substrat-Technik (von IBM): Zur Herstellung von Logikmodulen werden Al_2O_3-Keramikfolien mit entsprechender Leiterführung zusammengeschichtet und gesintert, wobei sie erheblich schrumpfen (ca. um 15 %). In Bild 3.3/5 sind die Schritte schematisch dargestellt. Das Keramikpulver mit Bindemittel wird auf einer Foliengießanlage vergossen, und aus dem Band werden plattenförmige Teile ausgestanzt. Nach einem Ablagern werden diese 0,2 mm starken, bruchempfindlichen Platten mit Registrierlöchern versehen und erhalten Identifikationsnummern aufgedruckt. Dann werden die Löcher für das Durchkontaktieren von der oberen zur unteren Schichtseite gestanzt (bis zu 50000 Löcher/Schicht; Lochdurchmesser 0,15 mm). Nach der Reinigung erfolgt eine elektronische Überprüfung auf 100%iges Vorhandensein der Löcher. Die Arbeitsvorgänge erfolgen in Gestellrahmen, die optische Mittel enthalten, um die aufgedruckten Markierungen anzusprechen.

Das elektrische Netzwerk wird im Siebdruck erzeugt, wobei mit Hilfe entsprechend geformter Metallmasken die metallischen Leitpasten auf die Keramikfolien aufgedruckt werden. Dabei werden zunächst die Durchgangslöcher gefüllt und dann die Leiterbahnen aufgebracht, Bild 3.3/6. Dann werden alle Schichten eines Moduls zusammengeführt und unter Druck- und Temperatureinwirkung gesintert. Dabei schrumpfen sie um ca. 15 %, Bild 3.3/7. Wenn nach dem ersten Sintern die Schrumpfung noch nicht ausreicht, kann eine weitere Sinterung angeschlossen werden. Nach dem Plattieren mit Gold werden die Anschlußstifte befestigt /3.3/6/.

Beispiel: Sinterspritzguß: Durch Spritzgießen hergestellte Sinterkeramikteile (der Fa. Feldmühle, Plochingen) finden sehr verschiedenartige Anwendungen. Sie dienen als Fadenführer in Textilmaschinen, als Lampengehäuse, die nicht von Natriumdampf angegriffen werden, als Drahtziehkonen, als Zahn- und Gelenkersatz usw. Das Material besteht aus ca. 80 % Al_2O_3 + 20 % Bindemittel (niedermolekulare Polymerwachse). Die Herstellung umfaßt:

- Mahlen: 1 Gramm Al_2O_3 hat nach dem Mahlen 40 bis 50 m^2 Oberfläche. Beim Mahlen wird Bindemittel auf der Oberfläche eines jeden Korns verteilt.
- Plastifizieren und Spritzgießen: Das Spritzgießen erfolgt mit der Schmelztemperatur des Bindemittels. Die Spritzgießformen sind wie konventionelle Formen aufgebaut und an einigen Stellen mit Widia-Einsätzen versehen. Beim Spritzgießen von Keramikmaterial tritt mitunter Freistrahlbildung beim Einströmen in das Formnest auf (Kunststoff normalerweise Quellfluß). Die Spritzteile (Grünteile) werden der Form wie üblich entnommen.

- Trocknen: In Öfen mit gesteuertem Temperatur-Zeit-Verhalten wird das Bindemittel oft mit Verweilzeiten über einige Tage aus den Spritzteilen ausgetrieben.
  Dabei sind die Teile hochgradig vom Zerfall bedroht und müssen äußerst vorsichtig manipuliert werden.
- Entgraten: An Ecken bzw. Kanten wird der Grat vorsichtig mit feinen Papier-
  streifen, Watte und Pfeifenreinigern mit der Hand entfernt (über Kante ziehen
  usw.).
- Sintern: Die Teile werden auf Reinstoxidplatten gestellt (damit sie nicht anbak-
  ken) und im Kammerofen (vorgeheizte Druckluft 1100 °C + Erdgas) gebrannt.
- Nachbearbeitung: Mit Diamantpulver sind Rauhtiefen von ca. 0,02 μm durch
  Läppen erzielbar (langwierig, kostspielig).

Beispiel: Trockenpressen von Feinkeramikteilen (z. B. Isolierteilen) Bilder 3.3/8,
3.3/9: In mit Hartmetall bestückten Werkzeugen wird das Pulver mit Pressen im
Verhältnis von ca. 3:1 verdichtet, wobei die Reibungen zwischen Korn und Werkzeugwand sowie Korn und Korn überwunden werden müssen. Bei zylinderischen
Formen darf die Höhe maximal 4 D (D: Durchmesser), bei Rohren die Länge max.
4 s betragen (s : Wandstärke). Bohrungen und Vertiefungen lassen sich in der
Regel nur in Preßrichtung anbringen. Jeder unterschiedliche Querschnitt im Preß-
ling benötigt einen separat beweglichen Stempel im Werkzeug.

Beim Pressen überlagern sich verschiedene Vorgänge, und es können, bedingt
durch die Werkzeuggeometrie, Ungleichheiten entstehen. In Bild 3.3/9 sind sche-
matisiert beim Pressen von Granulat ablaufende Vorgänge gezeigt: Verdichten,
Auffüllen von Hohlräumen, Bruch und/oder plastische Verformung der Primärteil-
chen (Granulatkörner). Man kann den Ungleichheiten durch geeignete Gleitmittel
entgegenwirken. Lufteinschlüssen kann man durch langsameren Druckanstieg beim
Pressen begegnen. Allgemein muß der notwendige Preßdruck mit der Kompliziert-
heit des Teils zunehmen, während die Preßgeschwindigkeit mit der Größe des Teils
abnehmen sollte. Einige Regeln für die keramikgerechte Gestaltung sind in den
Bildern 3.3/10 und 3.3/11 dargestellt.

Grundregeln zur technologischen Gestaltung von Keramikteilen

Ähnlich wie beim Gießen ist auch hier der Verzicht auf starke Querschnittsände-
rungen in den Wandstärken geboten. Weiter sind Spannungsspitzen aufgrund von
Kerben zu vermeiden. Großkörper aus Keramik sind aus Modulen aufzubauen
(Dachziegel, Space-Shuttle-Beplankung). Keramikteile sind möglichst nur auf

TROCKENPRESSVERFAHREN

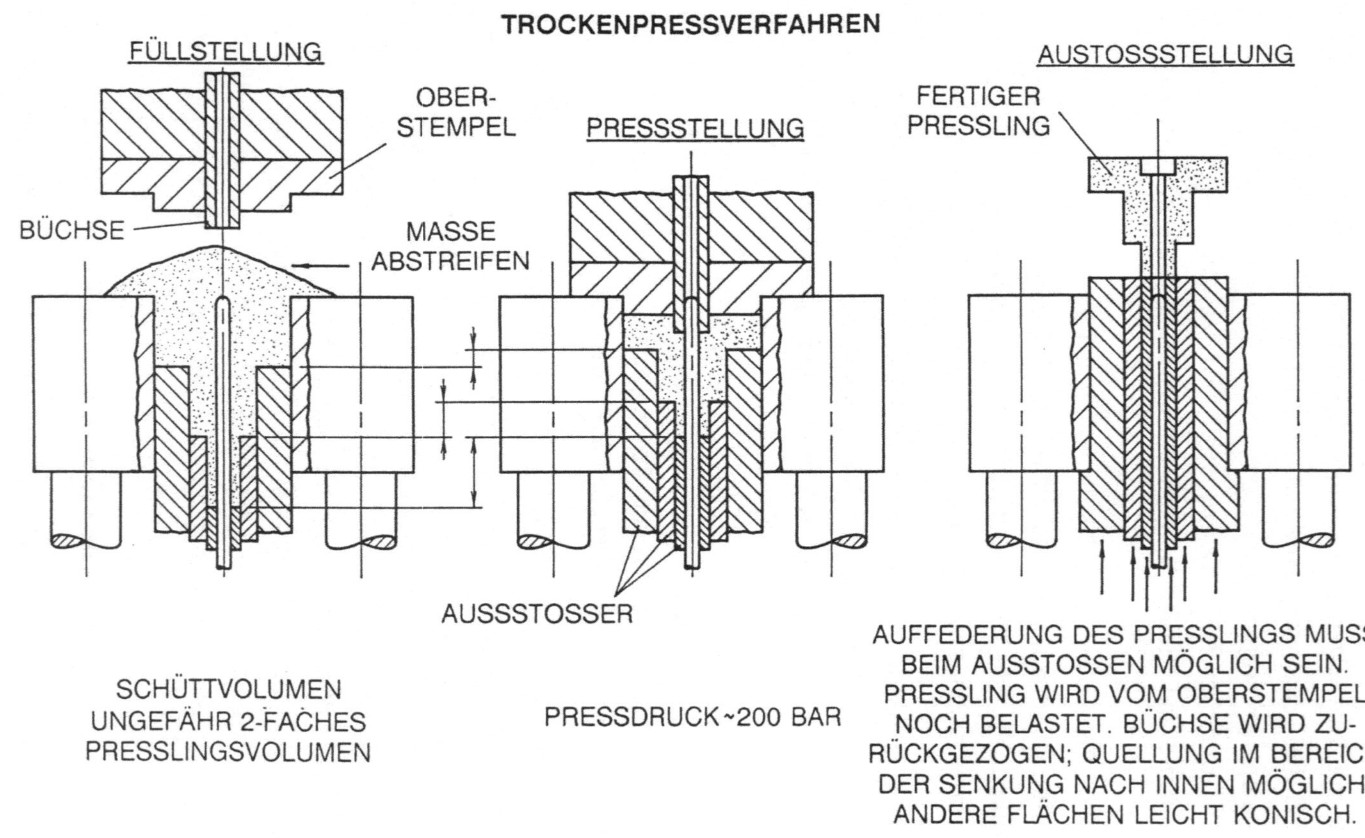

Bild 3.3/8   Phasenbild zum Trockenpreßverfahren

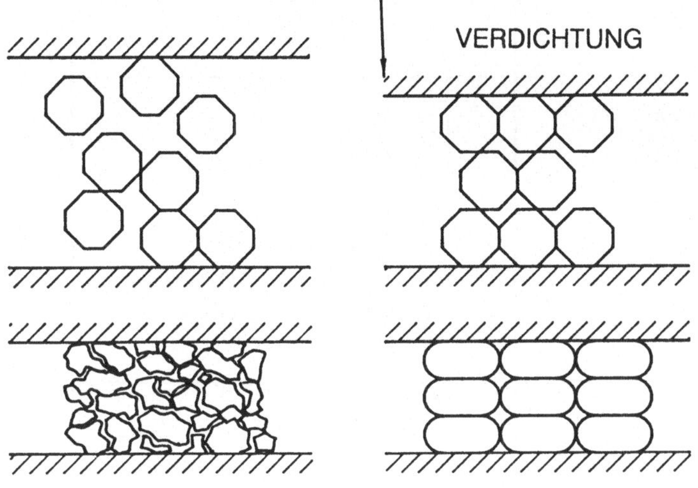

=>   BRUCH BZW. PLASTISCHE VERFORMUNG

Bild 3.3/9   Detail zum Trockenpressen

Druck zu beanspruchen, auch sollte man Kantenpressung vermeiden und beim Fügen von verschiedenen Keramikteilen man ungefähr gleiche Wärmeausdehnungszahlen anstreben. Wärmedehnungen sollten nicht behindert und starke Temperaturgradienten vermieden werden. Keramikteile lassen sich untereinander und mit metallischen Bauteilen durch Klemmen, Schrumpfen, Kleben, Vulkanisieren, Löten verbinden.

Lötverbindungen erfordern bestimmte Arbeitsschritte: Man bringt Pasten auf, deren Bestandteile sich aus Molybdän oder Wolfram (in Oxidform mit Korngrößen von 1 bis 2 μm) und Manganoxid bzw. Siliziumdioxid zusammensetzen. Weiter sind organische Binder (Nitrozellulose, Methyl-Äthyl-Ketone) zur Herstellung einer Paste beigefügt, die man durch Bürsten, Rollen, Drucken usw. auf das Keramikteil aufbringen kann. Bei Al_2O_3-Teilen sollte die Schichtdicke der Paste ca. 25 μm betragen. Das Einbrennen erfolgt hier bei 1000 bis 1800 °C in einer H_2/N_2-Atmosphäre. Für den Lötvorgang ist es günstig, auf die leitende Schicht auf elektrochemischem Weg noch eine wenige Mikrometer dicke Ni- bzw. Cu-Schicht aufzubringen, um ein leichteres Benetzen zu ermöglichen. Nach dieser Metallisierung wird in einer H_2-Atmosphäre bei Temperaturen zwischen 800 und 1000 °C gelötet.

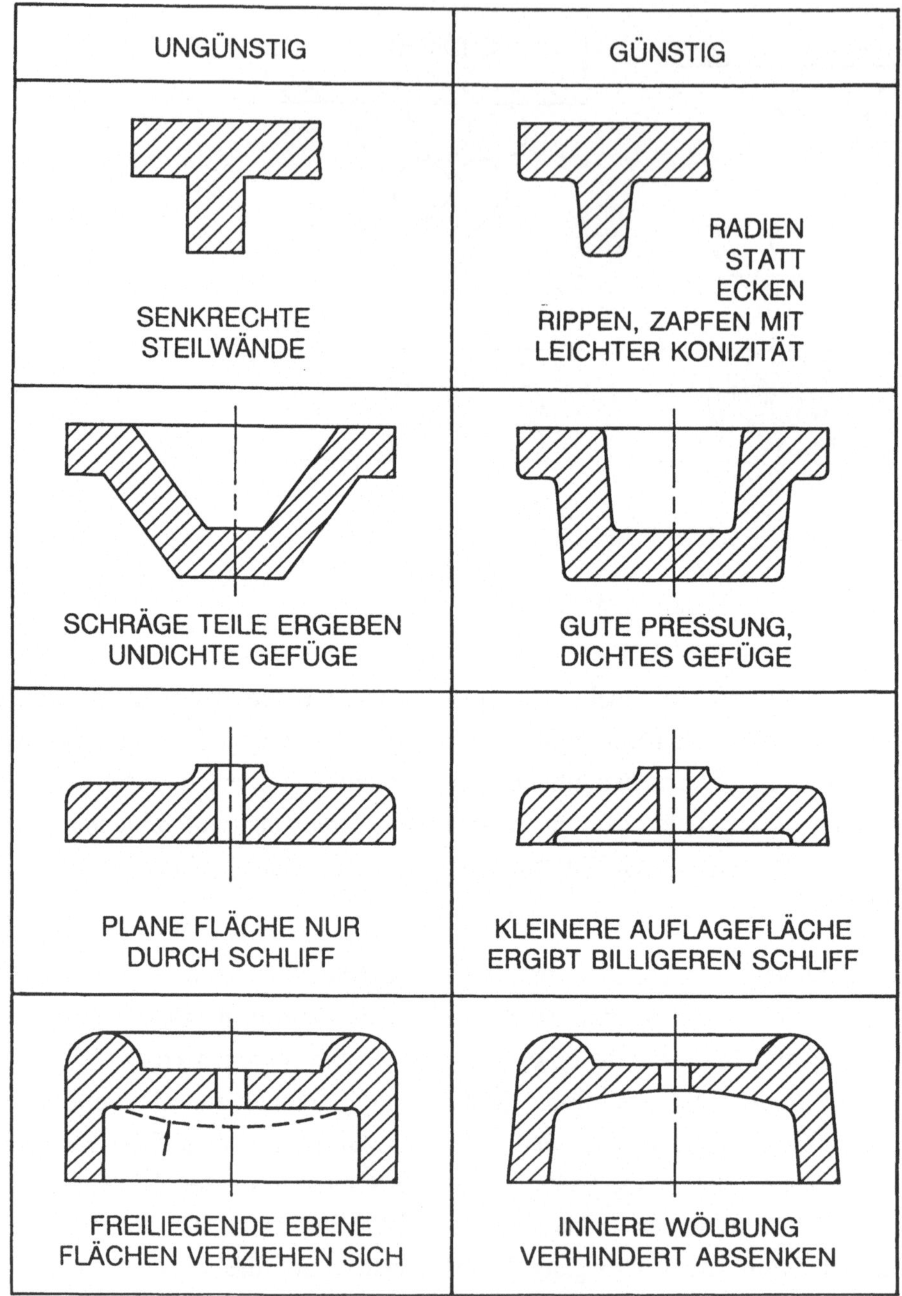

Bild 3.3/10   Gestaltungsregeln zum Trockenpressen 1 und 2

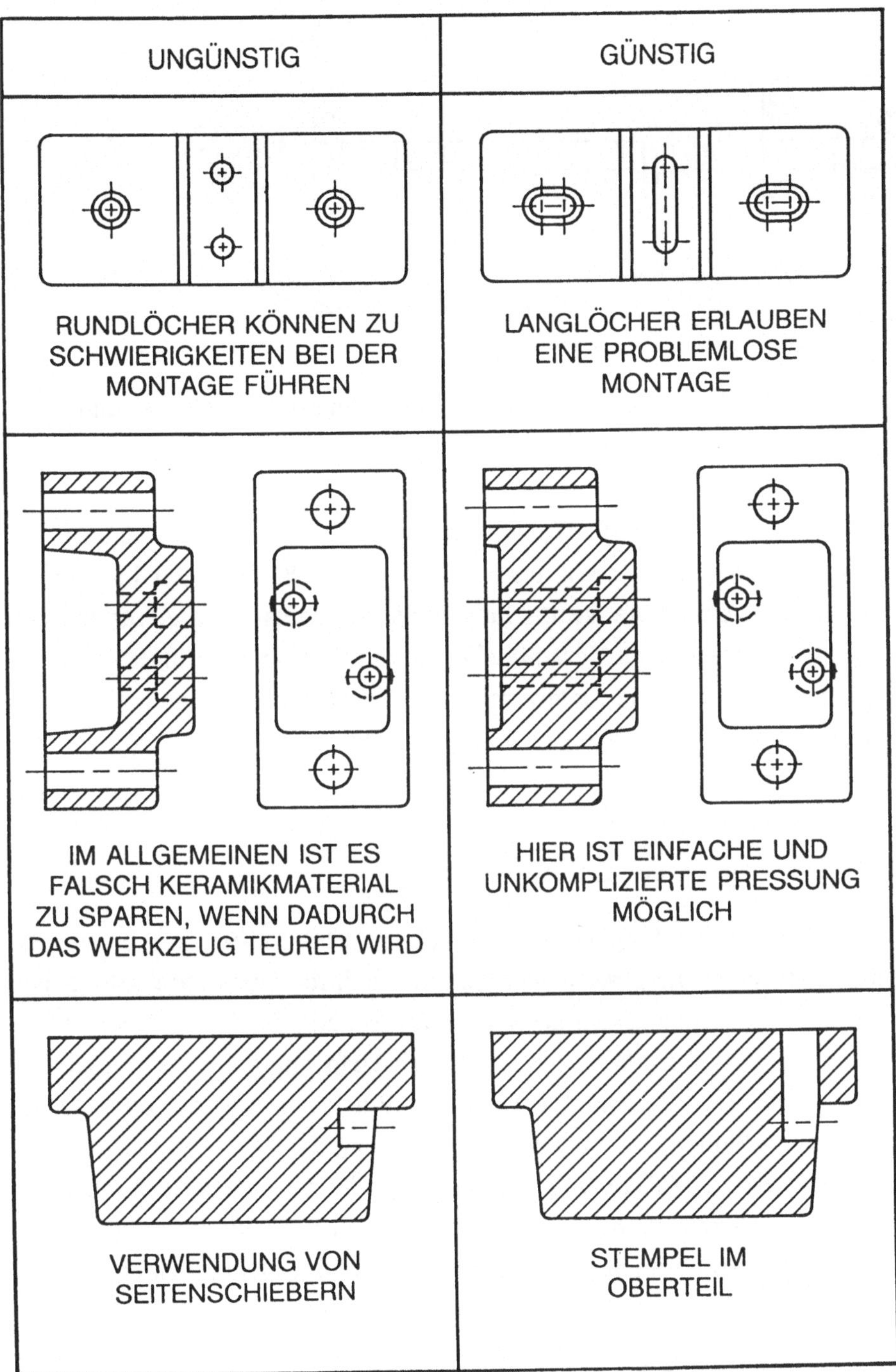

Bild 3.3/11   Gestaltungsregeln zum Trockenpressen 1 und 2

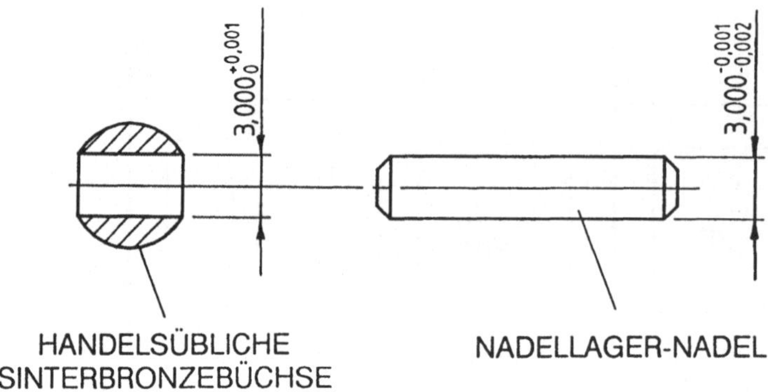

Bild 3.3/12   Hochgenaue Lagerung mit einer Sinterbronzebüchse und einer Nadellager-Nadel

Weitere Verbindungsverfahren für Keramikteile mit Metallteilen basieren auf der Anwendung von keramischen Pasten aus 50 % Al_2O_3, 37 % SiO_2 und 13 %MnO. Bei 1250 °C entsteht eine feste Verbindung zwischen Metall und Keramik. Das Verbinden von trockengepreßten Keramikteilen ist durch Zusammenfügen mit einer Paste aus gleichem Material und Sintern möglich. Es entsteht eine innige Bindung, die keine thermisch erzeugten Eigenspannungen enthält.

3.4 Technologieprinzipien der Galvanoformung

Durch galvanische Abscheidung können mit einem Elektrolyten auf einem Basiskörper Metallschichten hergestellt werden, die in ihrer Geometrie sehr genau dem Basiskörper entsprechen. Nach geeigneter Entfernung des Basiskörpers erhält man galvanisch erzeugte Formteile, die also durch Urformung aus der Elektrolytflüssigkeit entstehen. Der Basiskörper kann aus Wachs, Kunststoff oder Metall sein. Er muß an den Stellen, wo man den Niederschlag der Metallschicht möchte, elektrisch leitend sein. Die Galvanoformung ist auch im Kleinserienbereich interessant, weil die kostengünstige Herstellung ebener, sehr komplizierter Strukturen bei hoher Auflösung (60 Linien/mm) möglich ist. Die Galvanoformung ist im wesentlichen für Reinmetalle wie Ni, Cu, Au, Ag, Pt nutzbar.

Das Prinzip der galvanischen Metallabscheidung aus wässrigen Metallsalzlösungen mit Gleichstrom wird seit langem zur Herstellung galvanischer Überzüge benutzt. Diese bleibend aufgebrachten Schichten erfüllen verschiedene Aufgaben: Verschleißschutz, Korrosionsschutz, abgetragene Wellendurchmesser auffüllen, elektrische Eigenschaften verbessern usw. Bleibend aufgebrachte Schichten fallen unter die Hauptgruppe "Beschichten".

Vorbehandlungen zur Galvanoformung: Haltbare Schichten setzen ein sog. Beizen der Metallbasis in geeigneten Säuren oder Laugen (Kupfer und seine Legierungen z. B. in salpetersäurehaltigen Lösungen) voraus. Weiter sind mechanische Vorbehandlungen wie Sandstrahlen, Bürsten, Schleifen usw. üblich. Auch das Entfetten in organischen Lösungsmitteln sowie das Tauchen in verdünnte Säuren zur Entfernung von Oxydschichten (Dekapieren) ist üblich, wobei zwischen den verschiedenen Arbeitsgängen mit Wasser gespült werden muß.

Geometrische Merkmale bei der Galvanoformung

Herstellbar sind plane, große Werkstücke (500 x 600 mm) und plane, kleine Werkstücke (z.B. Scheiben mit 0,04 bis 0,1 mm Durchmesser, Quadrate 0,5 x 0,5 mm) in Stückzahlen zwischen 1 und 10 Millionen. Die Strukturen werden auf einer Metallmatrize hergestellt, die vorzugsweise photolithografisch oder durch Ätzung erzeugte Muster enthält. Die Galvanoteile können von der Basis abgelöst werden. Besonders für dünne strukturierte Siebe gestattet das Verfahren Formgebungen, die mit keiner anderen Fertigungsmethode möglich sind. Erzielbare Toleranzen: Mittenabstände von Bohrungen: $\pm$ 0,5 mm auf 500 mm. Strukturgrößen für Löcher, Schlitze und Stege: Bild 3.4/1.

Beispiel: Herstellung einer Nickelfolie auf einer Stahlmatrize, in die photolithografisch eine Teilung gebracht wurde. Die Teilung ist nicht mit Kunststoff ausgelegt, Bild 3.4/2. Würde man die eingeätzte Teilung mit z. B. einem Epoxidharz auslegen, dann entstünde anstelle der Vertiefung eine durchbrochene Teilungsstruktur. Bild 3.4/3 zeigt zwei Nickelfolien, die mit Teilungen vertieft bzw. durchbrochen sind. In Bild 3.4/4 ist ein Überblick zur Galvanoformung gegeben.

Weitere Verfahrensmerkmale

Zur Metallabscheidung taucht man das zu überziehende Teil in den Elektrolyten und schaltet es kathodisch. In einem bestimmten Abstand wird eine Anode aus dem Material eingebracht, das abgeschieden werden soll. Fließt nun Gleichstrom durch den Elektrolyten, so bewegen sich die Metallionen der Anode durch den Elektrolyten zur Kathode und schlagen sich dort nieder. Der Abscheidevorgang ist also eine Reduktion, bei der positive Metallionen an der Kathode Elektronen aufnehmen und dort in das Kristallgitter eingebaut werden. Eine Modellvorstellung dazu ist in

- PLAN, GRATFREI, SPANNUNGSARM
- NICKEL, DICKE d VON 0,005 - 0,15 mm
- PLANE TEILE VON 0,5 mm × 0,5 mm BIS 500 mm × 600 mm

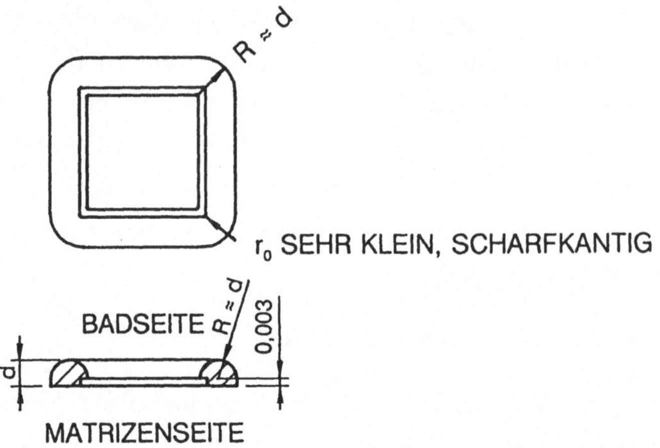

- ERREICHBARE ANORDNUNGEN :

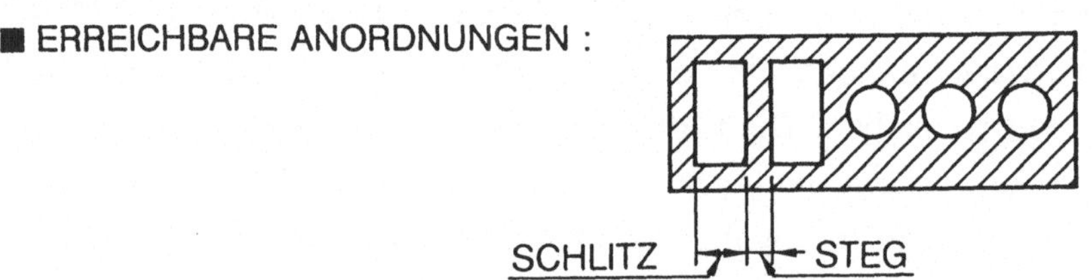

d mm	SCHLITZBREITE, LOCHDURCHMESSER	STEGBREITE
0,020	d	0,5d
0,050	0,9d	0,5d
0,100	0,7d	0,4d

- TOLERANZEN VON SCHLITZEN UND STEGEN :

  in µm - BEREICH

Bild 3.4/1   Galvanoformteile allgemein

HERSTELLUNG EINER NICKELFOLIE AUF EINER MIT TEILUNG (DURCH ÄTZEN) ERZEUGTEN STAHLMATRIZE AUS 100 Cr 6

① HERSTELLUNG DER STAHLMATRIZE

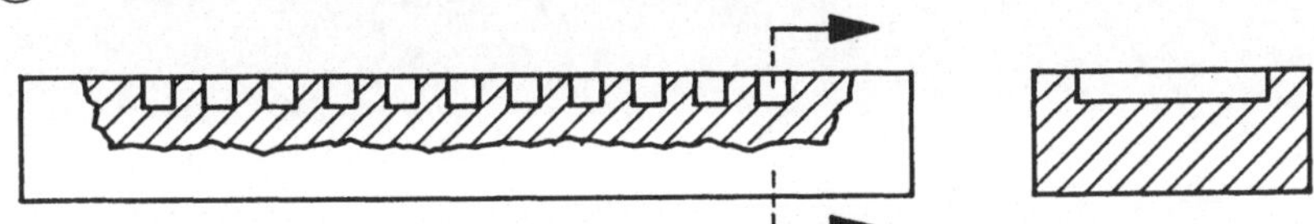

② STAHLMATRIZE NACH ÄTZUNG MIT H_2CrO_4 CHROMSÄURE (500g CrO_3 + 2000g H_2O) VORBEHANDELT, DAMIT DAS GALVANOFORMTEIL LÖSBAR IST.

③

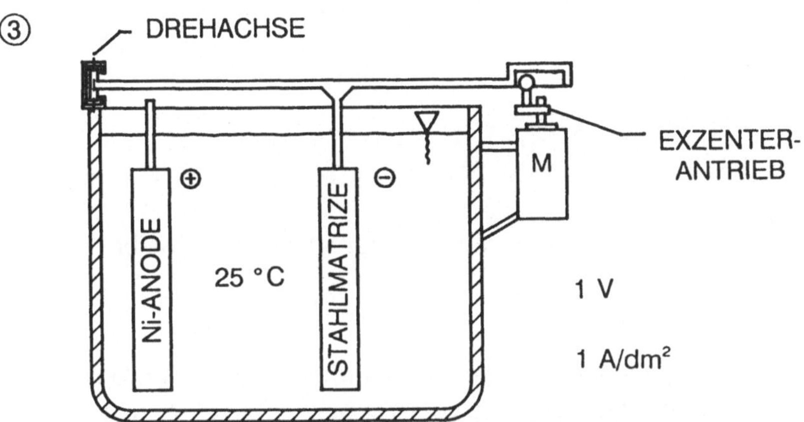

ELEKTROLYT: 240g NICKELSULFAT IN 1 dm³ H_2O
30g NICKELCHLORID IN 1 dm³ H_2O
30g BORSÄURE IN1 dm³ H_2O

④ WENN STAHLMATRIZE VOLLSTÄNDIG ÜBERZOGEN IST, WIRD AN DEN KANTEN GEÖFFNET.

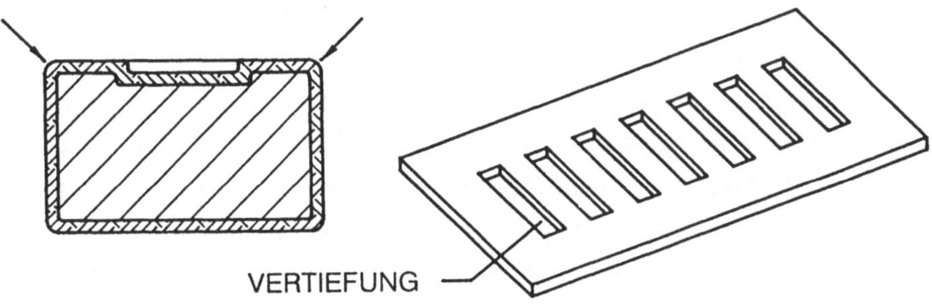

Bild 3.4/2   Herstellung einer Nickelfolie

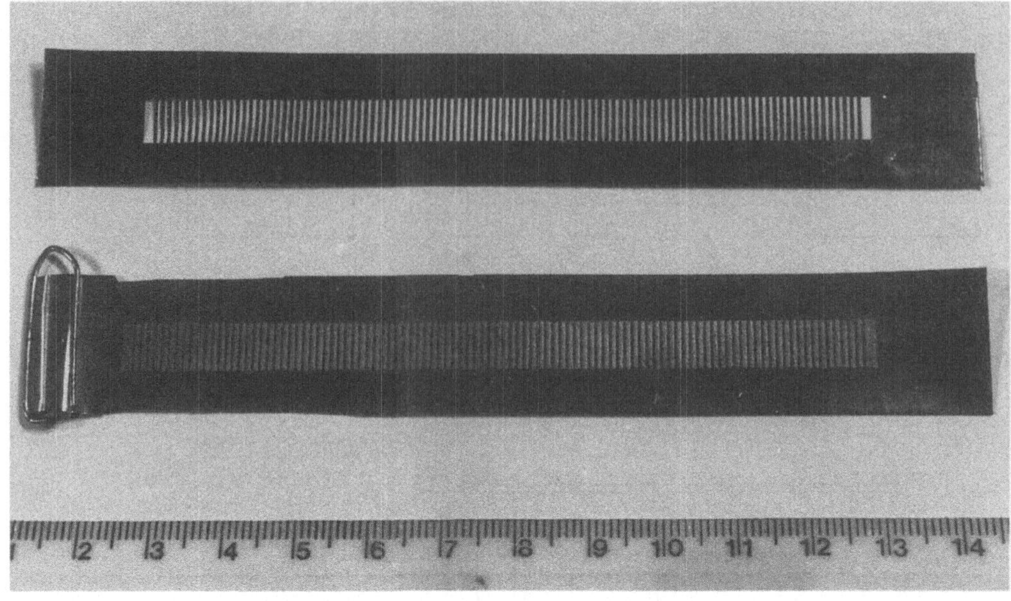

Bild 3.4/3   Bild der Folie: oben mit Durchbrüchen, unten nicht durchbrochen

Bild 3.4/5 dargestellt. Der Übergang der entladenen Metallatome in den kristallinen Zustand ist das Endglied der Vorgänge, die sich an der Kathode abspielen.

Viele Faktoren beeinflussen das elektrolytische Kristallwachstum. Zum Beispiel beeinflußt die Stromdichte den Abscheidungsmechanismus (von 0,5 A/m² bei Silberüberzügen bis 50 A/m² bei Hartchromschichten). Größere Stromdichten führen zu porösen Überzügen. Die Badtemperatur beeinflußt die Löslichkeit der Salze und die Beweglichkeit der Ionen. Eine Badbewegung bewirkt eine gute Durchmischung der Elektrolytflüssigkeit.

Die Haftfestigkeit der Schichten auf dem Grundkörper wird durch die in der Schicht beim Abscheidevorgang entstehenden Eigenspannungen beeinflußt. Chromschichten haben höhere Zugeigenspannungen; bei Nickelschichten aus Nickelsulfamatbädern kann man durch geeignete Technologiebedingungen den Eigenspannungsanteil nahezu auf Null senken. Am Rande sei noch erwähnt, daß die Schichtdickenverteilung auf den Grundkörpern unterschiedlich ist. Durch bestimmte technologische Maßnahmen und Gestaltungsregeln kann man einen gewissen Schichtdickenausgleich herbeiführen (s. u.). Bei galvanisierten Teilen treten auch Korrosionseffekte auf, wobei zwischen Korrosion in der Schicht ohne Mitwirkung

Allgemeines Schema zur Galvanoformung
in vier Hauptschritten

Anwendbar : Cu, Ni, Au, Ag ... (reine Metalle)
Hohlleiterfertigung aus Silber , HF - Teile

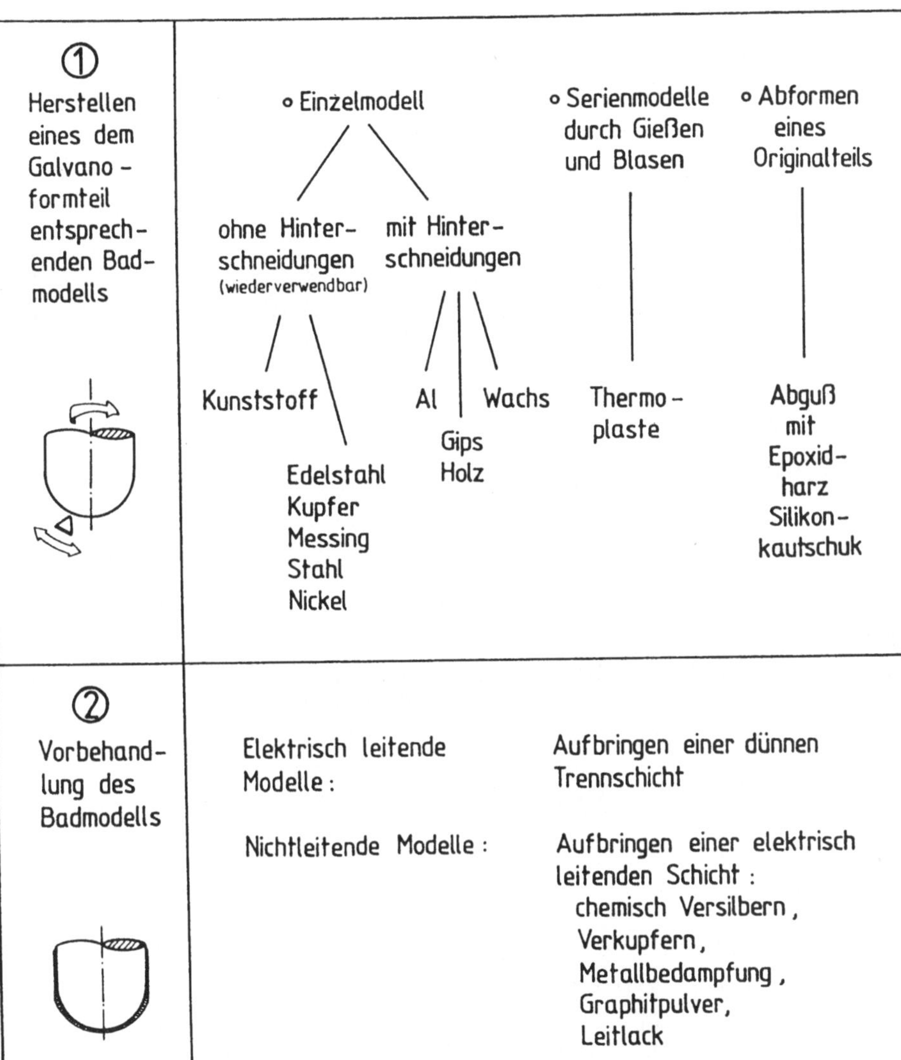

③ Metallab-scheidung 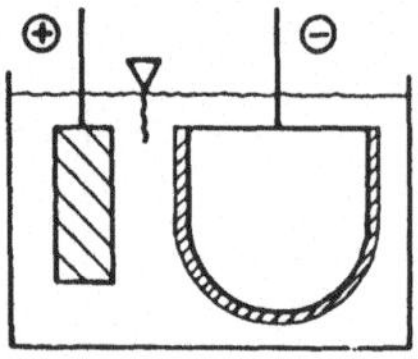	∘ Kupferbad ∘ Nickelbäder: Nickelsulfamat bei kathodisch geschaltetem Badmodell
④ Trennen des Modells vom Galvanoteil 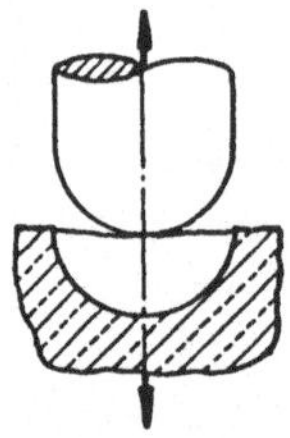	∘ Temperatur-behandlung ∘ Auflösen des Modells *) ∘ Mechanische Trennung ∘ Ausschmelzen
Weitere Behandlung des Galvanoteils 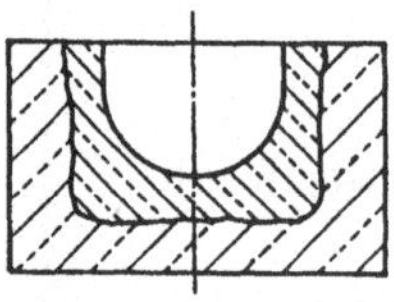	∘ Hinterfüttern mit galvanisch abgeschiedenem Kupfer ∘ Aufspritzen von Al bzw. Cu Epoxidharz ...

*) Beispiel aus: KEM 1979, Heft 4, S.55-56
Das Modell aus Al Mg Si 11 wird in 80°C heißer Natronlauge (240g/l H_2O) aufgelöst.

Bild 3.4/4 Hauptschritte bei der Galvanoformung

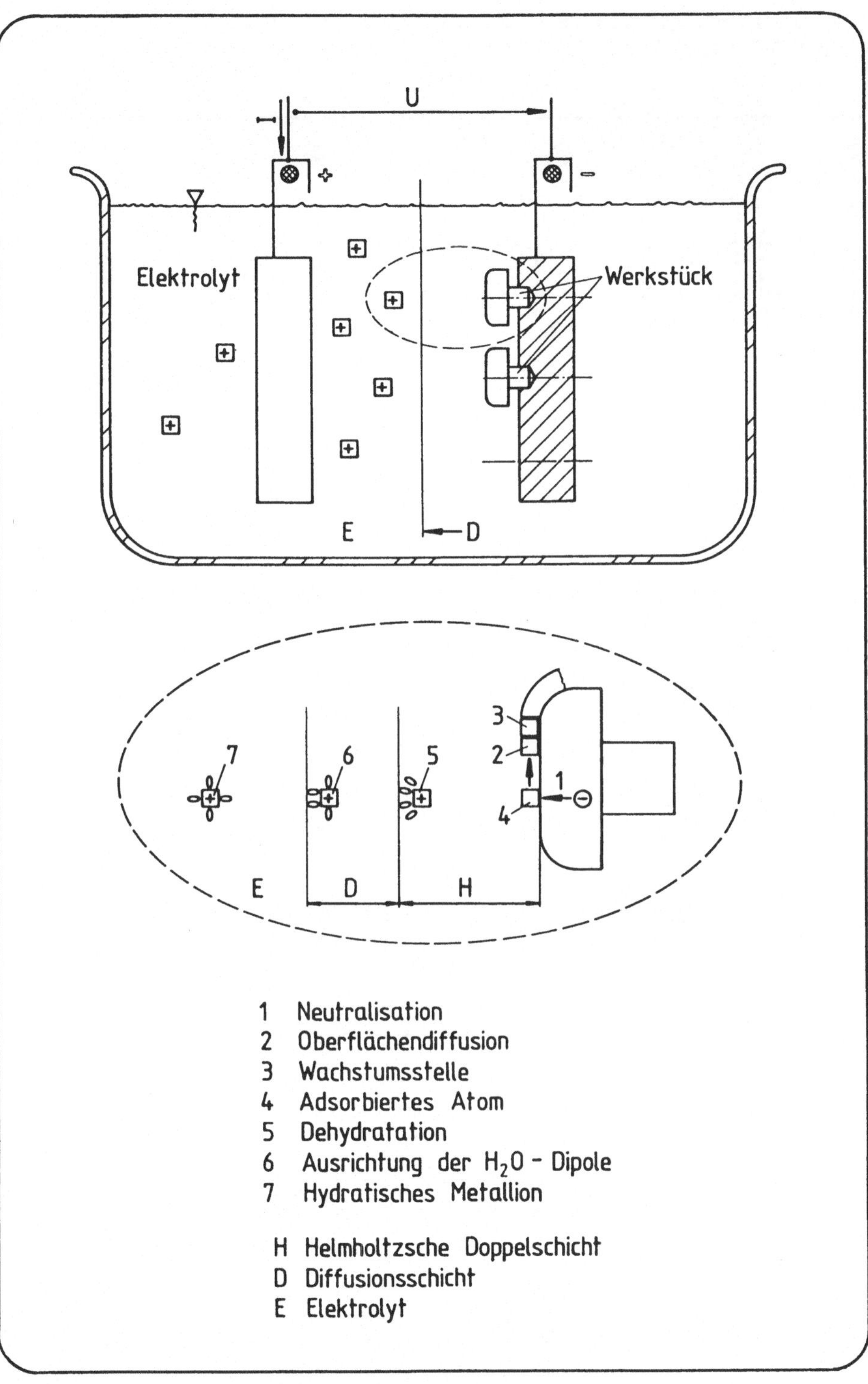

Bild 3.4/5   Vorgänge beim Schichtaufbau

**TYPISCHE VERTEILUNG EINES GALVANISCHEN
NIEDERSCHLAGES AUF OBERFLÄCHEN VERSCHIEDENER
FORMEN**

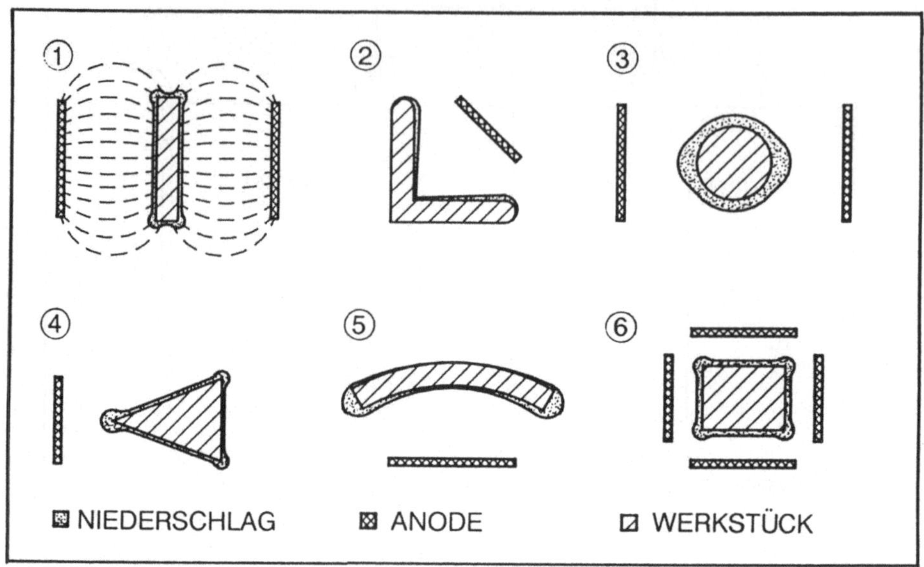

① VERTEILUNG DER STROMDICHTE (STARK VEREINFACHT) UND
NIEDERSCHLAGSDICKE AUF EINEM FLACHEN BLECH
(VERDICKUNG DES NIEDERSCHLAGES AN DEN RANDZONEN)

② VERDICKUNG DES NIEDERSCHLAGES AN DEN RANDZONEN
UND KANTENSCHWÄCHE IM INNEREN WINKEL EINES
RECHTECKIGEN PROFILS

③ OVALE NIEDERSCHLAGSBILDUNG UM EINEN RUNDSTAB

④ NIEDERSCHLAGSVERDICKUNG AN DEN SPITZEN

⑤ DÜNNER NIEDERSCHLAG IM ZENTRUM EINER KONKAVEN
FORM

⑥ VERDICKUNG DES NIEDERSCHLAGES AN DEN KANTEN EINES
QUADRATISCHEN PROFILS

Bild 3.4/6   Schichtdickenverteilung bei der Galvanoformung

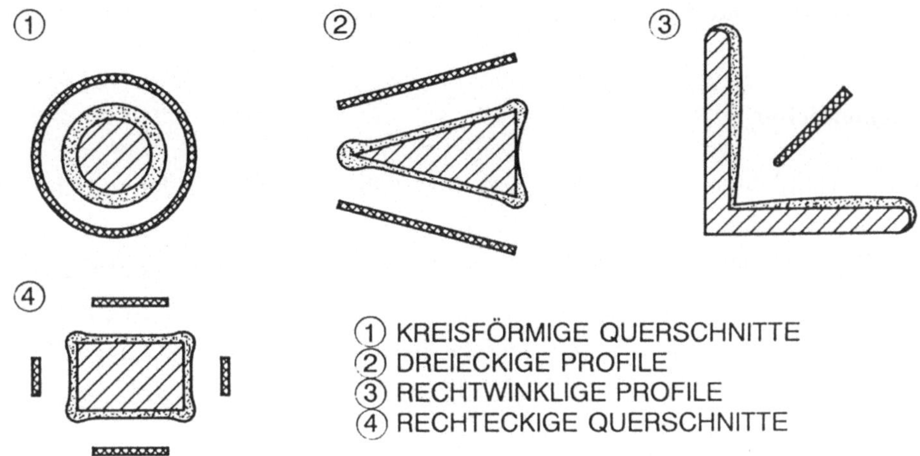

EINFLUSS VON HILFSKATHODEN AUF DIE NIEDERSCHLAGS-DICKE AN DEN STELLEN HOHER STROMDICHTE

EINFLUSS VON KUNSTSTOFFABSCHIRMUNGEN AUF DIE NIEDERSCHLAGSDICKE

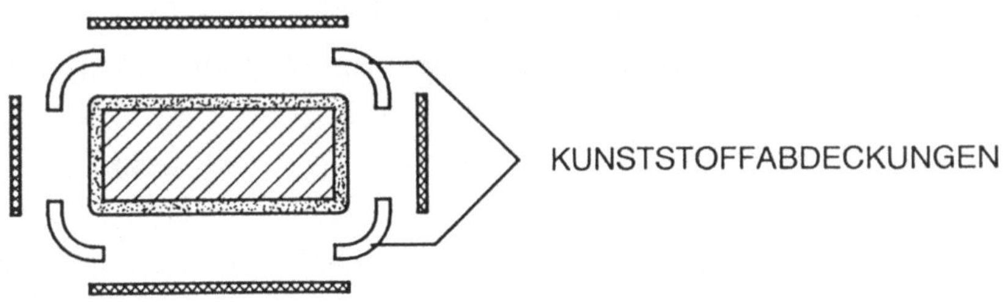

Bild 3.4/7   Anodenanordnung und Schichtdickenverteilung

des Grundmaterials und Korrosion durch Lokalelementebildung mit der Unterlage unterschieden wird.

Technologieflächen

Die Gesetzmäßigkeiten der galvanischen Metallabscheidung werden durch die Faradayschen Gesetze beschrieben: Die Masse des an der negativen Elektrode abgeschiedenen Metalls ist proportional dem durchgesetzten Strom I, der Galvanisierdauer t, dem elektrochemischen Äquivalent c und einem Stromausbeutefaktor $a < 1$. Damit kann z. B. die Schichtdicke d einer Oberfläche O abgeschätzt werden:

$$m = I \cdot t \cdot c \cdot a \qquad (3.4/1)$$

mit m in mg, I in A, t in s, c in mg/As;

$$m = \rho \cdot V = \rho \cdot O \cdot d \qquad (3.4/2)$$

$$d = I \cdot t \cdot c \cdot a / \rho \cdot O \qquad (3.4/3)$$

Einige c-Werte:

Ag:	1,118	mg/As	bzw.	4,025 g/Ah,
$Cu_{1wertig}$:	0,659	mg/As	bzw.	2,372 g/Ah,
$Cu_{2wertig}$:	0,329	mg/As	bzw.	1,186 g/Ah,
Ni:	0,304	mg/As	bzw.	1,095 g/Ah,
Cr:	0,18	mg/As	bzw.	0,647 g/Ah.

Beispielsweise scheidet 1 A/dm^{2}h eine ca. 12 μm dicke Schicht Nickel ab. Die Niederschlagsdicke ist nicht gleichmäßig über die Oberfläche des Teils verteilt. Sie hängt von der Form der Oberfläche, der relativen Lage der Anode, der Lage der Hilfsanoden und den Kunststoffabdeckungen ab. Die Bilder 3.4/6 und 3.4/7 (nach International Nickel) vermitteln einige Zusammenhänge zur Beeinflußung der Stromdichteverteilung im Elektrolyten. Die Stromdichteverteilung über die Fläche eines Werkstückes kann auf verschiedene Weise relativ gleichförmig gestaltet werden:

- Man verwendet Anoden, deren Formen der Oberflächengestalt der Kathode etwa so angepaßt sind, daß die Stromdichteverteilung auf der Kathode möglichst gleichmäßig ist. Derartige Anoden können allein oder als Hilfsanoden in Verbindung mit den üblichen Badanoden verwendet werden. Als Hilfsanoden werden sie meist isoliert am Kathodengestell angebracht und haben eine eigene Stromzuführung. Oft ist es vorteilhaft, die Hilfsanode bis auf ihre eigentliche Arbeitsfläche abzudecken.

- Man setzt in die Nähe der Kathodenstellen mit den höchsten Stromdichten Hilfskathoden. Sie werden elektrisch leitend mit dem zu galvanisierenden Werkstück verbunden und übernehmen einen Teil des Niederschlages, der sich sonst an den Stellen höchster Stromdichte abscheiden würde.
- Man benutzt an Stelle der Hilfskathoden nichtleitende Abdeckungen. Sie vermeiden ein Konzentrieren der Stromdichte an Ecken, Spitzen und Kanten der Kathoden und führen auf diese Weise zu einer gleichmäßigeren Niederschlagsdicke.
- Nichtleitende Abdeckungen sollten, wenn immer möglich, den metallischen Hilfskathoden vorgezogen werden, da sich auf ihnen kein Metall abscheiden kann, das sonst verbraucht würde.

Literatur zu Kapitel 3

/3.2.3/1/ Richter, R.: Form- und gießgerechtes Konstruieren. Leipzig: Verlag für Grundstoffindustrie 1970.

/3.2.3/2/ Heimann, W.: Präzisisonsgießverfahren in der Feinwerktechnik. Feinwerktechnik 58 (1954) Nr. 2.

/3.2.3/3/ Krekeler, K.A.: Feinguß als Konstruktionselement. Konstruktion 8 (1956) Nr. 8.

/3.2.3/4/ Heimann, W.: Präzisionsguß. Werkstattstechnik und Maschinenbau 45 (1955) Nr. 11.

/3.2.3/5/ Krekeler, K.A.: Feinguß in metallurgischer und technologischer Betrachtung. Stahl und Eisen 76 (1956) Nr. 21.

/3.2.6/1 Menges, G.; Mohren, P.: Anleitung zum Bau von Spritzgießwerkzeugen. München: Hanser 1974.

/3.2.6/2/ Bangert, H.: Systematische Konstruktion von Spritzgießwerkzeugen und Rechnereinsatz. RWTH Aachen, Institut für Kunststoffverarbeitung, Dissertation 82/1981.

118

/3.2.6/3/ Mandler, H.: Fertigung von Thermoplast-Prototypen zur Erprobung von Konstruktionsteilen. Speyer: Zechner & Hüthig 1974.

/3.2.6/4/ Geyer, H.: Einfluß der Verarbeitungsbedingungen auf die Maßstreuung und Formabweichung von Spritzteilen. VDI-Fachtagung Nürnberg 1971.

/3.2.6/5/ Kaminski, A.: Messung und Berechnung von Entformungskräften an geometrisch einfachen Formteilen. In: Berechenbarkeit von Spritzgießwerkzeugen? Düsseldorf: VDI-Verlag 1974.

/3.3/1/ Zapf, G.: Gesinterte Formteile. Schriftenreihe Feinbearbeitung. Stuttgart: Deutsche Verlags-Anstalt 1957.

/3.3/2/ N.N.: Fertigungstechnik und Arbeitsmaschinen. rororo-Techniklexikon. Hamburg: Rowohlt 1972.

/3.3/3/ Hopfer, J.: Neue Ergebnisse bei aerostatischen Lagern. 12. Internationales Kolloquium der Feinwerktechnik 1988. TU München, Lehrstuhl Feingerätebau und Getriebelehre.

/3.3/4/ Salmang, H.; Scholze, H.: Keramik. Bände I/II. Berlin: Springer 1983.

/3.3/5/ Fanzott, S.M. Technische Keramik. Landsberg: Verlag Moderne Industrie 1987.

/3.3/6/ N.N.: Moderne Packungstechnik ergänzt Großintergration. Technische Rundschau 1981, Nr. 45.

/3.4/1/ Gaida, G.: Einführung in die Galvanotechnik. Saulgau: Leuze 1974.

/3.4/2/ Page, L.: Dünnwandige Metallteile elektronisch gefertigt. Konstruktion, Entwicklung, Maschinen 16 (1979) Nr. 4.

/3.4/3/ Firmenschrift der Metafot GmbH, Wuppertal.

4 Umformen

4.1 Allgemeines zum Technologieprinzip Umformen

Aus dem Zugversuch entnimmt man, daß Werkstoffe erst jenseits der Elastizitätsgrenze, also von der Fließgrenze ab, und nur unterhalb der Bruchgrenze R_m - Bild 4.1/1 - zum Umformen geeignet sind. Sie erhalten andernfalls entweder keine bleibende Formänderung oder aber sie gehen zu Bruch.

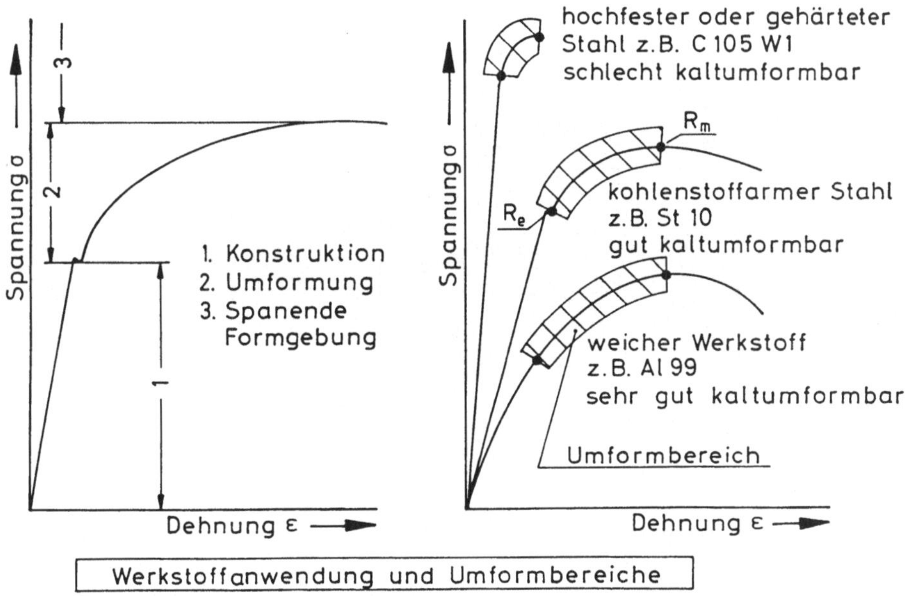

Bild 4.1/1   Technologieflächen der Umformbereiche

Man kann somit definieren: *Umformen ist Fertigen durch plastisches Ändern der Form eines festen Körpers. Dabei werden sowohl die Masse als auch der Zusammenhalt des Werkstoffes beibehalten.* Das bedeutet, daß beim Umformen eine

120

andere räumliche Verteilung der Masse vorgenommen wird. *Demnach besteht die Umformbarkeit eines Werkstoffes darin, unter Einwirkung äußerer Kräfte bleibende Formänderungen zu ertragen, ohne daß dabei der Werkstoffzusammenhalt verloren geht.*

Beim Umformen nutzt man die Umformungsfähigkeit der Werkstoffe aus, um mit Werkzeugen, Schmiermitteln, Wärmebehandlungen nach verschiedenen Verfahren Massivteile, Blechteile usw. herzustellen. Die Vielzahl der maschinellen Umformverfahren läßt sich übersichtlich nach dem Gesichtspunkt der Werkstoffbeanspruchung einteilen. Diese Beanspruchungen sind Zug- und Druckspannungen, Biegemomente und Schubspannungen. Da sich diese Beanspruchungen häufig einander überlagern, ist jeweils die überwiegende Beanspruchung bei der Einteilung entscheidend. Sehr häufig treten zugleich starke Zug- und Druckbeanspruchungen auf. Deshalb ist die Hauptgruppe *Umformen* in die Gruppen *Druckumformen, Biegeumformen, Zugdruckumformen, Schubumformen, Zugumformen* eingeteilt. Typische Beispiele dieser fünf Gruppen zeigen die Bilder 4.1/2 bis 4.1/8.

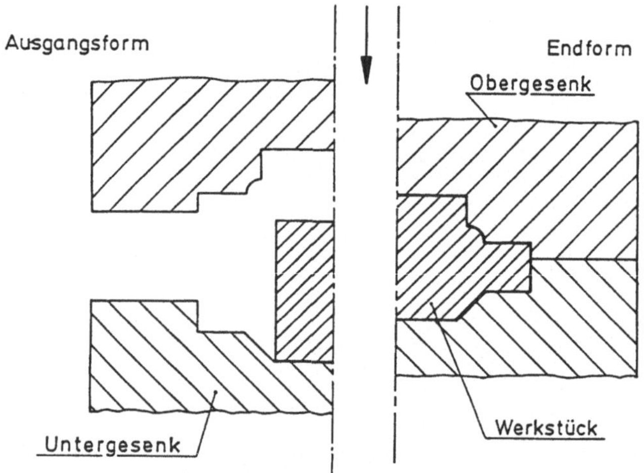

Bild 4.1/2   Prinzip des Druckumformens

Anwendungen des Umformens für feinwerktechnische Teile:

- Formpressen (Prägen) von Kleinteilen im Gesenk (Münzen),
- Ziehen von feinen Drähten und Hohlröhrchen ,
- Wickeln von Federn,
- Drücken von Furchen in Goldschichten mit Diamantwerkzeugen,

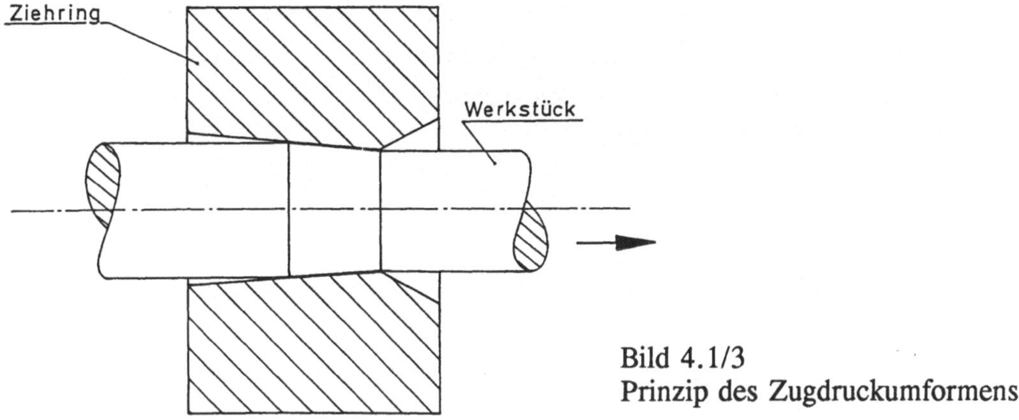

Bild 4.1/3
Prinzip des Zugdruckumformens

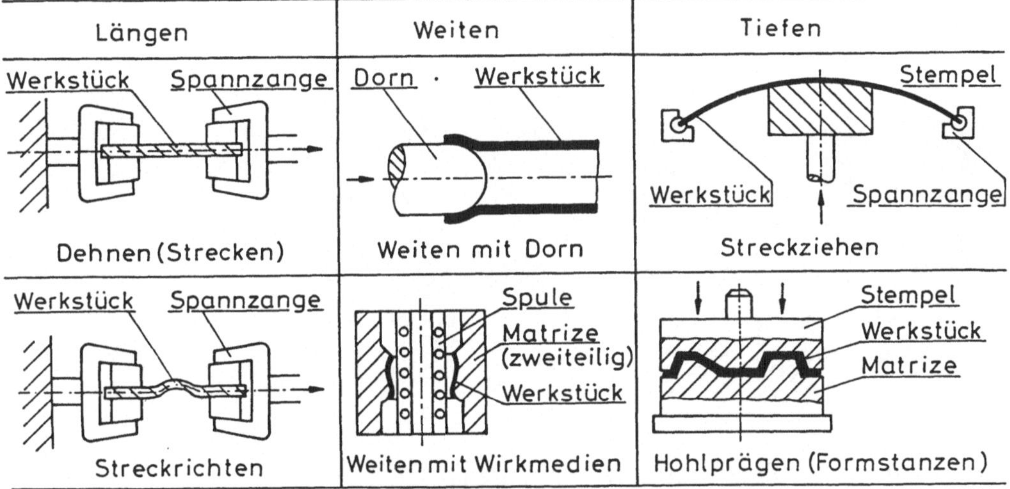

Bild 4.1/4   Prinzipien des Zugumformens

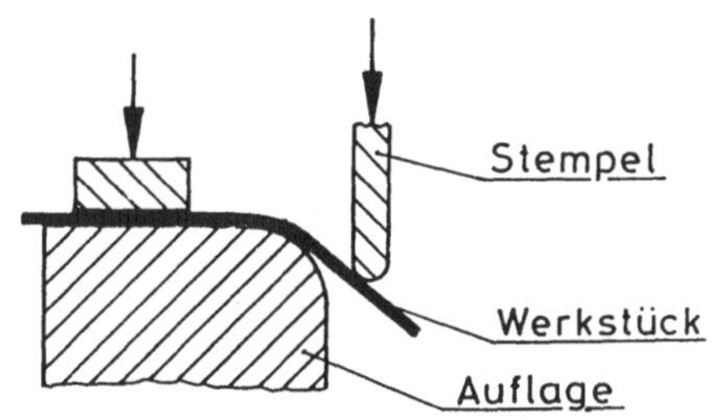

Freies Biegen

Bild 4.1/5
Prinzipien des Biegeumformens

- Gitterherstellung auf Gitterteilmaschinen (1000 Linien/mm),
- Kalibrieren von Bohrungen mittels Hindurchdrücken von Kugeln,
- Glattwalzen mittels gehärteter Werkzeugrollen,
- Wickeln von Drähten um Stifte,
- Vernieten, Verstemmen,
- Pricken von Blechteilen.

Feinwerktechnische Anwendungen des Umformens entziehen sich meistens einer Berechnung, man ist dann auf Experimente angewiesen. Die Technologieflächen enthalten Zusammenhänge über erreichbare Genauigkeiten an Werkstücken bei verschiedenen Parametern, Angaben zum Standzeitverhalten der Werkzeuge usw. Veröffentlichungen über die erreichbaren Herstelltoleranzen bei Kleinteilen sind spärlich.

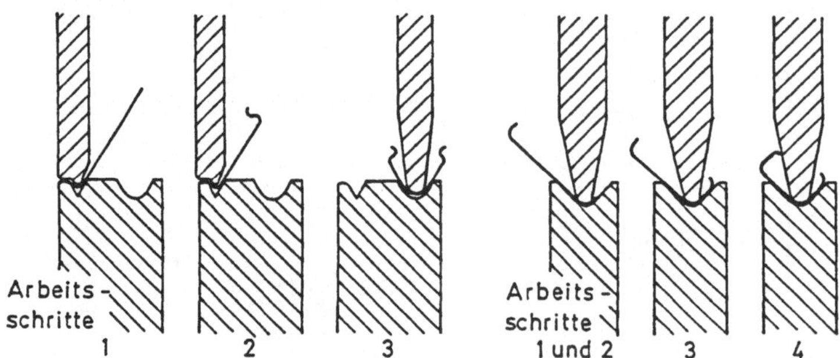

Bild 4.1/6   Biegeumformen im Gesenk

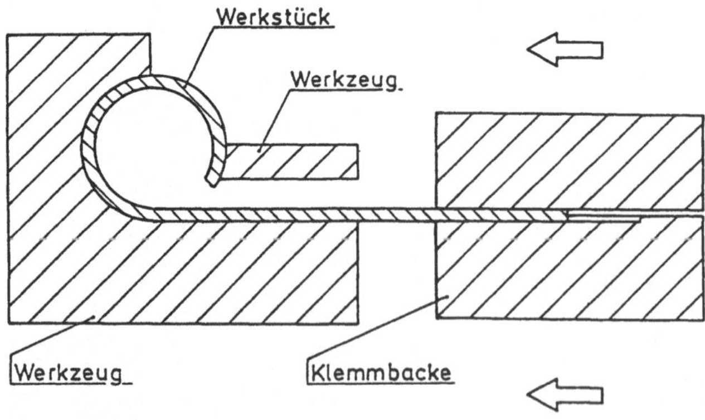

Bild 4.1/7   Rollbiegen

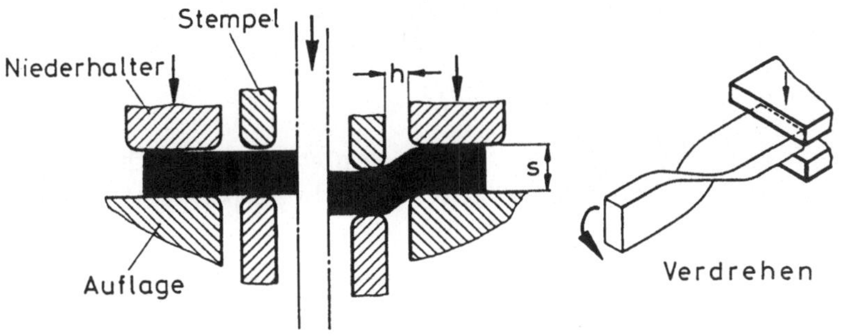

Bild 4.1/8   Schubumformen

Ein wichtiger Parameter bei der Umformung ist die Werkstücktemperatur. Das *Warmumformen* erfolgt im Bereich der Schmiedetemperatur. Mit steigender Temperatur nimmt die Festigkeit der Werkstoffe ab und die Dehnung zu. Die Umformkräfte werden dadurch kleiner und die Umformbarkeit wird größer. Beim *Kaltumformen* tritt durch Gefügeveränderung eine Erhöhung der Festigkeit und eine Verringerung der Dehnung ein (Kaltverfestigung). Da die Formänderungen an einem Werkstück nicht gleichmäßig groß sind, kann es an Stellen großer Formänderung zu Rißbildungen, an weniger beanspruchten Stellen zu Auffederungen kommen.

Warmumformen

- Die Arbeitstemperaturen liegen oberhalb der Rekristallisationsgrenze.
- Die Umformbarkeit der Werkstoffe ist groß.
- Es sind geringe Umformkräfte erforderlich.
- Geringe Änderungen von Festigkeit und Dehnung sind nur bei großen Formänderungen erzielbar.

Kaltumformen

- Die Arbeitstemperaturen liegen unterhalb der Rekristallisationsgrenze.
- Enge Maßtolerenzen sind möglich.
- Die Teile weisen eine zunderfreie Oberfläche auf.
- Die Festigkeit wird erhöht, die Dehnung verringert.
- Dieses Verfahren wird zur Herstellung kleiner Werkstücke angewendet und macht gelegentlich ein Zwischenglühen erforderlich.

Beim einachsigen Spannungszustand beginnt bei metallischen Werkstoffen das Material an der Fließgrenze auf Gleitebenen unter 45° zur Vertikalen zu gleiten.

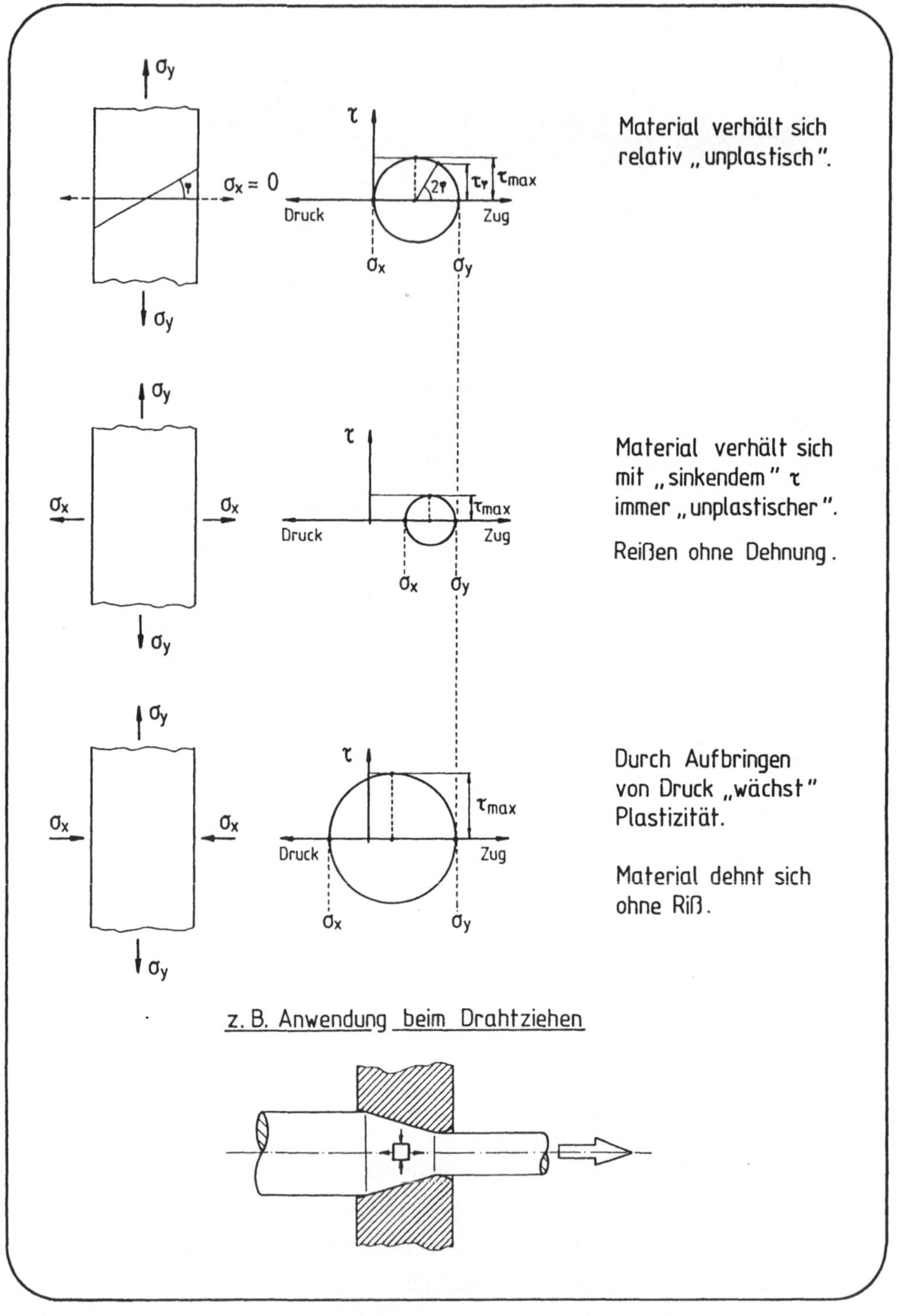

Bild 4.1/9 Plastizität bei verschiedenen Zug-Druck-Beanspruchungen: Veranschaulichung nach der τ_{max}-Hypothese

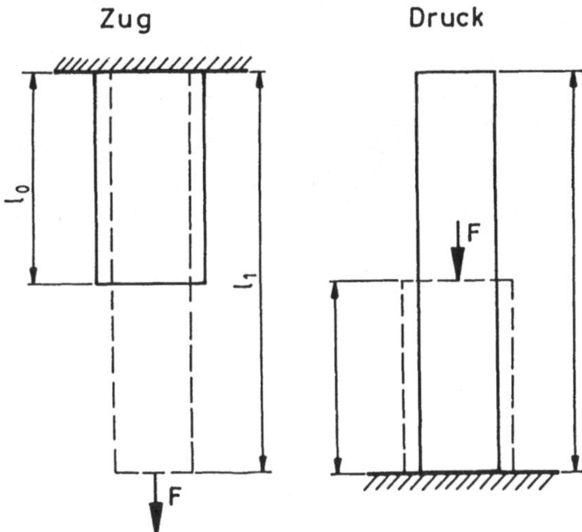

Bild 4.1/10   Umformgrad und bezogene Abmessungsänderung

Auf einem polierten Stab entstehen die sogenannten Lüdersschen Linien. Mohr machte aus diesem Grunde im wesentlichen die Schubspannungen für das Fließen verantwortlich und postulierte: Es sind alle zwei- und dreiachsigen Spannungszustände dem einachsigen mit demselben τ_{max} gleichwertig. Das stimmt gut mit der Erfahrung überein, da viele metallische Werkstoffe aufgrund von τ_{max} fließen. Natürlich kann Bruch auch bei $\tau = 0$ erfolgen, dann reißen die Materialien ohne nennenswerte Dehnung.

Hier sei im wesentlichen auf die für Kleinteile mögliche Kaltverformung eingegangen. Die Verformungsfähigkeit eines Werkstoffes hängt u. a. von einer geeigneten Kombination von Zug- und Druckspannungen ab, Bild 4.1/9.

Technologieflächen

In einer ersten Definition ist der Umformgrad φ der natürliche Logarithmus des Verhältnisses von Endlänge zu Anfangslänge, Bild 4.1/10. Die Umformfestigkeit - die Spannung die zur Umformung notwendig ist - wächst mit steigendem Umformgrad φ - Bild 4.1/11 (Kaltverfestigung infolge von Blockaden in den Gleitebenen). Mit steigender Umformgeschwindigkeit wächst die Umformfestigkeit bei Raumtemperatur, Bild 4.1/12. Typische Umformgeschwindigkeiten (Werkzeuggeschwindigkeiten): Pressen 0,02 bis 0,5 m/s, Hammer 5 bis 8 m/s, Hochgeschwindigkeitsumformung 25 m/s, Explosionsumformung 500 bis 8000 m/s.

126

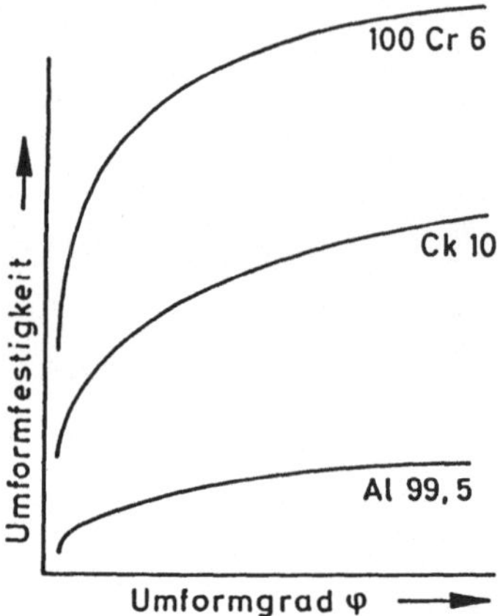

Bild 4.1/11   Fließkurven verschiedener Werkstoffe in Abhängigkeit des Umformgrades

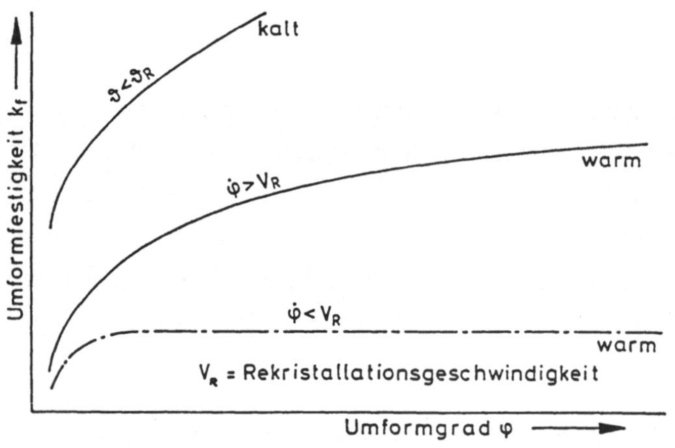

Bild 4.1/12   Umformfestigkeit in Abhängigkeit des Umformgrades und der Temperatur

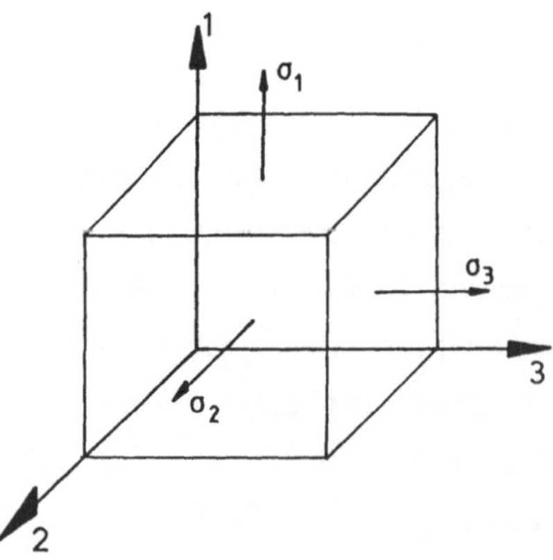

Bild 4.1/13   Hauptspannungen

Die Umformfestigkeit K_F, (aus speziellen Versuchen) berücksichtigt noch nicht die Geometrie des realen Werkstückes und die Reibungsverhältnisse. Man benutzt daher den sogenannten Formänderungswiderstand als den wirklich auftretenden Umformwiderstand, in dem η_F den Umformwirkungsgrad bedeutet:

$$K_w = \frac{K_F}{\eta_F} \qquad (4.1/1)$$

Weiter sind eingeführt (Bild 4.1/13) die Hauptspannungen an einem Volumenelement (Zug positiv, Druck negativ)

$$\sigma_1 \geq \sigma_2 \geq \sigma_3$$

der Spannungsmittelwert

$$\sigma_m = \frac{\sigma_1 + \sigma_2 + \sigma_3}{3} \, , \qquad (4.1/2)$$

die Vergleichsspannung σ_v nach der Gestaltänderungshypothese

$$\sigma_v = \frac{1}{\sqrt{2}} \sqrt{(\sigma_1 - \sigma_2)^2 + (\sigma_2 - \sigma_3)^2 + (\sigma_3 - \sigma_1)^2} \, . \qquad (4.1/3)$$

Wenn $\sigma_2 = \sigma_3 = 0$, dann gilt $\sigma_v = \sigma_1$.

Für die Hauptformänderungen folgt mit $V_0 = V_1$:

$$\varphi_1 + \varphi_2 + \varphi_3 = 0 \, . \qquad (4.1/4)$$

Die Summe der drei Formänderungen φ_i,

$$\frac{a_1}{a_0}, \, \frac{b_1}{b_0}, \, \frac{c_1}{c_0} \quad \text{muß immer Null sein.} \qquad \text{Bild 4.1/14}$$

Mit der Vergleichsformänderung

$$\varphi_v = \sqrt{\frac{2}{3}} \sqrt{(\varphi_1 - \varphi_2)^2 + (\varphi_2 - \varphi_3)^2 + (\varphi_3 - \varphi_1)^2} \, , \qquad (4.1/5)$$

wo $\varphi_1 \geq \varphi_2 \geq \varphi_3$ und $\varphi_1 + \varphi_2 + \varphi_3 = 0$,

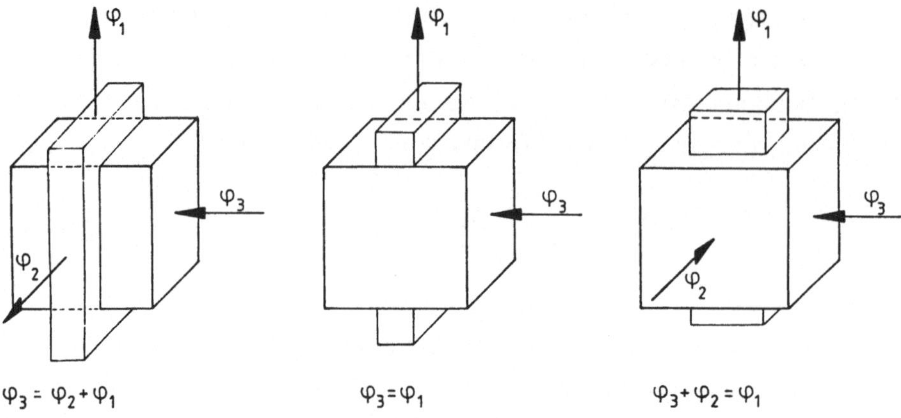

Bild 4.1/14   Formänderungsarten

wird der Begriff "Umformvermögen"

$$\varphi_{Br} = ln \, \frac{A_1}{A_0} \qquad\qquad (4.1/6)$$

verständlich, der die Größe der Vergleichsformänderung darstellt, die ein Werkstoff bis zum Bruch erträgt.

Das Umformvermögen hängt vom Werkstoff, von der Temperatur, von der Umformgeschwindigkeit und dem Spannungszustand ab. Aufgrund von vielen Versuchen darf man annehmen, daß das Umformvermögen vom mittleren Spannungswert σ_m beeinflußt wird, Bild 4.1/15. Bezieht man diesen auf die Umformfestigkeit

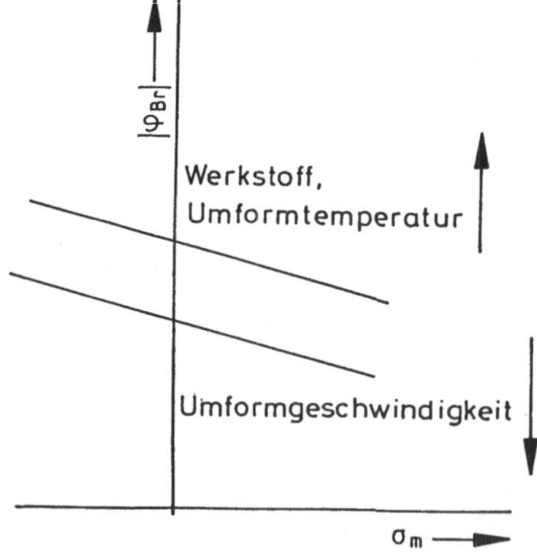

Bild 4.1/15   Umformvermögen über dem Spannungsmittelwert bei verschiedenen Einflüssen

K_F des Werkstoffs, so folgt eine Darstellung nach Bild 4.1/16, die man als eine Zusammenfassung von Technologieflächen der wichtigsten Umformverfahren hinsichtlich der Spannungsverhältnisse und des Umformvermögens auffassen kann.

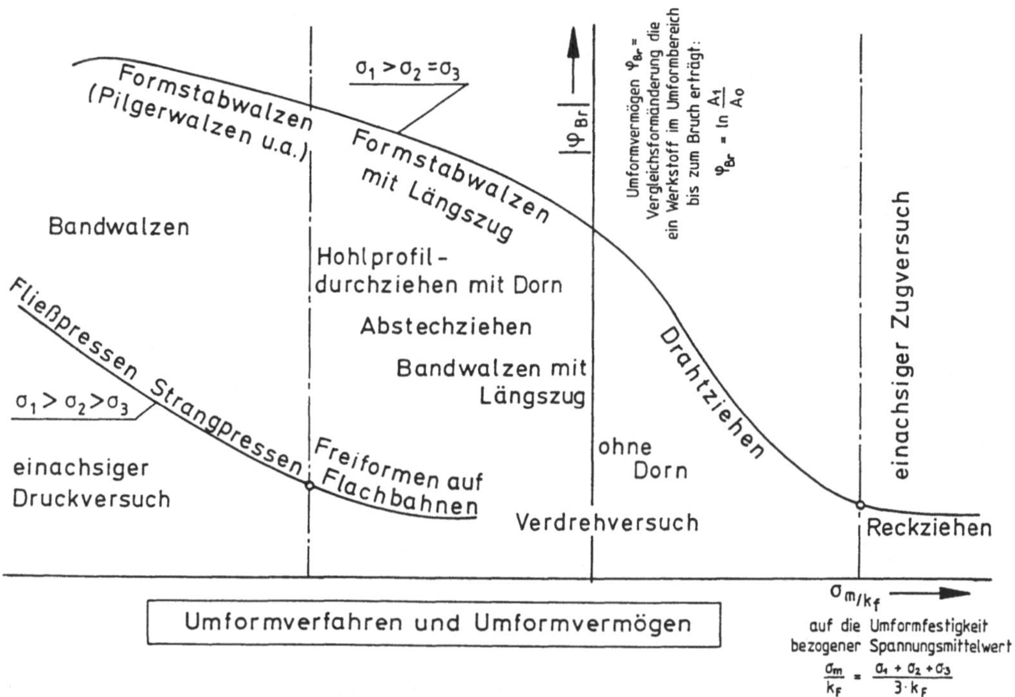

Bild 4.1/16 Abhängigkeit des Umformvermögens in Abhängigkeit des auf die Umformfestigkeit bezogenen Spannungsmittelwertes

4.2 Herstellung medizinischer Kanülen

Medizinische Kanülen werden in großen Stückzahlen und den verschiedensten Ausführungen hergestellt. Die kleinsten Ausführungen haben einen Außendurchmesser von ca. 0,3 mm und einen Innendurchmesser von ca. 0,15 mm. Neben Umformvorgängen, einer spanenden Bearbeitung durch Schleifen (Trennen) ist dazu auch ein Fügevorgang durch Schweißen erforderlich.

Herstellung des Hohlrohrs:

- Schritt 1: Ausgang ist Bandstahl "rostbeständig", Werkstoff Nr. 1.4301, X 5 Cr Ni 189 oder Werkstoff Nr. 1.4401, X 5 Cr Ni Mo 1810, Bild 4.2/1.

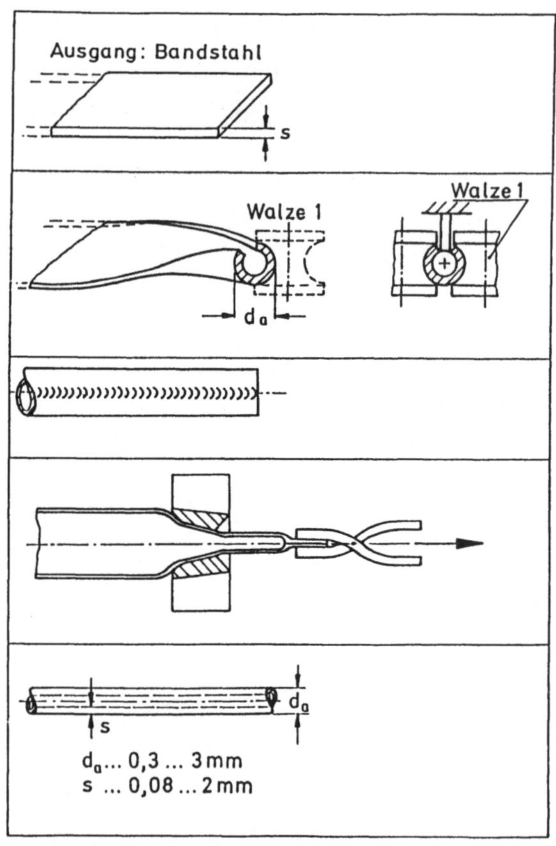

Bild 4.2/1   Fertigungsschritte zur Herstellung einer medizinischen Kanüle: Umformvorgänge

- Schritt 2: zeigt den Einrollvorgang zu einem Schlitzrohr von d_0 ca. 8 bis 12 mm.
- Schritt 3: Das Schweißen der Längsnaht erfolgt mit einem Schutzgasschweißverfahren (meist Wolfram-Inert-Gasschweißen).
- Schritt 4: Ziehen auf d_1 (bei einigen Stufen mit eingelegtem Draht) dazwischen Spannungsfreiglühen, Ziehen und Glühen im Wechsel bis d_a erreicht ist.

Herstellung des Anschliffs:

- Schritt 1: 5 bis 30 Hohlrohre werden in Aufnahme (zwischen zwei Platten) gespannt, Bild 4.2/2.
- Schritt 2: Der Anschliff erfolgt grob mit Si-C-Schleifscheibe im Naßschliff (Winkel α), Bild 4.2/3.
- Schritt 3: Anschliff fein, ebenfalls Si-C, naß (Winkel α).

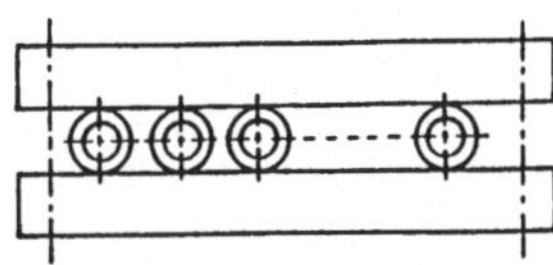

Bild 4.2/2   Schleifvorrichtung zur Herstellung der Anschliffflächen

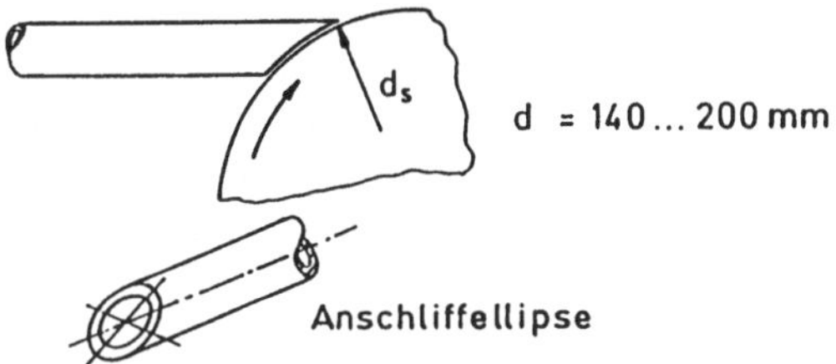

Bild 4.2/3   Anschliffellipse

- Schritt 4: Gemeinsame Drehung der Raumlage aller Röhrchen (in Aufnahme) zur Schleifscheibe (Winkel β, Winkel γ) um Facettenschliff bzw. Hinterschliff herzustellen, Bild 4.2/4.
- Schritt 5: Entgraten, durch Strahlspanen, chemisches oder elektrolytisches Entgraten.

Konfektionieren:

- Schritt 1: Kunststoffanschluß aufkleben, Bild 4.2/5.
- Schritt 2: Silikonieren, Nadel in Mischung aus Silikonöl (2 bis 10 %) und Alkohol (98 bis 90 %) tauchen. Trocknen bei 70 °C, 10 min. Keimfreiheit herstellen. Verpacken.

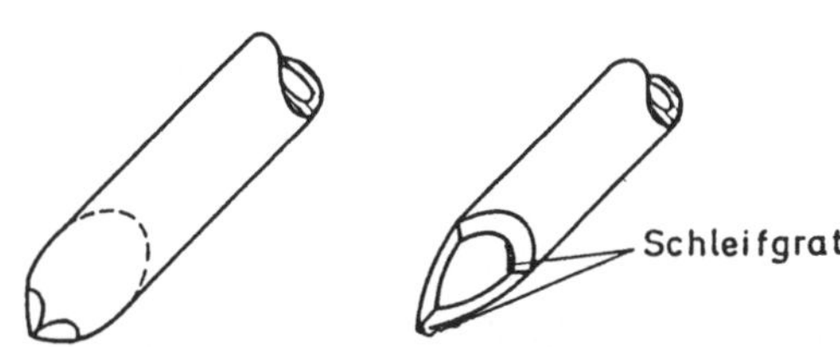

Bild 4.2/4   Hinterschliff und Facettenschliff

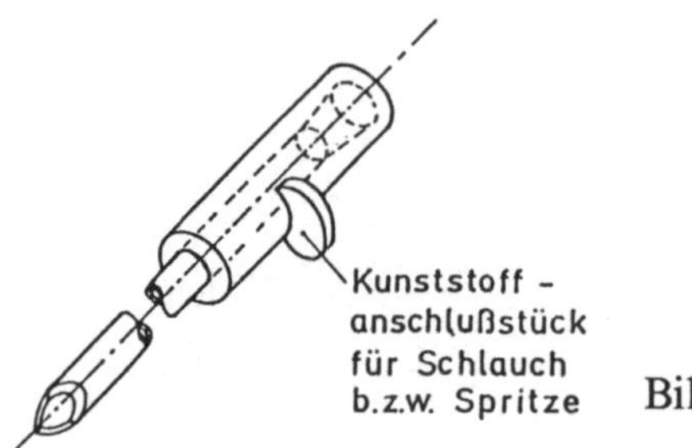

Bild 4.2/5   Anschluß der Kanüle

4.3 Herstellung von Doppelwendeln für Glühlampen

Aus dem Gesamtprozeß der Herstellung einer Glühlampe lösen wir den Teilschritt "Herstellung von Doppelwendeln aus Wolframdraht" heraus, weil es sich dabei um einen typisch feinwerktechnischen Umformprozeß handelt. Die auch theoretisch begründbare Erfahrung zeigt, daß eine mit Krypton gefüllte Glühlampe mit Doppelwendel höhere Lichtausbeuten liefert als eine Wolframfadenlampe im Vakuum. Auch kann die Doppelwendellampe kleiner gebaut werden und erfährt keine Kolbenschwärzung. Die Doppelwendel für eine 220 V - 40 W-Glühlampe besitzt einen ca. 75 cm langen Wolframdraht von ca. 24 μm Durchmesser, der auf ca. 1 mm Durchmesser doppelt gewendelt 24 mm lang ist, Bild 4.3/1.

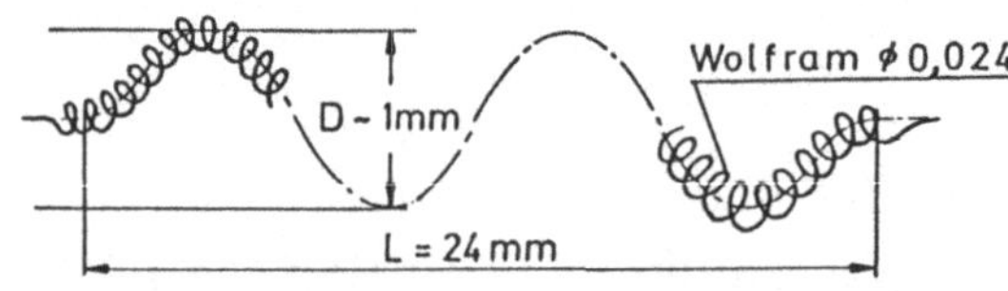

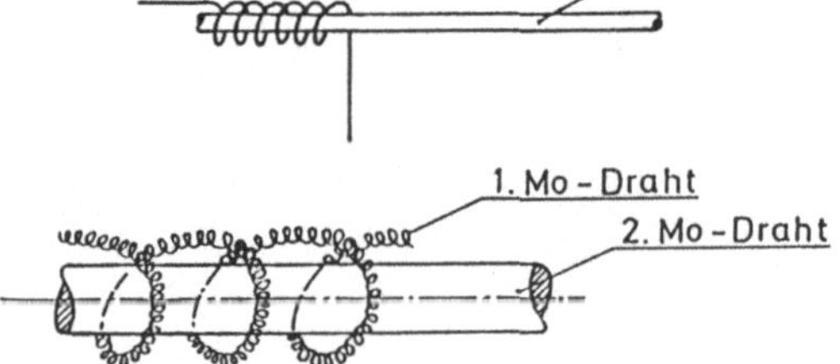

Bild 4.3/1
Herstellung einer Glühlampenwendel durch Wickeln

Bei der Fertigungsalternative 1 wird der Wolframdraht $d = 0,02$ auf einen dünnen Molybdändraht gewickelt. Der entstandene Wickel wird so auf einen zweiten Molybdändraht gewickelt, daß der Außendurchmesser der Doppelwendel ca. 1 mm beträgt. Die beiden Molybdändrähte werden nun mit der sog. Mischsäure (2 Gewichtsteile H_2O, 2 Gewichtsteile HNO_3 60 %, 1 Gewichtsteil H_2SO_4 konzentriert) aufgelöst.

Bei der Fertigungsalternative 2 wird der Wolframdraht zunächst ebenfalls auf einen dünnen Molybdändraht gewickelt (1. Wickel). Der Molybdändraht wird dann herausgelöst (s.o.), und der 1. Wickel auf einen Kerndraht gewickelt. Anschließend wird der Doppelwickel vom Kerndraht abgestreift.

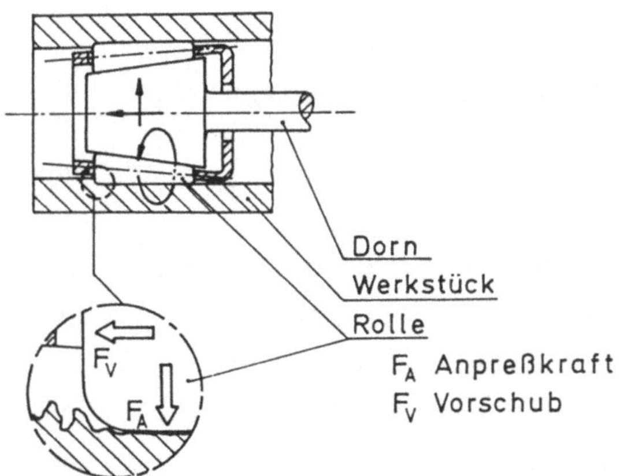

Bild 4.3/2   Prinzip des Umformens beim Glattwalzen

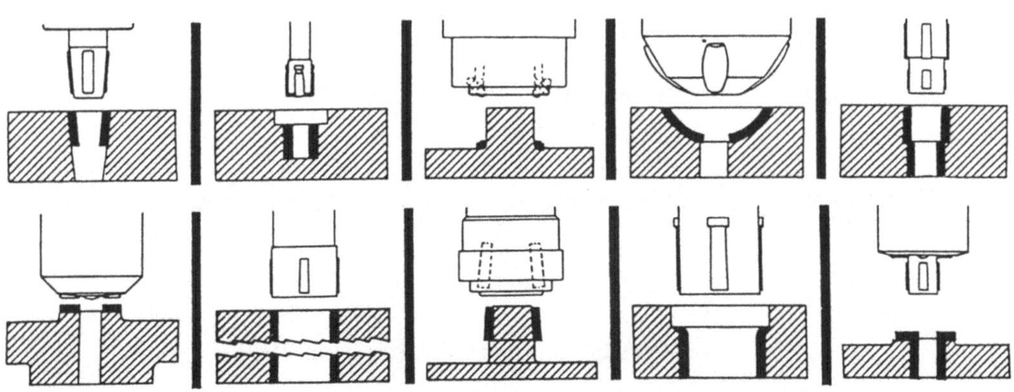

Bild 4.3/3   Geometrie beim Umformen durch Glattwalzen

134

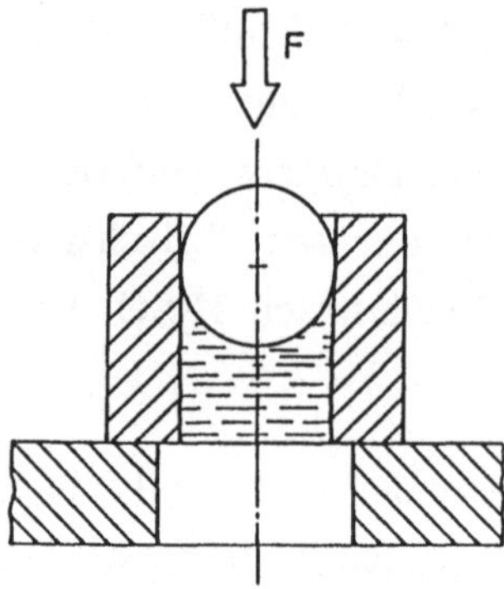

Die Kugel ebnet die Rauhtiefe der Bohrung ein.
Stahlkugeln gibt es mit 0,1 µm Stufung.

Bild 4.3/4   Kalibrieren mit einer Kugel

Abschließend sei noch die Umformtechnologie des Feinwalzens kurz erwähnt.

Feinwalzen, auch als Glattwalzen oder Rollen bezeichnet, ist ein Feinbarbeitungs-
verfahren, um an metallischen Werstücken ohne Zerspanung und mit geringem
Aufwand glatte, verfestigte, verschleißfeste Oberflächen mit hohem Traganteil,
guten Laufeigenschaften und verbesserter Korrosionsbeständigkeit zu erzeugen.
Dazu werden hochglanzgeläppte, gehärtete Stahlrollen so stark gegen die Oberfläche des Werkstückes gedrückt, daß die Erhebungen eingedrückt und Vertiefungen angehoben werden. Übersichtsbild: Bild 4.3/2. Gestaltbildung beim Feinwalzen
(nach Firma Madison): Bild 4.3/3. Kalibrieren von Bohrungen mit Kugeln: Bild
4.3/4.

Literatur zu Kapitel 4

/4.1/1/ Lange, K.:   Lehrbuch der Umformtechnik Bd. 1 Grundlagen, Berlin:
Springer 1990.

/4.1/2/ Grünwald, F.:   Fertigungsverfahren in der Gerätetechnik, Berlin: Verlag
Technik 1980.

/4.2/1/ Kinast, P.:   Entwicklung und Herstellung medizinischer Kanülen,
Universität Stuttgart, Dissertation 1991

5 TRENNEN

5.1 Allgemeines zum Technologieprinzip Trennen

Trennvorgänge werden sowohl bezüglich der geometrischen als auch der weiteren Verfahrensparameter nach unterschiedlichen technologischen Prinzipien vorgenommen. Man kann Trennvorgänge im Mikrobereich und im Makrobereich unterscheiden. Während es bei den Fertigungsverfahren Urformen und Umformen zur Herstellung von Werkstücken immer um die Abbildung einer gespeicherten Geometrie auf ein Rohteil oder Halbzeug geht, ist beim Trennen sowohl der geometrieabbildende Vorgang (Schneidwerkzeuge) als auch der reine Trennvorgang (Schere) beobachtbar. So ist z. B. das Abtrennen des Angußes von einem Spritzgußteil i. a. nicht für die Funktionsgeometrie relevant. Man unterteilt das Trennen in folgende Gruppen:

- Zerteilen
- Spanen mit geometrisch bestimmten Schneiden,
- Spanen mit geometrisch unbestimmten Schneiden,
- Abtragen,
- Zerlegen,
- Reinigen,
- Evakuieren.

Weiter unterteilt man die Gruppen in Untergruppen, z. B.: Zerteilen in Scherschneiden und Keilschneiden, das Keilschneiden in Messerschneiden und Beißschneiden. Zum Spanen mit geometrisch bestimmter Schneide zählen z. B.: Drehen, Bohren, Senken, Fräsen, Räumen, Hobeln, Feilen usw. Zum Spanen mit geometrisch unbestimmter Schneide zählen: Schleifen, Honen, Läppen, Gleitschleifen, Strahlspanen, Abtragen mit Schleif- und Strahlmitteln. Zum Abtragen zählen funkenerosive, chemische und elektrochemische Verfahren. Mit der Entwicklung neuer Verfahren entwickelt sich auch die Einteilungssystematik nach DIN weiter.

Die Technologieflächen werden auch hier von den spezifischen Parametern bestimmt und bedürfen zu ihrer Ermittlung im allgemeinen vieler experimenteller Untersuchungen. Technologieflächen zum Spanen mit geometrisch bestimmter Schneide enthalten u. a. folgende Parameter: Werkstoff des Werkstücks, Werkstoff des Werkzeuges, Winkel an der Schneide, Schnittgeschwindigkeit, Vorschub pro Umdrehung usw. Technologieflächen können für die Hauptzeit, die Standzeit des Werkzeuges, die Qualität der Oberfläche (Rauheit) usw. in Abhängigkeit der relevanten Parameter aufgestellt werden.

Beispiel für Technologieflächen bei der Feinbearbeitung Schaben: Beim Schaben mit der Hand werden vorbearbeitete Flächen so geglättet und relativ zueinander in definierte Lagen gebracht, daß Führungsbahnen in engen Toleranzen miteinander fluchten. Technologieflächen enthalten als Parameter hier beispielsweise die Zahl der erreichten Tragpunkte, die eingestellten Toleranzen und als Ergebnis den dafür erforderlichen Zeitaufwand. Die Meßtechnik besteht beim Schaben in einem Tuschieren (Aufreiben von Tusche mit einem ebenen Tuschierlineal auf das Werkstück) und Auszählen der Tragpunkte (blanke Stellen).

Parameter für Technologieflächen beim Spanen mit geometrisch unbestimmten Schneiden, z. B. beim Schleifen, sind: Schleifmittel, Körnung, Bindung usw., die Schleifbedingungen wie Schnittgeschwindigkeit, Zustellbewegung, Vorschub, Kühlung usw., das Werkstück (Werkstoff), die Art der Einspannung sowie die Eigenschaften der Schleifmaschine. Gesuchte Ergebnisse in den Technologieflächen können Hauptzeit, Oberflächenqualität, Formgenauigkeit, Maßgenauigkeit usw. in Abhängigkeit der vorgenannten Parameter sein.

5.2 Zerteilen

Bild 5.2/1 gibt einen ersten Überblick über diese Verfahrensgruppe. Die Verfahrensgruppe Zerteilen enthält noch weitere hier nicht dargestellte Verfahrensmöglichkeiten: Spalten, Reißen, Brechen. Hier soll im wesentlichen die Gruppe des Scherschneidens mit den verschiedenen Bauformen von Schneidwerkzeugen, vgl. Bild 5.2/2, betrachtet werden.

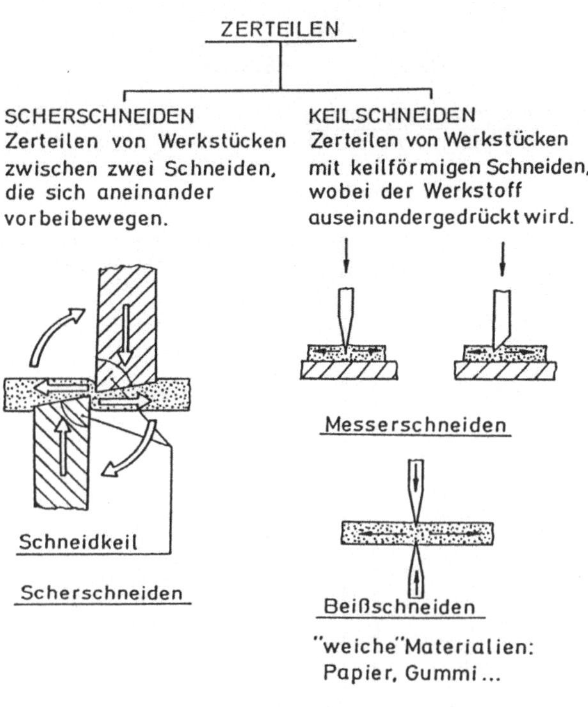

Bild 5.2/1   Fertigung durch Zerteilen

Man unterscheidet Schneidwerkzeuge ohne Führung, Bild 5.2/3 (die Führung des Stempels wird hierbei von der Pressenführung geleistet), und Schneidwerkzeuge mit Plattenführung, Bild 5.2/4. Hier ist bereits ein Folgeschneidwerkzeug dargestellt. Das Blechband wird von vorne zugeführt und bis zum Anschlagstift geschoben. Bei einem Hub werden zunächst die Durchbrüche gestanzt, dann wird der Streifen um eine Werkstückbreite verschoben, wobei die gelochte Stelle nun ausgestanzt wird. Wir erkennen an diesem einfachen Fall bereits einige wesentliche Gestaltungsgesichtspunkte für das Schneidwerkzeug: Das Material muß beim Schneiden möglichst gut ausgenutzt werden, d. h. der Abfallstreifen sollte möglichst wenig Material enthalten. Spezielle Literatur hierzu: /5.2/1/.

Der Einspannzapfen sollte im Linienschwerpunkt der zu schneidenden Kontur liegen, damit die Verkantung in der Führungsplatte möglichst klein wird, Bild 5.2/5. Grund: Im Linienschwerpunkt greift die resultierende Schneidkraft an. Eine weitere Verbesserung im Führungsverhalten zwischen Schneidplatte und Stempel - der Schneidspalt ist von großer Bedeutung für die Außenfläche des Teils und den Stanzgrat - ergibt sich mit der Anwendung von Säulenführungsgestellen, die als Normalien bezogen werden können. Man erzielt damit höchste Standmengen, d. h.

MIT STANZEN BEZEICHNET MAN DIE WERKSTÜCKHERSTELLUNG
DURCH **TRENNEN - UMFORMEN - FÜGEN**
MITTELS ZWEITEILIGER FORMGEBUNDENER WERKZEUGE.

SCHNEIDWERKZEUGE ZUM ZERTEILEN
EINTEILUNG NACH:

FERTIGUNGSVERFAHREN

- ABSCHNEIDEN
- AUSSCHNEIDEN
- BESCHNEIDEN
- EINSCHNEIDEN
- KNABBERSCHNEIDEN
- NACHSCHNEIDEN
- ABGRATEN
- AUSKLINKEN
- LOCHEN

FERTIGUNGSABLAUF

- EINVERFAHREN-
  SCHNEIDWERKZEUGE
  AUSFÜHRUNG EINES
  EINZIGEN
  SCHNEIDVORGANGES

- FOLGE-
  SCHNEIDWERKZEUGE
  VERSCHIEDENE SCHNEID-
  VERFAHREN IN MEHREREN
  PRESSENHÜBEN PRO WERK-
  STÜCK. Z.B.: LOCHEN
  UND ABSCHNEIDEN

- GESAMT-
  SCHNEIDWERKZEUGE
  VERSCHIEDENE SCHNEID-
  VERFAHREN IN EINEM
  PRESSENHUB PRO WERK-
  STÜCK. Z.B.: LOCHEN
  UND AUSSCHNEIDEN

**KONSTRUKTIVEM AUFBAU
DER SCHNEIDWERKZEUGE**

- EINFACH- U. MEHRFACH-
  SCHNEIDWERKZEUGE

  ANZAHL DER GLEICHZEITIG
  GEFERTIGTEN TEILE

- FÜHRUNGSART DER
  SCHNEIDWERKZEUGE

  - OHNE FÜHRUNG
  - MIT PLATTENFÜHRUNG
  - MIT SÄULENFÜHRUNG
  - MIT SCHNEIDPLATTEN-
    FÜHRUNG

- ART DER HALBZEUG-
  HALTERUNG UND DES
  WERKSTÜCKAUSWURFES

VERBUNDWERKZEUGE

MIT VERBUNDWERKZEUGEN KÖNNEN MEHRERE VERSCHIEDENE
FERTIGUNGSVERFAHREN (ZERTEILEN, UMFORMEN, FÜGEN)
DURCHGEFÜHRT WERDEN.
EINTEILUNG IN:

FOLGEVERBUNDWERKZEUG

FERTIGUNG IN MEHREREN
PRESSENHÜBEN MIT JE
EINEM VORSCHUBSCHRITT
PRO HUB.

GESAMTVERBUNDWERKZEUG

DURCHFÜHRUNG
VERSCHIEDENER
FERTIGUNGSVERFAHREN
IN EINEM HUB.

Bild 5.2/2   Übersicht zur Stanztechnik

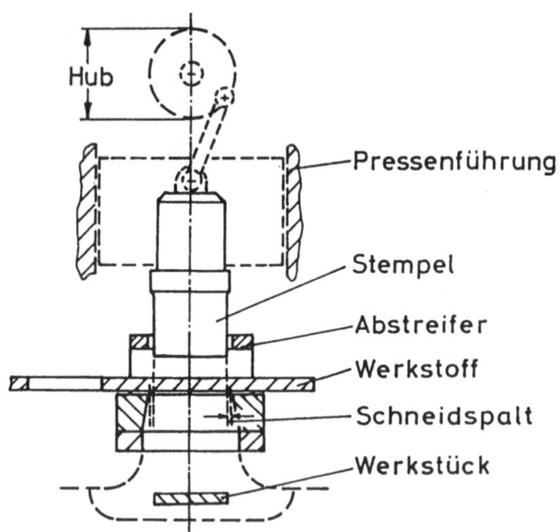

Material für Stempel bzw. Schneidplatten			
Werkstoff DIN 17006	Härte HRC	Anwendungs-bereich	Kennzeichnung
	im Einbau-zustand	Blechdicke [mm]	Serien-größen	

Werkstoff DIN 17006	im Einbau-zustand	Blechdicke [mm]	Serien-größen	Kennzeichnung
C 85 W 2 C 100 W 1	54...62	< 4	$< 10^4$	Schalenhärter, Kern zäh, für einfache Werkzeuge und geringe Stückzahlen
Hartmetalle	–	$\leqq 1$	$> 1\,10^6$	verschleißfest und spröd
S 3-3-2	62...64	< 2	$> 10^4$	für Lochstempel und schnellaufende Werkzeuge
X 210 Cr 12 X 210 CrW12 X 165 CrMoV12	60...64	$\leqq 4$	> 10	verschleißfest verzugsarm
90 MnV 8 105 WCr 6	60...64	4...6	alle	verzugsarm, mittlere Zähigkeit
60 WCrV 7 X 45 NiCrMo4	56...61 48...54	... > 6	alle	zäh

Bild 5.2/3   Schneidwerkzeug ohne eine eigene Führung

das Nachschleifen von Stempel und Schneidplatte wird erst nach einer großen Werkstückzahl (50000) erforderlich. In der Ausführung mit Kugelführungsbüchsen findet im Werkzeug wegen der Rollreibung nur eine geringe Erwärmung statt, Bild 5.2/6.

Einige Bemerkungen zur Gratlage beim Schneiden. Stanzgrate können die Funktion eines Teiles beeinträchtigen, zu Verletzungen führen und sehen unschön aus. Die Gratbildung hängt wesentlich vom Schneidspalt ab. In Bild 5.2/7 sind verschiedene Gratbildungssituationen erläutert. Bild 5.2/8 zeigt ein Gesamtschneidwerkzeug ohne Säulenführungsgestell. Aus den Phasenbildern wird die Wirkungsweise des Gesamt-

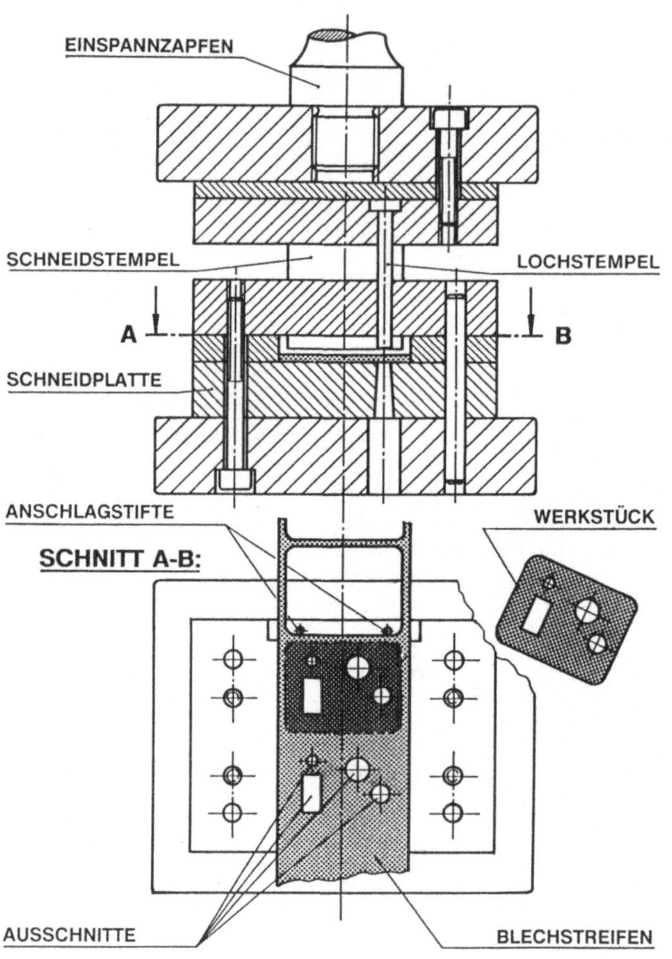

Bild 5.2/4   Schneidwerkzeug mit plattengeführtem Stempel

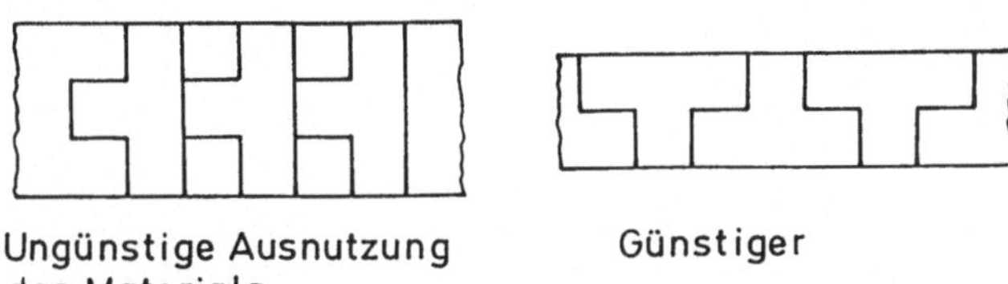

Ungünstige Ausnutzung
des Materials

Günstiger

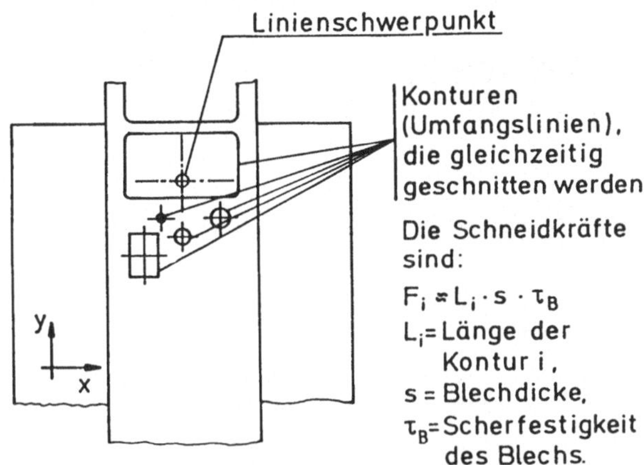

$F_i \approx L_i \cdot s \cdot \tau_B$
$L_i =$ Länge der Kontur i,
$s =$ Blechdicke,
$\tau_B =$ Scherfestigkeit des Blechs.

Mittels Rechnung oder grafisch:
Ermittlung der Koordinaten des Schwerpunktes
der Linienkontur = Lage des Einspannzapfens Z.

Bild 5.2/5 Materialverschnitt, Schneidkräfte, Lage des Einspannzapfens

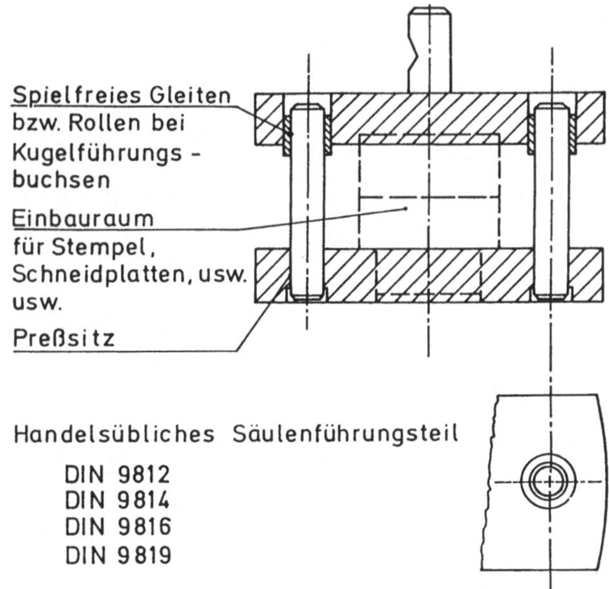

Anwendung:
sehr genaue Werkstücke: Linienschwerpunkt der
Kontur in Zapfenachse legen, große Stückzahlen.

Bild 5.2/6 Normteile für Schneidwerkzeuge, das Säulenführungsgestell

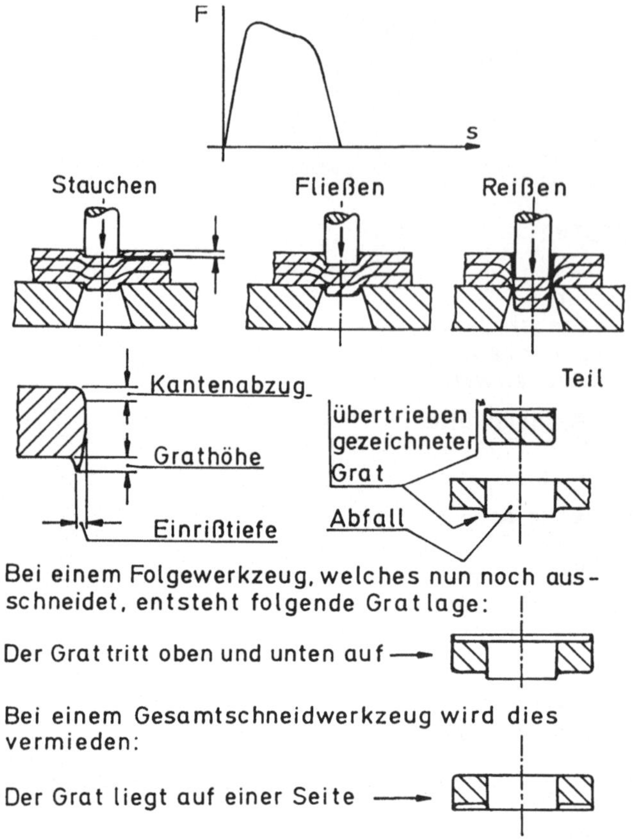

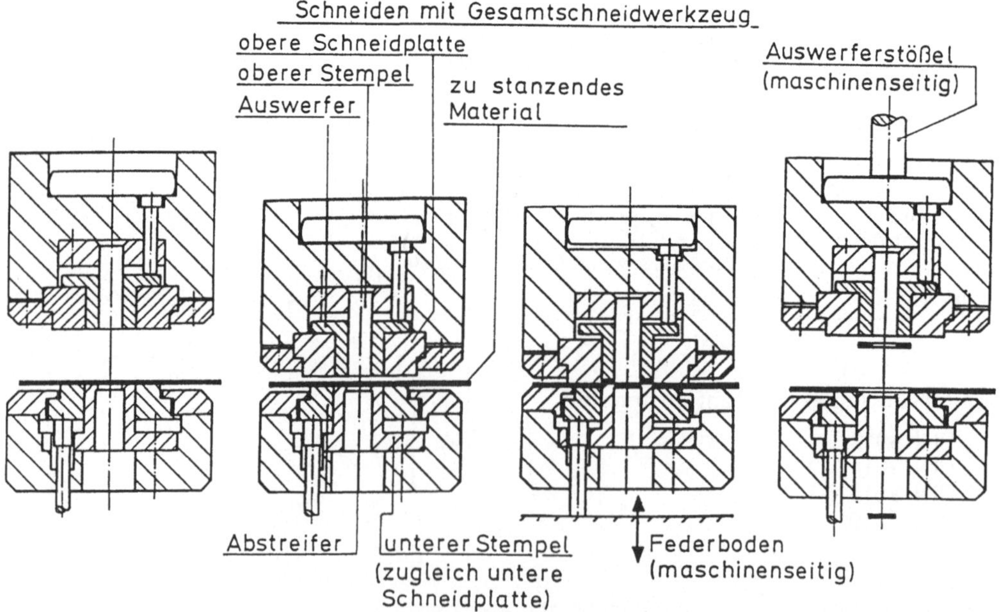

Bild 5.2/7
Gratlage beim Schneiden

Bild 5.2/8   Gesamtschneidwerkzeug

schneidwerkzeuges deutlich. Die folgende Tabelle zeigt Richtwerte für das Verhältnis Schneidspalt/Blechdicke für verschiedene Zugfestigkeiten.

Blechdicke in mm	Zugfestigkeit des Werkstoffs in N/mm²			
	< 250	250 ... 400	400 ... 600	> 600
ohne Abhängigkeit von der Blechdicke	0,03	0,04	0,05	0,06
> 1	0,025	0,025	0,03	0,035
1 ... 2	0,03	0,03	0,035	0,04
2 ... 3	0,035	0,035	0,04	0,045

Das Ziel, eine Verbesserung der Schneidkante zu erreichen, hat zu einer Reihe von Sonderschneidverfahren geführt, z.B. Konterschneiden, Nachschneiden und Feinschneiden /5.2/2/. Beim Feinschneiden entstehen in einem Arbeitsgang maßgenaue (1/100 mm Toleranzen), gratfreie Werkstücke mit glatten rechtwinkligen Schnittflächen, Bild 5.2/9. Der Schneidspalt wird mit 0,5 % der Blechdicke sehr klein gehalten, was genaue Säulenführungen erfordert. Weiter sind zum Feinschneiden dreifach wirkende Pressen, mit getrennten Antrieben für die Schneidkraft, die Gegenhaltekraft und die Ringzackenkraft, erforderlich. Vor Beginn des Schneidens wird der Blechstreifen fest auf die Schneidplatte gedrückt. Dann preßt sich eine der Werkstückkontur folgende Ringzacke ein und verhindert das Abfließen des Werkstoffes beim eigentlichen Schneiden. Es entstehen so Schnittflächen mit Rauhtiefen unter 2 μm.

Beispiel zum Zerteilen: Scherfolien für Elektrorasierer

In /5.2/4/ wurden erste Fertigungsentwicklungen eines Scherblattrasierers dargestellt. Hier soll etwas näher auf die Fertigungsentwicklung des Schersiebes eingegangen werden, die am Anfang der gesamten Rasiererentwicklung stand, weil sie eine typisch feinwerktechnische Fertigungsentwicklung darstellt. (Heute werden i. w. galvanisch hergestellte Schersiebe eingesetzt.) Der Grundgedanke war seinerzeit, daß sich unter einer dünnen, gelochten Folie aus ca. 50 μm dickem Stahl-

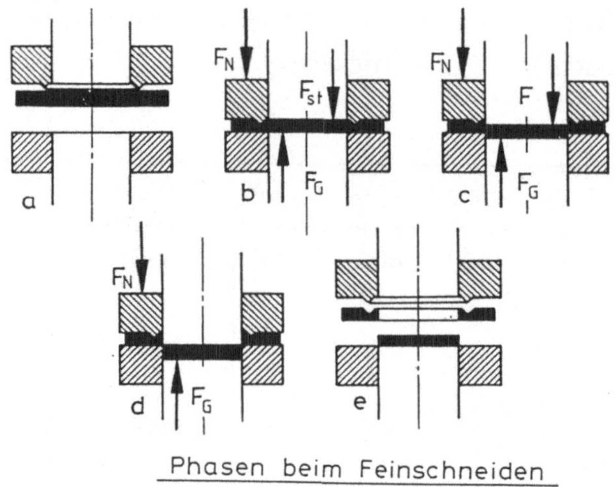

Phasen beim Feinschneiden

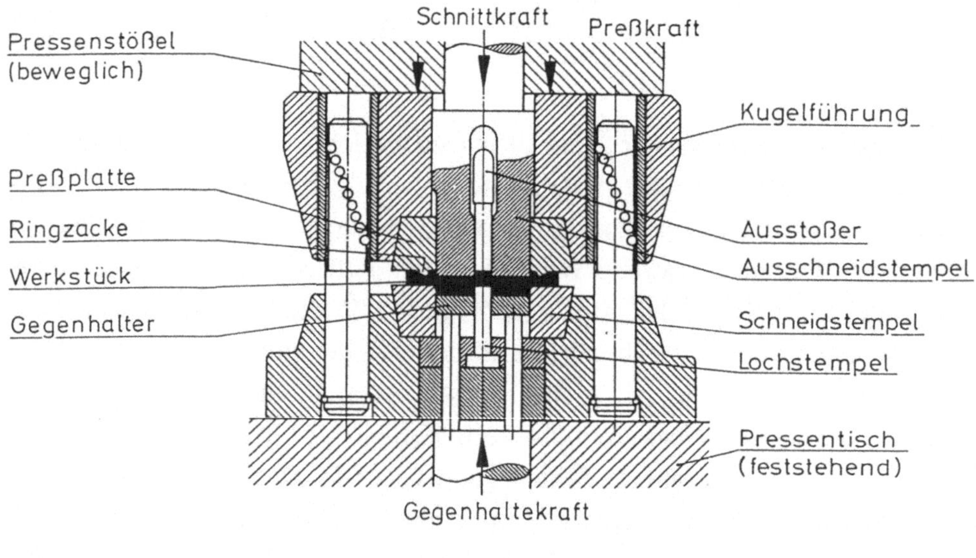

Feinschneidwerkzeug

Bild 5.2/9   Feinschneidwerkzeug

blech, Klingen bewegen, die die Bartstoppeln abschneiden, die zufällig von einem Loch des Schersiebes erfaßt werden, Bild 5.2/10. Die Herstellung des Schersiebes erfolgte mit einem Schneidwerkzeug, dessen Entwicklung erhebliche Schwierigkeiten bereitete. Bild 5.2/11 zeigt einen Schnitt durch das in einem Säulenführungsgestell angeordnete Schneidwerkzeug (hier ohne Säulenführungsgestell dargestellt). Die Kleinheit und die Vielzahl der Schlitze erforderte, daß das unge-

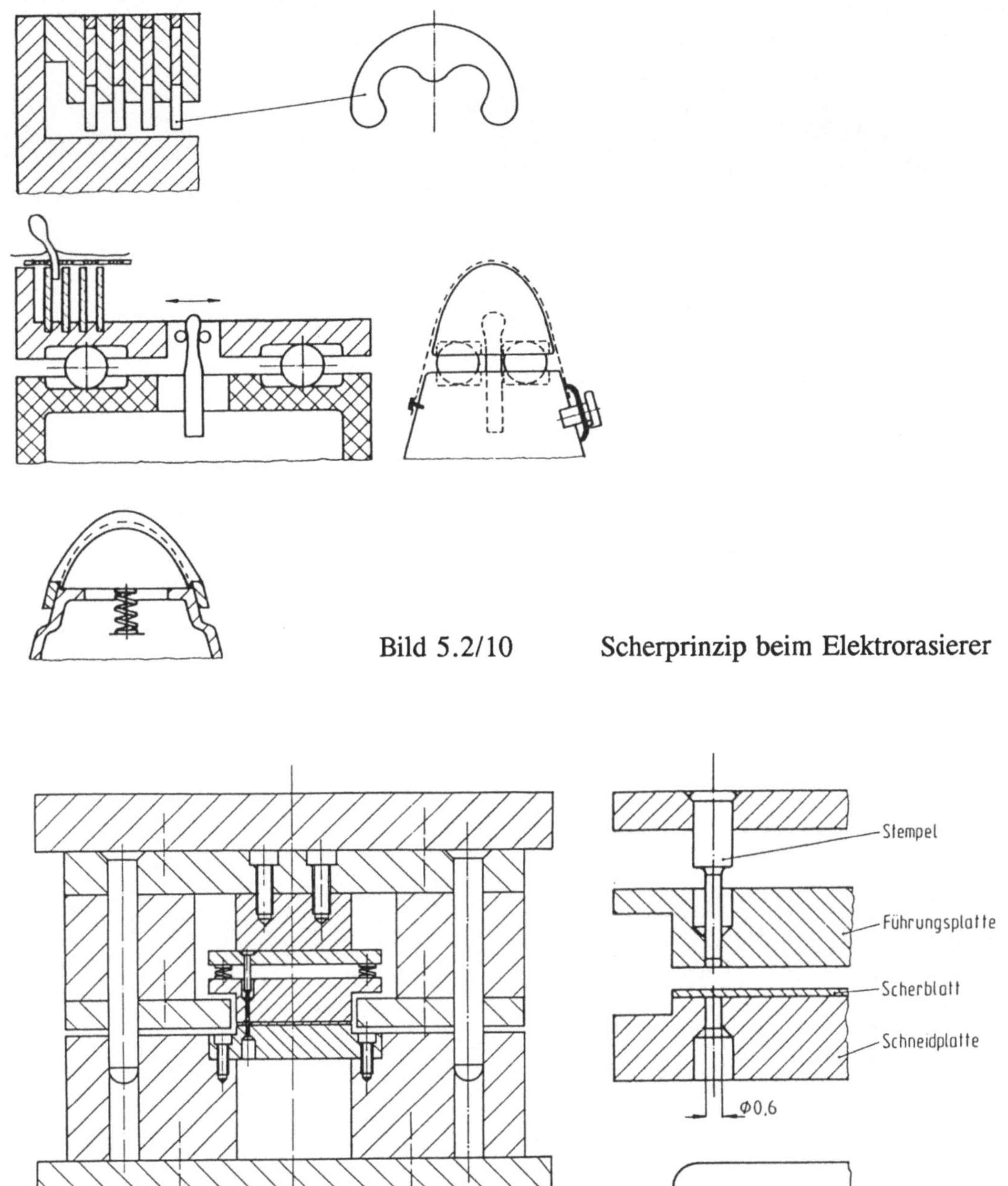

Bild 5.2/10   Scherprinzip beim Elektrorasierer

Bild 5.2/11   Schneidwerkzeug für Scherblatt. Das dargestellte Werkzeug ist in einem nicht dargestellten Säulenführungsgestell angeordnet

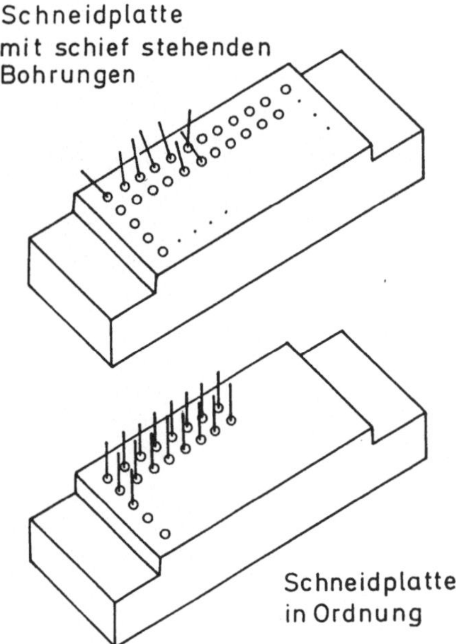

Bild 5.2/12   Schneidplatte für die Scherblattherstellung mit aufgesteckten Stempeln von 0,6 mm Durchmesser, die einzeln eingepaßt sind; oben: verbohrte Schneidplatte, unten: gute Schneidplatte

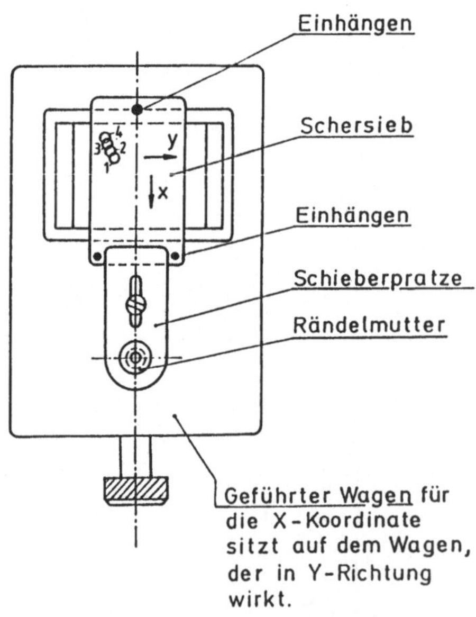

Bild 5.2/13   Detail zum Werkzeug nach Bild 5.2/11: Scherblattbefestigung auf einem relativ zur Schneidplatte verschiebbaren x-y-Wagen um die Schlitzform mit rundem Stempel zu erzeugen

lochte Scherblatt in einem Schlittensystem auf der Schneidplatte verschiebbar angeordnet werden mußte, weil die Schlitze nur mit runden Stempeln herstellbar waren. Das Schneiden erfolgte mit runden Stempeln von 0,6 mm Durchmesser und einer Schneidplatte, die ca. 150 Bohrungen aufwies. Beim Bohren der Schneidplatte wurde mit einer Spezialbohrmaschine gearbeitet. Dabei wurde das Werkstück vorsichtig mit der Hand gegen den feststehenden Bohrer gepreßt. Der Ausschuß an Schneidplatten durch abgebrochene Bohrer war groß. Wenn es gelungen war, eine Schneidplatte fertigzustellen, standen oft die durch Schleifen einzeln in jede Bohrung eingepaßten Stempel nicht in einer Reihe. Das Bohren der Schneidplatte erfolgte mit Schablonen von beiden Seiten in die Schneidplatte, Bild 5.2/12.

Durch Bewegen des Scherblattes über die Schneidplatte wurden nach Art des Kopierstanzens die Schlitze in die Scherfolie gestanzt, Bild 5.2/13. Ein Problem

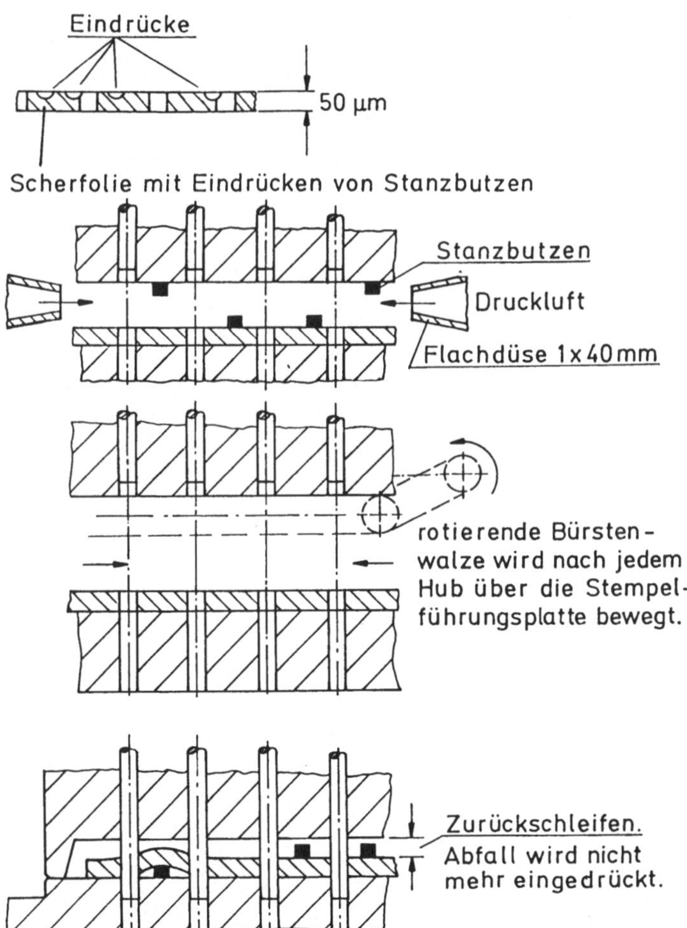

Bild 5.2/14   Zum Problem "Eindrücke durch Stanzbutzen" in Scherblatt

war der Stanzabfall, der mit den vielen kleinen "Stahlhalbmonden" im Schneidwerkzeug anfiel. Diese verursachten Eindrücke in die Scherfolie, wenn sie beim
mehrmaligen Stanzen zwischen der Führungsplatte bzw. der Schneidplatte und der
Scherfolie zu liegen kamen. Folgende Abhilfeversuche wurden unternommen:

- Abblasen, keine vollständige Beseitigung des Abfalls.
- Abblasen und Bürsten, keine vollständige Beseitigung des Abfalls.
- Zurückschleifen der Stempelführungsplatte, Abfall wird nicht mehr eingedrückt.

In Bild 5.2/14 sind diese Versuche veranschaulicht, wobei schließlich die letzte
Lösung - Zurückschleifen - benutzt wurde. Nachdem die Scherfolie in einwand-
freiem Zustand vorlag, wurde sie einer Härtung unterworfen. Die erste Einrichtung
hierzu ist in Bild 5.2/15 dargestellt. Die Scherfolie wurde auf ein Signal hin von
oben mit der Hand in den Trichter eingeworfen. Das ungehärtete Scherblatt fiel auf
den Stift 1. In zeitlicher Folge wurde nun der Stift 1 von einer Magnetspule
angezogen und das Scherblatt kam auf dem Stift 2 in der Zone der Härtetemperatur
zu liegen. Dann wurde Stift 2 gezogen, und das Scherblatt fiel zwischen zwei,
mittels Wasserdurchlauf gekühlte, gehärtete Stahlbacken, die das glühende Scher-

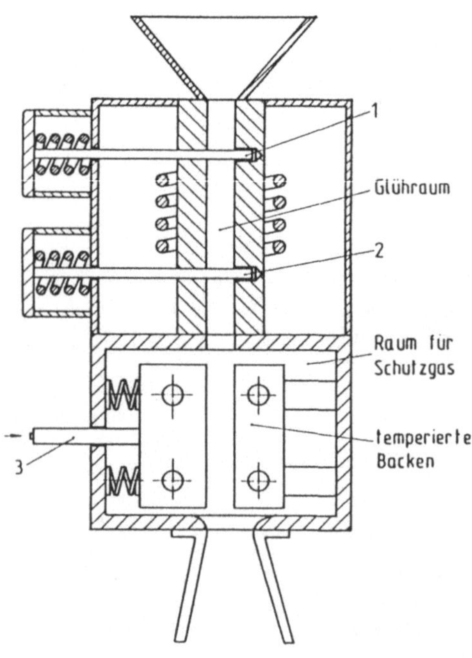

Bild 5.2/15   Härteeinrichtung für Scherblätter

blatt im freien Fall erfaßten und durch Abschrecken härteten. Die Stahlbacken waren in einem Raum unter Schutzgasatmosphäre so angeordnet, daß keine Verzunderung des Scherblattes erfolgen konnte. [1]

Ein weiterer Entwicklungsschritt bestand im Schleifen der gestanzten Scherfolie. Über einen zylindrischen Schleifkörper wurde die gelochte Scherfolie gespannt und mit einer hin- und hergehenden Bewegung geschliffen, Bild 5.2/16. Heute werden Schersiebe ausschließlich galvanoplastisch hergestellt.

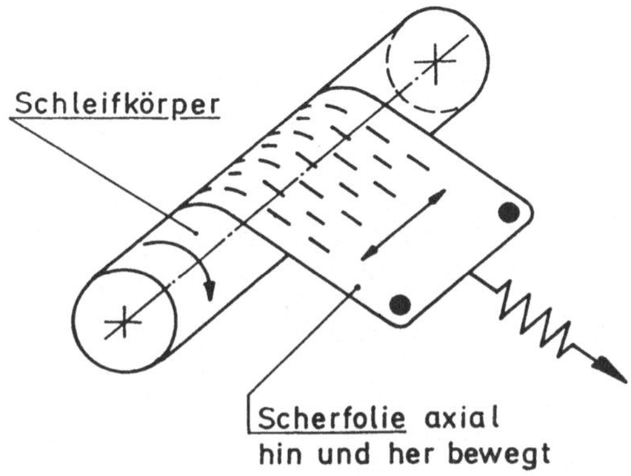

Bild 5.2/16   Gratentfernung an Scherblatt durch Feinstschleifen

5.3 Ausgleich von Maß-, Form- und Lageabweichungen durch geometrische Mittelungseffekte beim Trennen

Im Abschnitt 1.1 wurde die Methode der geometrischen Abbildung an Beispielen dargestellt. Diese Grundmethode ist oft verknüpft mit der geometrischen Einebnung von vorbearbeiteten Werkstückflächen. Man kann so eigentlich von zwei Grundprinzipien sprechen: Der geometrischen Abbildung des Werkzeuges und der geometrischen Mittelung durch das Arbeitsverfahren beim Zusammenwirken von Werkzeug und Werkstück.

Durch diese geometrische Mittelung verringern sich die Maß-, Form- und Lageabweichungen an Werkstücken. Auch werden die Oberflächenparameter selbst

---

[1] Die Entwicklung und Herstellung der Scherblatt-Technologie erfolgte von 1945/50 bei Braun Frankfurt/Main, durch Max Braun und Mitarbeiter und darf als eine Grundlagenentwicklung angesehen werden, deren Erfolg - nun natürlich mit vielen neuen Schritten - bereits 40 Jahre weiterwirkt.

verbessert. So werden z. B. beim Verfahren Schaben höhere Stellen abgetragen um einen größeren Flächentraganteil zu erreichen. Beim Feinbearbeiten mit geometrisch unbestimmten Schneiden verwendet man sowohl gebundene als auch lose Schleifkörner. Beim Rollieren und beim Honen verwendet man gebundene Schleifkörner. Beim Läppen werden lose Schleifkörner benutzt, der Läppvorgang kann daher als ein Schleifen mit losem Korn aufgefaßt werden. In der Optikbearbeitung bezeichnet man die Bearbeitung mit losen Schleifkörnern als Schleifen - eigentlich müßte es auch hier Läppen heißen.

5.3.1 Läppen

Beim Läppen wird das Werkstück auf einer Läppscheibe bewegt, wobei die Richtung der Relativbewegung zwischen Werkstück und Läppscheibe ständig geändert wird. Zwischen Werkstück und Läppscheibe befindet sich ein Gemisch aus pulverförmigen Läppkörnern (Körnung 300 bis 1200) und Öl oder Petroleum. Die unter Druck "abrollenden" Schleifkörner tragen den Werkstoff ab, indem sie ihn in kleinen Teilchen aus der Werkstückoberfläche herausspalten. Die Läppscheibe (perlitisches Gußeisen) und das Läppmittel bilden hierbei das Werkzeug und bewirken den Abtrag, Bild 5.3.1/1. Bei weicheren Werkzeugstoffen können sich auch die Körner in das Werkzeug eindrücken und verklammern. Sie ritzen dann das Werkstück und trennen so den Werkstoff ab. Im Gegensatz zu den klassischen Spangebungsverfahren, wo das Fertigungsergebnis mit dem Begriff "Zeitspanvolumen" beschrieben wird, wird beim Läppen der Begriff "spezifischer Abtrag" (in μm/min) benutzt.

Zur Läppkinematik: Bilder 5.3.1/2 und 5.3.1/3. Jede beliebige ebene Bewegung läßt sich als Drehung um einen jeweiligen Momentpol darstellen, wobei die bewegliche Gangpolbahn auf der festen Rastpolbahn abrollt. Dreht sich ein rundes Werkstück W auf einer festen Ebene um seine Achse W_A, so liegt der Momentanpol M in der Mitte. Relativweg s und Relativgeschwindigkeit v zwischen Werkstück und Ebene haben einen linearen Verlauf. Bei Annahme der Konstanz aller anderen Parameter ist die Abtragshöhe h am Werkstück durch Gleichung (5.3.1/1) /2/2/ bestimmt.

$$h = k \cdot v_m \cdot t \, , \qquad (5.3.1/1)$$

wobei

$$v_m \cdot t = \int_t v \cdot dt$$

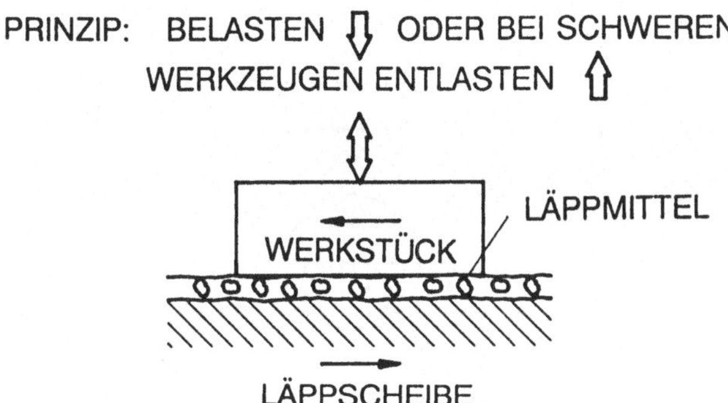

Bild 5.3.1/1   Prinzip des Läppens

Integralmittelwert der Geschwindigkeit in einem Zyklus t (Weg); k : Konstante, die alle Arbeitsparameter des Vorganges enthält, die als Konstanten angesehen werden; t : Zykluszeit.

Läppverfahren: Das Planläppen dient zur Bearbeitung von Ebenen. Das Rundläppen entsprechend für Zylinder und Bohrungen, das Formläppen für Kegel, Kugeln, Gewinde, Verzahnungen usw. Mit dem Ultraschall-Stoßläppen werden Hartstoffe bearbeitet, das Trennläppen arbeitet mit einem Gatter aus Drähten zur Trennung. Das Polierläppen (mechanisches Polieren) erfolgt mit Textilscheiben und Poliermitteln wie Tonerde Al_2O_3 (Metalle), Polierrot Fe_2O_3 (Gläser, Edelmetalle), Poliergrün Cr_2O_3 (Chrom, Stahl), Wiener Kalk, Kalzium und Magnesiumoxid (Nickel).

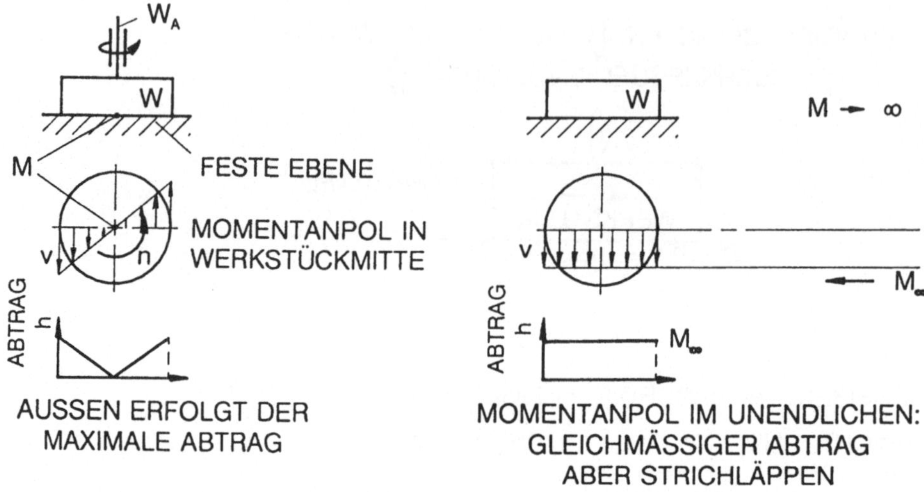

Bild 5.3.1/2   Kinematik beim Läppvorgang 1

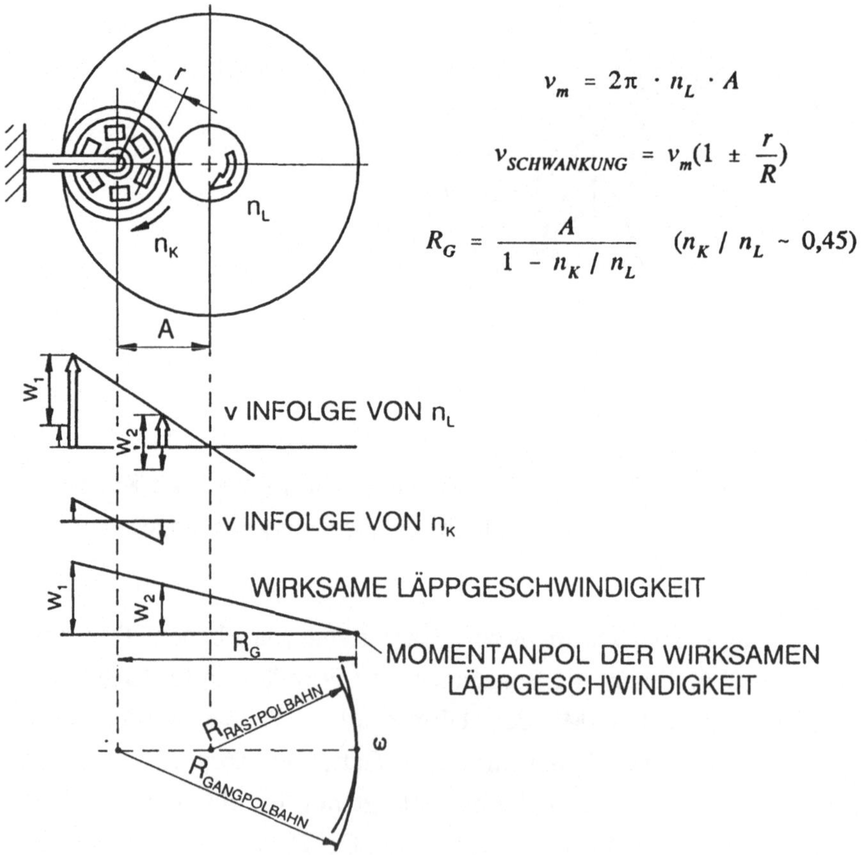

KREISRINGWERKZEUG: KÄFIGE DREHEN UM FESTE ACHSEN

$$v_m = 2\pi \cdot n_L \cdot A$$

$$v_{SCHWANKUNG} = v_m \left(1 \pm \frac{r}{R}\right)$$

$$R_G = \frac{A}{1 - n_K / n_L} \qquad (n_K / n_L \sim 0,45)$$

Bild 5.3.1/3   Kinematik beim Läppvorgang 2

Technologieflächen

Die Art der Relativbewegung zwischen Werkstück und Werkzeug ist beim Läppen wesentlich für die Ergebnisgrößen der Formgenauigkeit. Die Ergebnisgrößen Abtrag und Rauheit werden beeinflußt von der Art des Läppkorns (Material, Korngröße, Korngrößenverteilung, Kornform, mechanische Eigenschaften des Korns, Härte, Zerkleinerungsverhalten), der Läppflüssigkeit (Zusammensetzung Viskosität, Benetzungsvermögen usw.), dem Läppgemisch (Mengenverhältnis Korn/Flüssigkeit, Zufuhrmenge und -art), den Maschinenparametern (Läppdruck, Läppweg, Läppzeit usw.), dem Werkstoff (Werkstück, Werkzeug) und der Umgebung (Temperatur, Staub usw.). Beim Läppen von komplizierten Formen wird die Anfertigung von entsprechenden Werkzeugen notwendig. Beispiel: Gewinde erfordern Läppmuttern. Flächen werden unter Zufuhr von Läppsuspension miteinander eingeläppt.

Beispiel: Die Bearbeitung von Steinplatten für Meßgeräte, Meßtische, Meßmaschinen erfolgt durch Läppvorgänge. Für Meßmaschinen usw. werden Steinplatten aus Diabas bzw. Gabbro verwendet, die häufig irrtümlich mit Granit bezeichnet werden. Eigenschaften Diabas: E-Modul ca. 100000 N/mm^2, Wärmeausdehnungszahl α ca. 7,5 x 10^{-6} 1/K, Dichte ca. 3,0 kg/dm^3, Wasseraufnahme 0,02 bis 0,08% des Gewichtes. Die Bearbeitung großer Steinplatten erfolgt in Spezialfirmen (s. Herstellerverzeichnis), aber auch in Steinwerken für Grabsteine und Gebäudeausstattungen. Man geht bei der Anwendung von Steinen in genauen Maschinen davon aus, daß der Werkstoff in Millionen Jahren gealtert und damit "tot" ist, d. h. Änderungen einer einmal aufgebrachten Geometrie finden durch Alterung nicht mehr statt. Die Auswahl des Rohmaterials ist eine Erfahrungssache. Die Steinblöcke werden durch Sägen getrennt z. B. mit Gattersägen bzw. Seilsägen. Durch Fräsen mit diamantbestückten Werkzeugen (z. B. auf Portalfräsmaschinen) werden die Blöcke vorbearbeitet. Das Einbringen von Bohrungen erfolgt mit diamantbestückten Kronenbohrern.

Beim Herstellen von hochgenauen Ebenen sind folgende Aspekte zu beachten bzw. Fertigungsschritte üblich: Alternative 1, Schritt 1: Vorbearbeitete Platten (gesägt, gefräst) ganzflächig aufeinander legen und in wechselnden Lagen mit losem Schleifmittel (z. B. Korundpulver in Flüssigkeit) schleifen (läppen), Bild 5.3.1/4. Schritt 2: Die im Schritt 1 eingeebneten Platten werden in ihre Funktionsauflage (= Auflage, wie sie die spätere Benutzung vorsieht) gebracht. Die Auflage von Steinplatten z. B. 2000 x 1500 x 400 mm erfolgt auf 3 bzw. 4 Stützen (bei 4

Stützen ist eine einstellbar). Mit einem Neigungsmesser erfolgt die Erstellung eines Höhenschichtprotokolls, Bild 5.3.1/5.

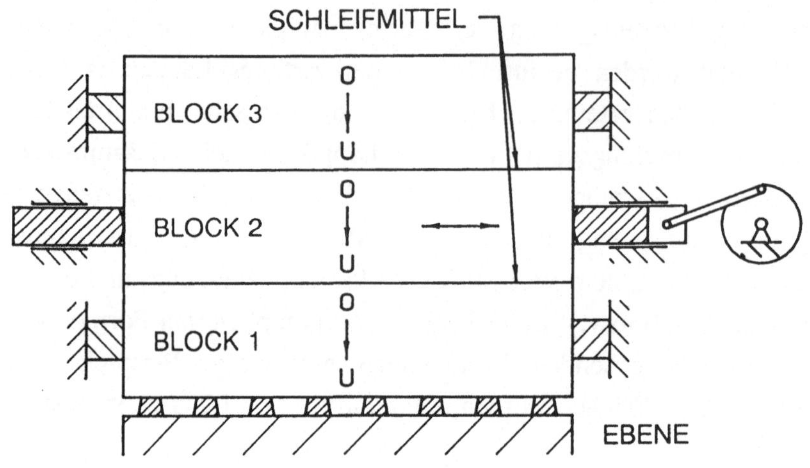

UMSCHICHTIGES VERTAUSCHEN DER BLÖCKE MIT ABWECHSELN
VON OBER- UND UNTERSEITE EBNET DIE STEINFLÄCHEN EIN.

Bild 5.3.1/4   Herstellung von Ebenen an Steinplatten - Alternative 1 -

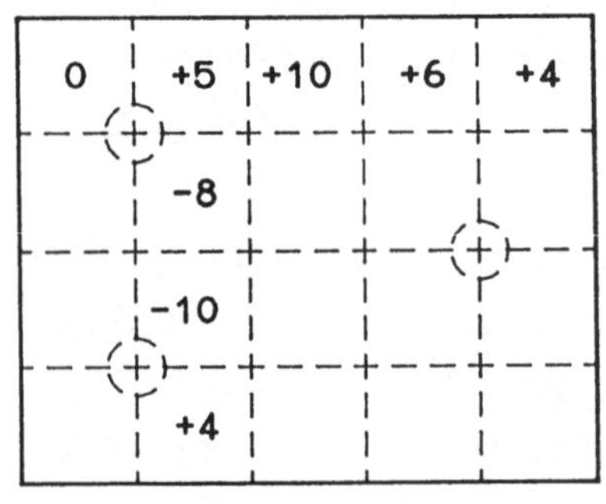

Bild 5.3.1/5
Höhendifferenzen an Steinplattenebene

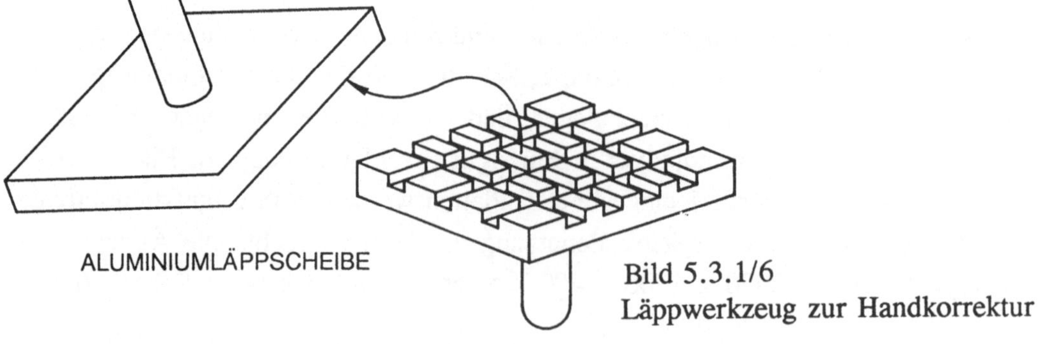

Bild 5.3.1/6
Läppwerkzeug zur Handkorrektur

Die Nacharbeit von Steinflächen geschieht mit handgeführten Alu-Werkzeugen, die als Läppscheiben ausgebildet sind und Korundpulver, Bild 5.3.1/6, (ca. 10 μm Korngröße), wobei der Abtrag meßtechnisch verfolgt wird. Bei der Hartgesteinbearbeitung entstehen Wärmenester, die infolge der schlechten Wärmeleitung nur langsam verschwinden. Es ist wesentlich zwischen dem Arbeitsgang und dem

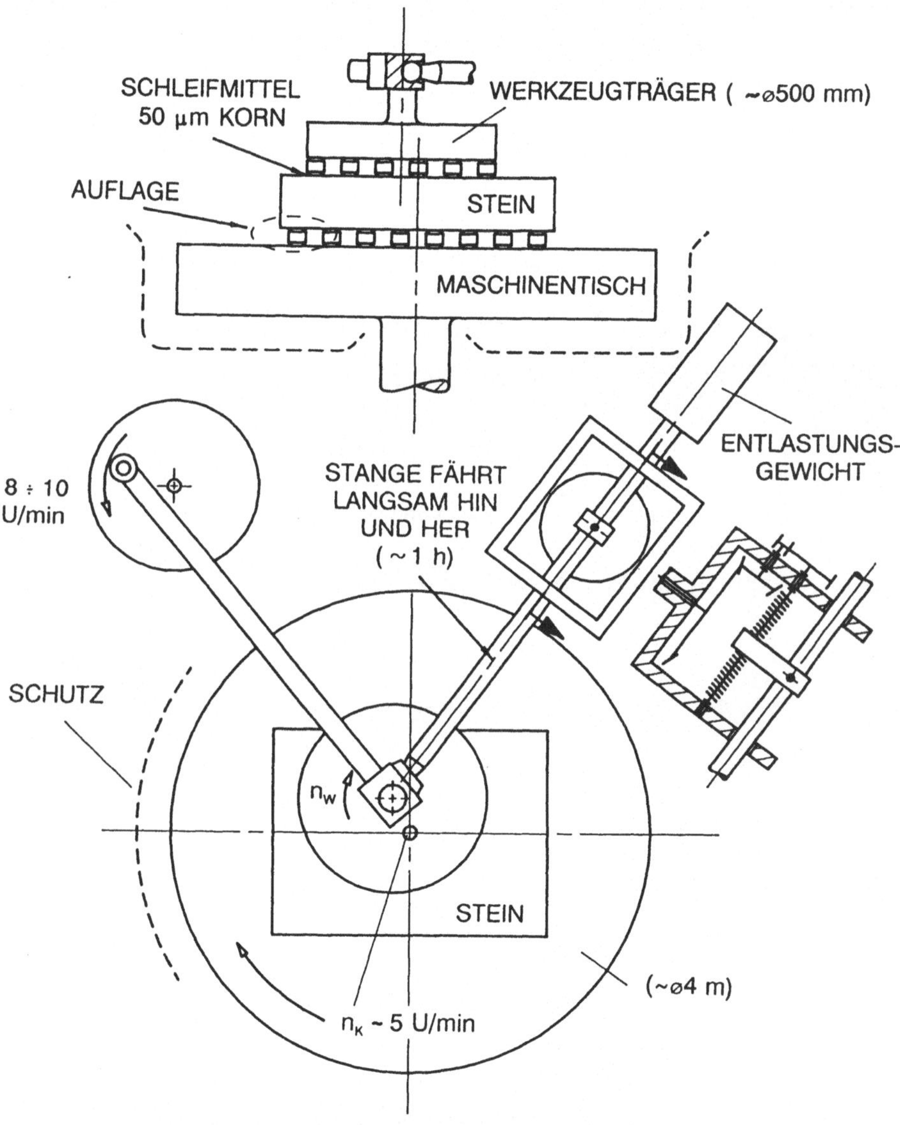

Bild 5.3.1/7   Herstellung von Ebenen an Steinplatten auf einer Groß-Optik Schleifmaschine - Alternative 2 -

Meßvorgang Zeit für den Temperatur- und Feuchtigkeitsausgleich zu lassen. Durch gezielte Handarbeit lassen sich an Steinblöcken auch im μm-Bereich konkave und/oder konvexe Flächen anarbeiten. Steinsäulen die in Funktion hängend beansprucht sind sollte man bei längerer Lagerzeit auch hängend lagern.

Alternative 2: Die Bearbeitung von großen Steinflächen kann auch auf Optikbearbeitungsmaschinen erfolgen. Es ist möglich, dort Steinblöcke so zu bearbeiten, daß Flächen höchster Ebenheit entstehen. Dabei soll die Wirtschaftlichkeit hier außer Acht bleiben. Bild 5.3.1/7 zeigt die Prinzipanordnung in Vorderansicht und Drauf-

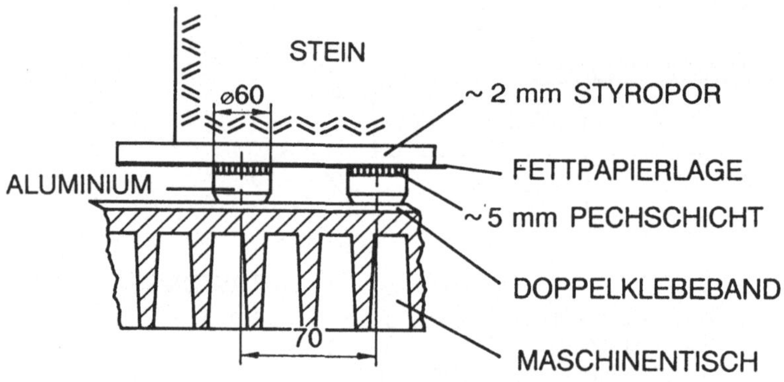

Bild 5.3.1/8   Bettung des Steines nach Bild 5.3.1/7

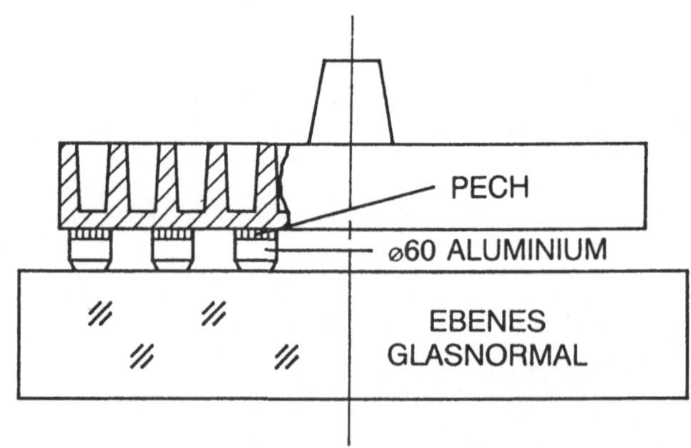

EINIGE STUNDEN AUF GLASNORMAL ABDRÜCKEN.
ZWEI LEICHTBAUWERKZEUGE GEGENEINANDER ABRICHTEN.

Bild 5.3.1/9   Werkzeugträger nach Bild 5.3.1/7 wird auf Glasnormal abgedrückt

sicht für eine Steinplatte von 1200 x 900 x 250 mm, die ca. 0,1 mm eben gefräst ist und auf eine Ebenheit von 1 μm gebracht werden soll. Wesentlich hierbei ist die Bettung der Steinplatte auf dem Maschinentisch, Bild 5.3.1/8, und die Ausführung des Leichtbauwerkzeuges, Bild 5.3.1/9.

5.3.2 Honen

Das Honen ist ein spanabhebendes Bearbeitungsverfahren, bei dem die Gestaltbildung zylindrischer Formen mittels leistenförmiger Schleifkörper, den sog. Honsteinen erfolgt. Diese enthalten die Schleifkörner gebunden. Honen ist also ein Feinbearbeitungsverfahren mit geometrisch unbestimmten Schneiden, womit höchste Maß- und Formgenauigkeiten erreicht werden. Beim Honen besteht ein ständiger Kontakt zwischen Werkzeug und Werkstück. Die Honsteine werden während der Bearbeitung mit Drücken von 10 bis 100 N/cm² über Spreizkegel mechanisch, pneumatisch oder hydraulisch an die Werkstückoberfläche gedrückt. Man unterscheidet zwei Verfahren aufgrund der Kinematik der Arbeitsbewegung: das Langhubhonen und das Kurzhubhonen.

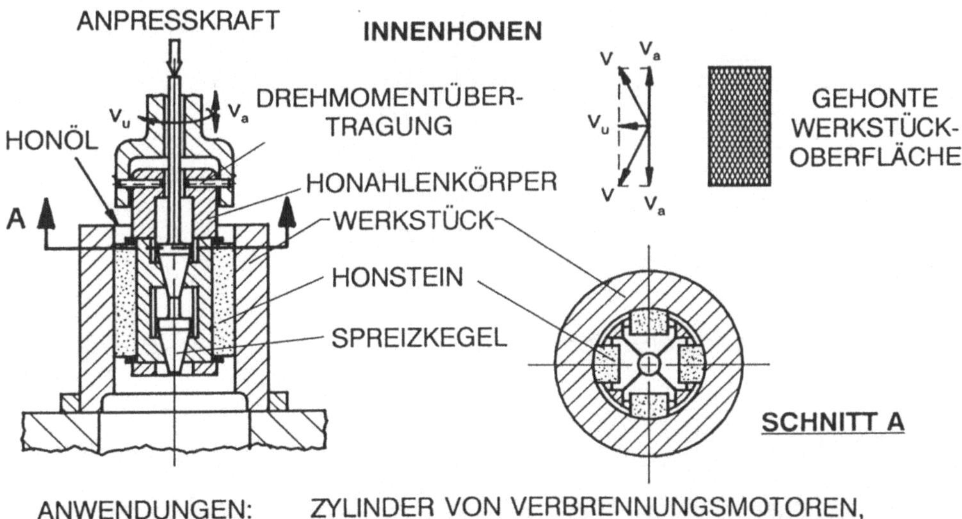

Bild 5.3.2/1   Honen von Werkstücken: Prinzip des Innenhonens

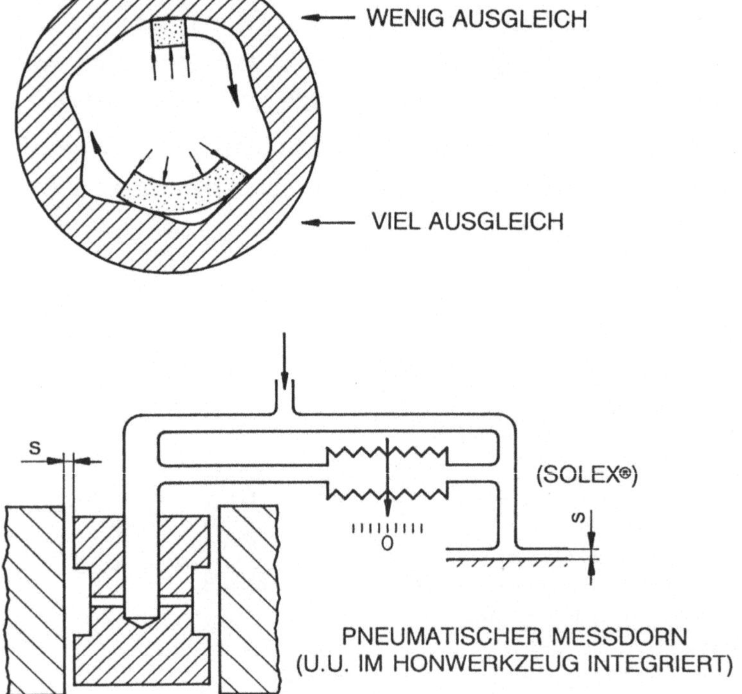

Bild 5.3.2/2   Geometrieeinflüsse beim Honen

Langhubhonen

Beim Langhubhonen führt das Werkzeug die Dreh- und Vorschubbewegung aus, die Zustellbewegung der Honsteine erfolgt über Spreizkegel, Bild 5.3.2/1. Die Umfangsgeschwindigkeit v_u und die (axial wirkende) Vorschubgeschwindigkeit v_a

ergeben zusammen die Schnittgeschwindigkeit v. Die Zustellgeschwindigkeit v_z kann vernachlässigt werden. Die Bewegung der Honsteine führt zu sich kreuzenden Linienstrukturen auf der Oberfläche (Vorteil: Ölfilme haften gut). Bearbeitbar sind durch Honen nahezu alle Werkstoffe, darunter Gußeisen, Stähle gehärtet und ungehärtet, Glas, Kupfer, Kunststoffe usw. Die Honsteine enthalten Edelkorund, Siliziumcarbid, Diamant und zwar mit keramischer, metallischer oder organischer Bindung. Es sind in manchen Fällen pneumatische Meßfühler in der Honahle integriert, die eine automatisierte Messung während der Bearbeitung zulassen.

Wichtige geometrische Bedingungen: Die Honahle muß bei der Bearbeitung das Fluchten mit der vorgearbeiteten Bohrung oder beim Außenhonen mit dem vorbearbeiteten Zylinder ermöglichen, was durch Gelenkwellenausgleich oder schwimmende Werkstückaufhängung erfolgt. Axial bzw. tangential längere Honleisten ermöglichen höhere Formgenauigkeiten, Bild 5.3.2/2. Dies ist von grundsätzlicher Bedeutung für alle hochgenauen Bearbeitungsverfahren: Man stellt auf relativ ungenauen Maschinen höchste Form- und Maßgenauigkeiten her, indem man die Ausgleichwirkung entsprechend geformter geometrischer Werkzeugstrukturen benutzt, so in der Optik, wo durch Läppen und Polieren höchste Genauigkeiten der Form erreicht werden. Höchste Teilgenauigkeiten werden durch die Mittelungseffekte von ineinander rastenden Nadelkränzen erzielt.

Kurzhubhonen

Kurzhubhonen wird auch als Superfinish-Verfahren bezeichnet. Die Honsteine sind in einem Schwingkopf (1 bis 6 mm Auslenkung bei 500 bis 3000 Schwingungen je Minute) befestigt und werden mit diesem quer zu den Riefen der Vorbearbeitung gegen das Werkstück gedrückt. Dabei werden Längsform- und Kreisformfehler des Werkstückes ausgeglichen, Bild 5.3.2/3. Es gibt Spezialmaschinen für Einstech- und für Durchlaufverfahren. Bei der Bearbeitung von hochgenauen Flächen, insbesondere von Optikteilen, wird der Charakter der Abbildung und der geometrischen Mittelung durch Werkzeuge besonders klar erkennbar. Hierbei werden u. a. Poliermittelträger, Tragkörper und Diamantwerkzeuge zur Abbildung von Kugelflächen benutzt. Ein entsprechendes Beispiel zur Einebnung von Hohlformwerkzeugen findet sich in /5.3.2/1/, wo viele Verfahren verglichen werden, um Fräsrillen bzw. Strackfehler einzuebnen oder zu beseitigen.

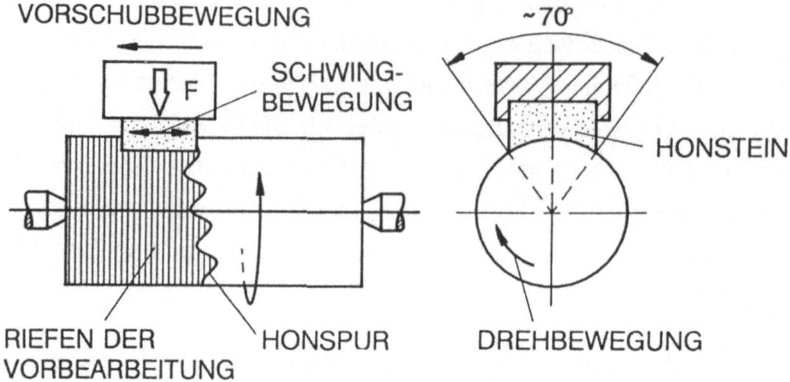

Bild 5.3.2/3   Prinzip des Aussenhonens

Literatur zu Kapitel 5

/5.2/1/   Heesch, H., Kienzle, O.: Flächenschluß. System der Formen lückenlos aneinander schließender Flachteile. Berlin: Springer 1963.

/5.2/2/   Guidi, A.: Nachschneiden und Feinschneiden. München: Hanser 1965.

/5.2/3/   N.N.: Fachkunde Metall. Wuppertal 2: Verlag Europa Lehrmittel 1984. (46. Auflage).

/5.2/4/   Jung, A.: Produktbezogenes systematischen Konstruieren. Feinwerktechnik und Meßtechnik 1981, S. 129 - 132

/5.3.2/1/ Weule, H., Timmermann, S.: Automatisierte Feinbearbeitung von Hohlformwerkzeugen. Wt Werkstattstechnik 80 (1990) S. 549 - 555.

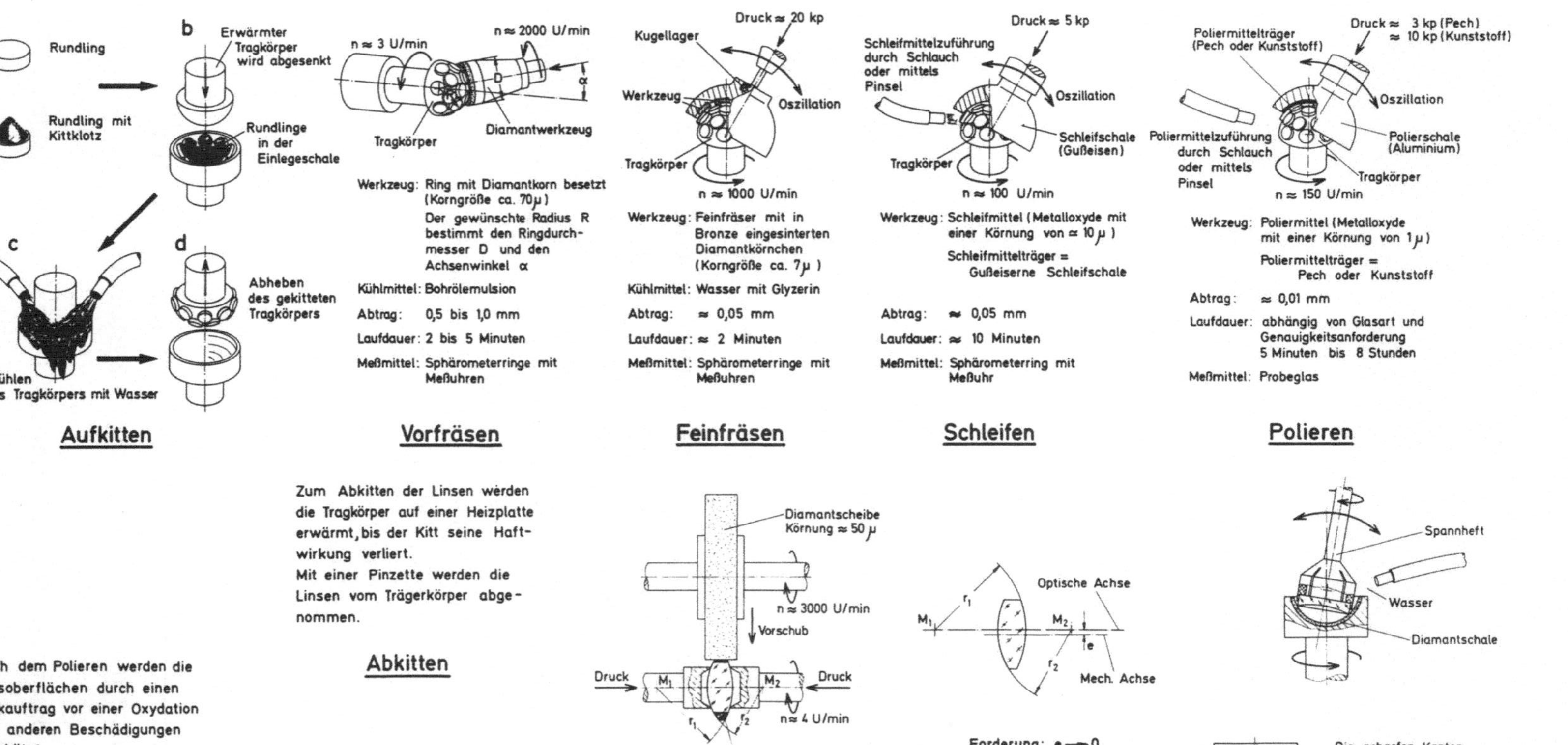

Bild 5.3.2/4   Linsenfertigung (von C. Zeiss, Oberkochen, zur Verfügung gestellt)

6 Fügen

6.1 Allgemeines zum Technologieprinzip Fügen

Die Verfahrenshauptgruppe 4 des Ordnungssystems nach DIN 8580 Fügen wird in DIN 8593 in folgende Untergruppen geteilt:

Zusammenlegen (Schachteln, Einlegen), *Füllen* (Tränken von Sinterlagern, Füllen mit Gas), *An- und Einpressen* (Stiften, Schrauben, Klemmen), *Fügen durch Urformen* (Eingießen, Einschmelzen), *Fügen durch Umformen* (Nieten, Bördeln), *Stoffvereinigen* (Schweißen, Löten, Kleben), *weitere Verfahren* (Binden).

In der DIN 8593 ist eine weitere Unterteilung der Untergruppen mit vielen Bildbeispielen enthalten. In der Literatur unterteilt man in formschlüssige, in kraftschlüssige und in stoffschlüssige Verbindungen:

- Formschluß: die äußeren Kräfte werden in der Verbindung als Normalkräfte übertragen (Flächenpressung, Hertzsche Pressung).
- Kraftschluß: die äußeren Kräfte werden in der Verbindung als Reibkräfte zwischen verspannten Flächen übertragen (Schubkräfte).
- Stoffschluß: die äußeren Kräfte werden in der Verbindung durch atomare Bindekräfte übertragen.

Stellvertretend sind in Bild 6.1/1 einige Möglichkeiten zur Verbindung eines Profils mit einer Platte dargestellt.

Das Fügen - als Zusammenbringen von zwei oder mehreren Werkstücken definiert - erfordert in der Gerätetechnik ein ausgesprochenes Systemdenken. Hier wird der Fügevorgang auf die unterschiedlichsten Werkstoffe angewendet und bedingt primär die Einhaltung bestimmter Maß-, Form- und Lagetoleranzen. Weiter ist i.

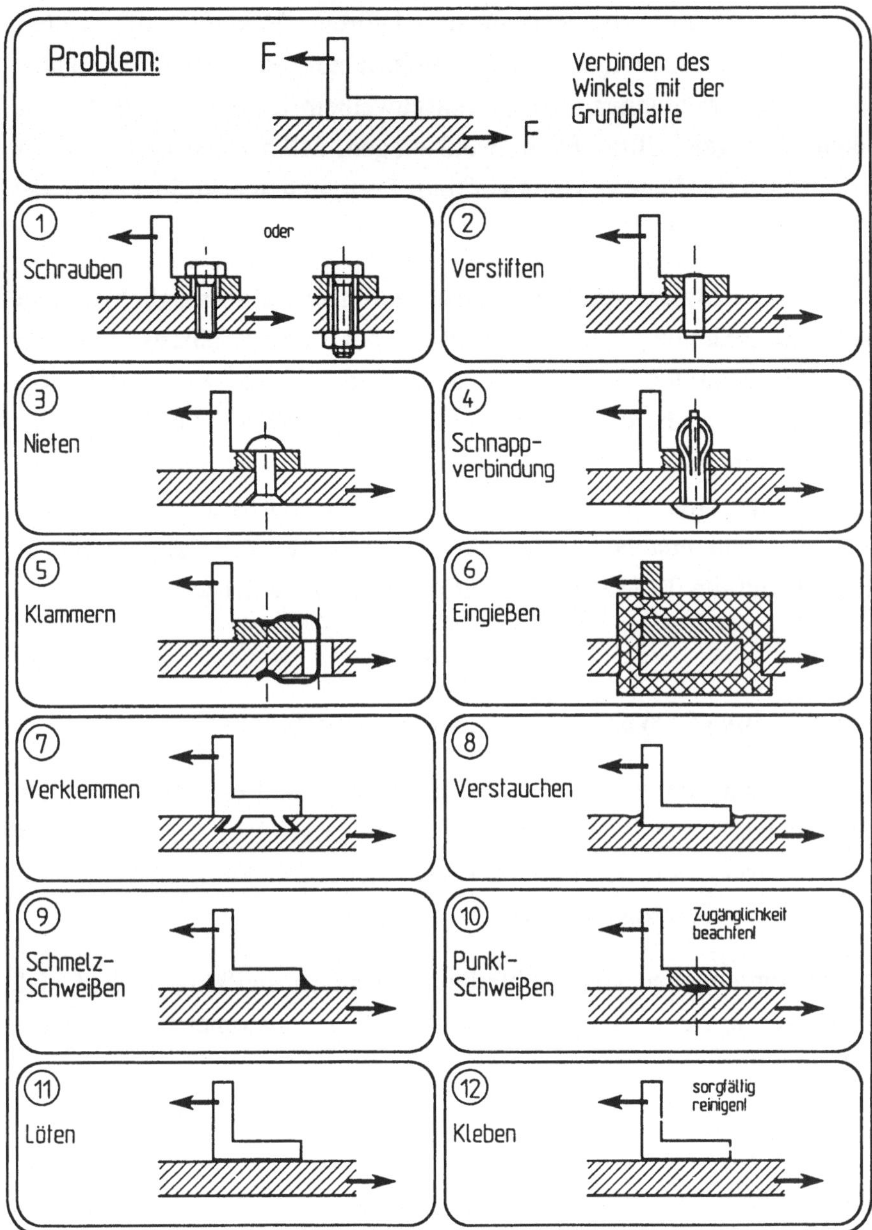

Bild 6.1/1   Alternativen zur Verbindung eines Winkels mit einer Platte

a. die Beibehaltung bestimmter physikalischer Eigenschaften in der Fügezone wie elektrische, magnetische, thermische Leiteigenschaften usw. gefordert. In der Fein-werktechnik tritt die Forderung des Fügens von Kleinteilen auf kleinstem Raum hinzu. Hier ist der Mensch in vielen Fällen trotz erheblicher Automatisierungs-bemühungen noch nicht ersetzbar. Die entsprechenden Montagebänder sind gekennzeichnet durch den Einbau von Mikromanipulatoren, Vakuumgreifpinzetten, Mikroskopen, Mikrolöteinrichtungen nebst Entlöteinrichtungen, Mikroschweißgeräten, speziellen Haltevorrichtungen, Laserstrahlschweißeinrichtungen, Elektronenstrahlschweißeinrichtungen, Ultraschallschweißanlagen, Mikroklebevorrichtungen, Laminarboxen usw. Das Fügen ist immer ein Fertigungsschritt innerhalb des gesamten Montagevorganges.

Bei Kleinstteilen in der Massenfertigung ist die geordnete Zufuhrmöglichkeit eine wichtige zusätzliche Bedingung bei der Auswahl eines Fügeverfahrens. Auch die Kontroll- bzw. Prüfmethoden für die gefügte Einheit gehören zum System der Fügeeinrichtung. So ist z. B. die Prüfung auf kalte Lötstellen, die Prüfung des Reibverhaltens von eingebauten Miniaturkugellagerungen usw. miteinzubringen. Die Zuführung bei der Montage von Kleinteilen erfolgt vom Anguß, vom Stanzstreifen, vom Gurt, und erst beim Montieren werden die Teile abgetrennt. In anderen Fällen müssen die Teile vor dem Zuführen erst entwirrt werden.

6.2 Gesichtspunkte für die Wahl eines Verbindungsverfahrens

Die Ausgangsfrage lautet immer: Was ist zu verbinden? Sind es Drähte, Wellen, Mikroschalter, Flachteile usw.? Soll die mehrmalige Lösbarkeit der Verbindung möglich sein? Wie groß ist die Stückzahl der herzustellenden Verbindungen? Was soll mit der Verbindung übertragen werden?

Die Ausführungsmöglichkeiten von Verbindungen sind so vielfältig /6.2/1/, daß sich hier eine detaillierte Darstellung verbietet. Lediglich ein geometrischer Aspekt soll zur Sprache kommen.

Toleranzen allgemein

Die Herstellung von Verbindungen bedingt primär die Einhaltung bestimmter Maß- Form- und Lagetoleranzen an den Einzelteilen, die gefügt werden sollen. Zwei wesentliche Verfahrensweisen können unterschieden werden: Man kann die Einzelteile grob tolerant fertigen und dann feintolerant - mit Hilfe von entsprechenden Vorrichtungen - montieren. Oder man fertigt die Einzelteile so genau, daß die Funktion nach der Montage der Einzelteile ohne weitere Justierung erfüllt wird. Beide Vorgehensweisen werden fallweise praktiziert.

Halten wir fest: Die Fertigung benötigt Fertigungstoleranzen, die aus Kostengründen möglichst groß sein sollten. Die Funktion erfordert Funktionstoleranzen, die i. a. nicht zu groß sein dürfen, wenn die einwandfreie Wirkungsweise bei unterschiedlichen Betriebsbedingungen gewährleistet sein soll. Bei jedem Fertigungsprozeß entstehen Abweichungen von den idealen Abmessungen, Formen und Lagen. Man spricht von Maß-, Form- und Lageabweichungen, solange diese Abweichungen innerhalb der vorgeschriebenen Maß-, Form- und Lagetoleranzen liegen, anderenfalls spricht man von Fehlern.

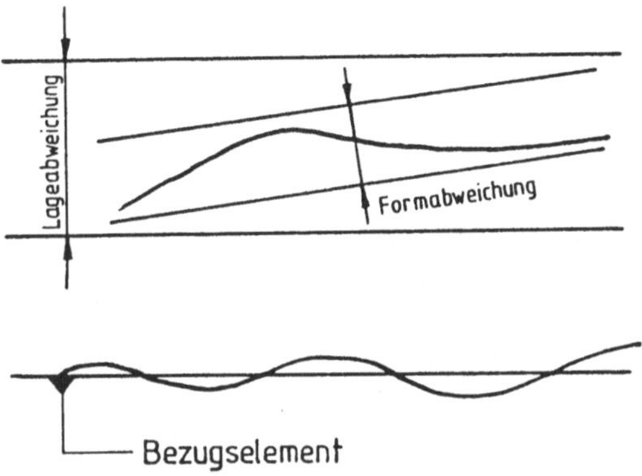

Bild 6.2/1   Form- und Lageabweichung relativ zu einem Bezugselement

Maßtoleranzen

Maßtoleranzen werden auf das Nennmaß bezogen. Grundgebriffe: DIN 7182. Sie werden auf Grund von Erfahrungen aus der Fertigung und der Gerätefunktion festgelegt. Durch geometrisch zu veranschaulichende Toleranzrechnungen wird geprüft, wie sich die Fertigungsabweichungen beim Fügen von Teilen auf die Funktion insgesamt auswirken. Liegen keine Erfahrungen über die einzusetzenden Einzeltoleranzen vor, so muß man Versuche zu ihrer Festlegung machen. Dies trifft besonders bei Toleranzfestlegungen von Optikteilen zu, wo es oft schwierig ist, entsprechende Abschätzungen für Einzeltoleranzen vorzunehmen. Im ISO-Toleranzsystem (DIN 7150) sind die Toleranzfelder für Längenmaße von 1 mm bis 500 mm in 13 geometrisch gestufte Nennmaßbereiche eingeteilt, /6.2/2/.

Form- und Lagetoleranzen

Die Formabweichung ist die Abweichung eines Formelements (Linie, Ebene, Zylinder, Torus, Kegel usw.) von seiner geometrischen Idealform. Die Lageabweichung ist die Abweichung eines Formelementes von seiner geometrischen Ideallage relativ zu einem oder mehreren Formelementen, die man als Bezugselemente bezeichnet. Die Lageabweichung schließt die Formabweichung des tolerierten Elementes ein, nicht jedoch die des Bezugselementes, Bild 6.2/1.

Folgende Arten von Form- und Lagetoleranzen werden unterschieden:

- Formtoleranzen

    Linienform: Geradheit, Rundheit. Flächenform: Ebenheit, Zylinderform usw.
- Lagetoleranzen

    Richtungstoleranzen: Neigung, Parallelität, Rechtwinkligkeit,

    Ortstoleranzen: Position, Koaxialität, Symmetrie,

    Lauftoleranzen: Rundlauf, Planlauf, Summenrundlauf.

Zusammenwirken von Maß-, Form- und Lagetoleranzen

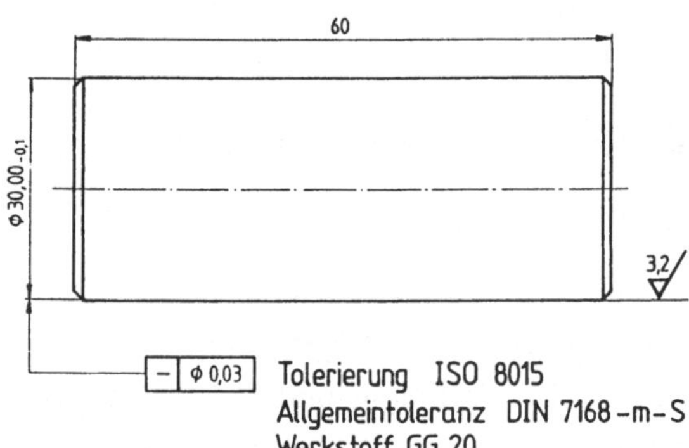

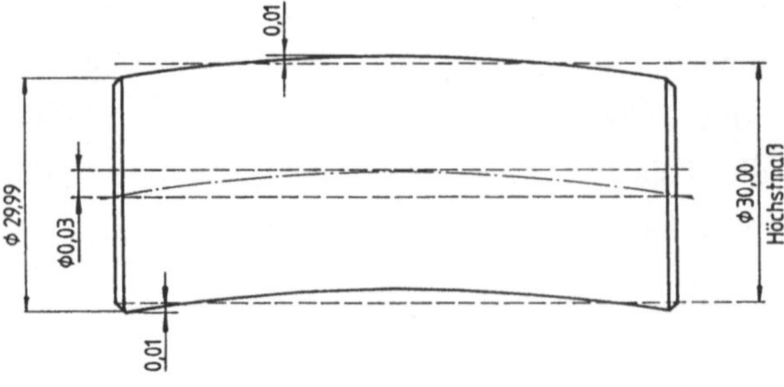

Bild 6.2/2   Zusammenwirken von Maß-, Form- und Lagetoleranzen: Unabhängigkeitsprinzip

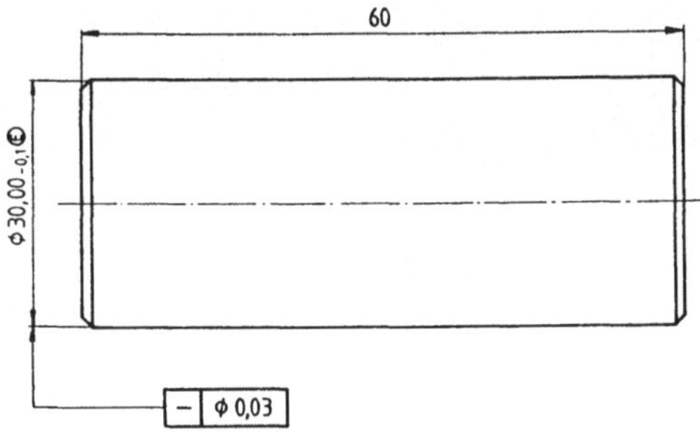

Das größte zulässige Istmaß beträgt ⌀29,97 mm,
damit die Hülle mit dem Höchstmaß nicht durchbrochen wird.

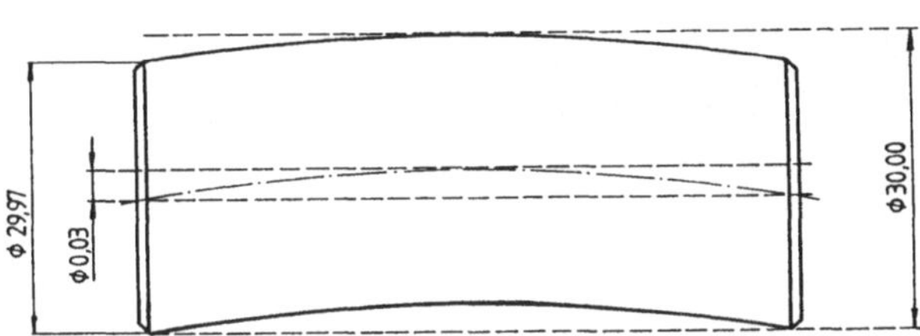

Bild 6.2/3   Zusammenwirken von Maß-, Form- und Lagetoleranzen: Hüllbedingung

Es bestehen drei prinzipielle Möglichkeiten für das Zusammenwirken der Toleranzarten, die in den Bildern 6.2/2, 6.2/3, 6.2/4 geometrisch veranschaulicht sind:

- Unabhängigkeitsprinzip: Hier werden Maß-, Form- und Lageabweichungen unabhängig voneinander eingehalten. Dies kann dazu führen, daß die vom sogenannten Höchstmaß festgelegte Hülle von einem Werkstück durchbrochen wird, Bild 6.2/2.
- Hüllbedingung: Maß- Form- und Lagetoleranzen sind so gekoppelt, daß die vom Höchtsmaß definierte Hülle nicht durchbrochen wird. In Bild 6.2/3 sind Maß- und Formtoleranz gekoppelt, man kann z. B. die Maßtoleranz nicht voll ausnutzen.

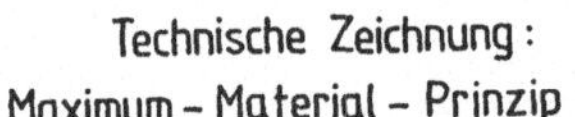

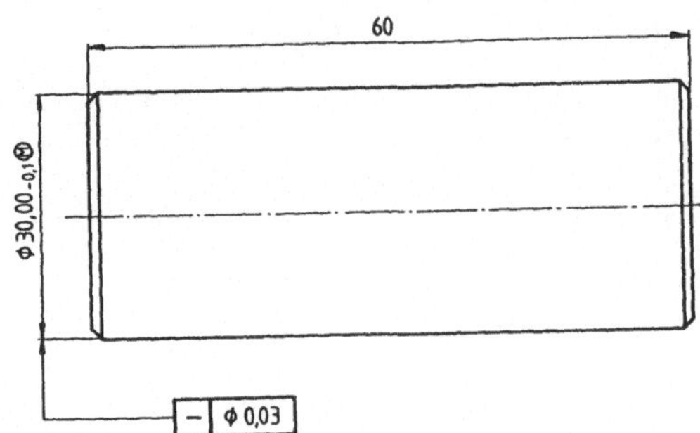

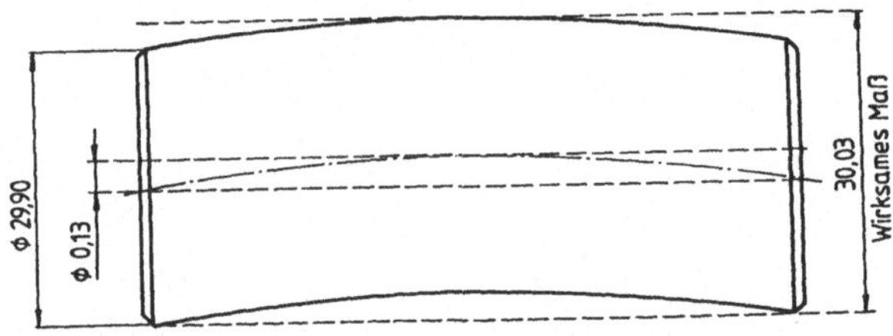

Fall 1 : Das Istmaß (ϕ 29,90) als zulässiges Kleinstmaß
ergibt eine Formtoleranz - Geradheit von 0,13 mm !

Bild 6.2/4   Zusammenwirken von Maß-, Form- und Lagetoleranzen: Maximum-Material-Prinzip

- Maximum-Material-Prinzip: Hier erfolgt die Koppelung der Toleranzen so, daß das sog. wirksame Maß nicht durchbrochen wird, Bild 6.2/4. Weitere Einzelheiten, /6.2/3/.

In Bild 6.2/5 ist die Entstehung des Fertigungstoleranzfeldes eines zylindrischen Spritzgußteiles von ca. 50 mm Durchmesser und ca. 50 mm Länge veranschaulicht. Man entnimmt die technologisch bedingte Entstehung der Toleranzfeldlage am Ende der Nachbehandlung und in Funktion bei zwei verschiedenen Betriebstemperaturen.

Toleranzen an einem Spritzgußteil

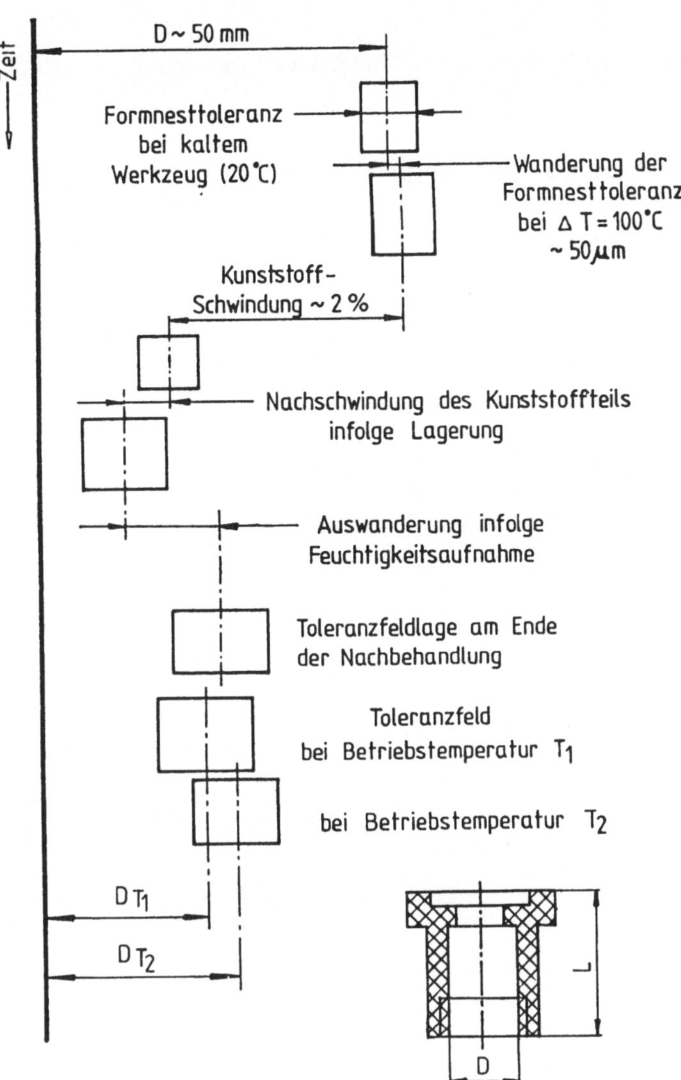

Bild 6.2/5   Fertigungstoleranz beim Spritzgießen

Literatur zu Kapitel 6

/6.2/1/ Pöschl, L.: Verbindungselemente der Feinwerktechnik. Berlin: Springer 1954.

/6.2/2/ Linder, W.: Feinwerktechnik. Würzburg: Vogel 1974.

/6.2/3/ Schließer/Schlindewein/Steinhilper: Konstruieren und Gestalten. Würzburg: Vogel 1989.

/6.2/4/ Der Loctite (Handbuch für Klebetechnik). München 1988/89.

7 Beschichten

Die Fertigungsverfahren des Beschichtens dienen dazu, den Oberflächen von Werkstücken Eigenschaften zu geben, die der Grundwerkstoff nicht besitzt. Oft werden damit mehrere Ziele verfolgt: Es soll Schutz vor Korrosion, gutes Aussehen, größere Härte usw. erreicht werden. Oberflächen werden aber nicht nur durch Beschichten, sondern auch durch Plattieren (d. h. einen Fügevorgang), Einsatzhärten (Stoffeigenschaften ändern), Polieren (d.h. Trennen) und andere Verfahren verändert. Man kann die Art der Beschichtung nach den Werkstoffen, mit denen die Schichten aufgebaut werden, einteilen und unterscheidet hierbei: metallische Schichten, anorganische nichtmetallische Schichten, organische Schichten.

Hinsichtlich der Schichtfunktion kann man u. a. Korrosionsschutz, Verschleißschutz, optisch wirksame Schichten, elektrisch leitfähige Schichten, Beschichtungen für die Mikroelektronik, Schmuckoberflächen unterscheiden. An grundsätzlichen Verfahren stehen zum Beschichten folgende Verfahren zur Verfügung:

- Mechanische Verfahren der Oberflächenbehandlung: Sprengschweißen (Fügen mittels Sprengstoff z.B. Aluminium auf Stahl, Nickel auf Stahl), Kugelstrahlen usw.
- Chemische Verfahren der Oberflächenbehandlung: Es ist eine Vorbehandlung erforderlich um die Stabilität und Haltbarkeit der Beschichtung zu erreichen. Genannt seien: Gelbbrennen, Blaubeizen, Brünieren, Phosphatieren, Aluminiumglänzen, Chromatieren, Passivieren.
- Galvanische Oberflächenbehandlung.
- Lackieren.
- Bedampfen und Besputtern dienen als Funktionsbeschichtungen zur Erreichung bestimmter optischer oder elektrischer Eigenschaften. Besondere Bedeutung für den Gerätebau haben die Dünnschichttechnik und die Dickschichttechnik zur Herstellung von Elektronikbauteilen.

- Sonstige Verfahren: Emaillieren, Diffundieren, Keramik aufbringen /7/1/, /7/2/, /7/3/.

7.1 Vorbehandlung

Eine Vorbehandlung der Oberflächen, die beschichtet werden sollen, ist im allgemeinen unumgänglich. Man beseitigt dabei Oxide und Fettschichten, um einen entsprechenden Haftgrund für die Beschichtung zu erreichen. Oft muß bei der Vorbehandlung auch erst eine bestimmte Oberflächenstruktur erzielt werden. Zur Vorbehandlung zählt auch das Entfernen der Grate durch Gleitschleifen (Trowalisieren), elektrochemisches Entgraten und thermisches Entgraten (Verbrennen der Grate in sauerstoffreicher Luft). Man teilt die Vorbehandlungsverfahren ein in mechanische (Stahlbürsten, Strahlen mit trockenem Sand mit Stahlkörnern oder mit Glasperlen) oder Abwaschen mit Wasser, dem Lösungsmittel beigefügt sind, Ultraschallreinigen, bei dem mit Schwingungen die Schmutzteilchen vom Werkstück entfernt werden, und chemische (Entfetten mit Waschbenzin, Beizen mit verdünnten Säuren, Aufbringen von Haftgrundfarben).

Gleitschleifen (Trowalisieren) und Entgraten

Trowalisiert werden kleine bis mittelgroße Teile mit nicht zu starker Gratbildung. Der Name Trowal ist ein Firmeneigenname. Das Verfahren ist eine Weiterentwicklung der früher üblichen Trommel- oder Scheuerverfahren. Die Trowalglocke ist ein sechseckiger, doppelkonisch geformter und innen gummierter Hohlkörper, der sich mit 15 bis 30 U/min dreht. Als Trommelmittel wird Aluminiumoxid in Form von Steinen in der Größe von 3 bis 30 mm verwendet. Dazu kommt Wasser mit chemischen Spezialzusätzen je nach dem Material des Werkstückes und dem gewünschten Endzustand. Die Arbeitsstücke sind während des Scheuerprozesses in den Trowalsteinen eingebettet und berühren sich kaum. Das Gratentfernen bzw. Kantenbrechen übernehmen die Steine. Trowalisieren wird auch in Vibratoren durchgeführt.

Entgratet werden Teile, die wegen ihrer Empfindlichkeit oder der geometrischen Form nicht trowalisiert werden können. Als Werkzeug dienen Feilen, Schaber und Spezialwerkzeuge. In beschränktem Umfang kann leichter Grat auch durch Bürsten entfernt werden. Ausgeführt wird diese Arbeit mit rotierenden Bürsten, deren Holz- oder Metallkern mit Messing- oder Stahldrahtbüscheln von 0,05 bis 0,1 mm Drahtstärke bestückt ist.

Schlichten und Bürsten

Schlichten nennt man das Verputzen von Gußkrusten, Nähten und Eingußrückständen, sowie das Vergleichen von sonstigen Unebenheiten an Sand-, Kokillen- oder Spritzgußteilen mit Feilen und Spezialwerkzeugen.

Gebürstet werden alle geblasenen Teile, die später galvanisiert werden sollen, um anhaftende Strahlmittelreste zu entfernen und um einen seidenglänzenden Effekt zu erzielen. Gleichfalls gebürstet werden alle Teile mit Rändeln, um diese zu glätten.

Polieren

Poliert werden Teile, die später entweder matt galvanisiert oder glatt lackiert werden sollen. Es sollen dadurch Dreh-, Fräs- oder Walzriefen entfernt werden. Poliert wird mit Schmirgelleinwand oder Schmirgelpapier. Je nach geometrischer Form des Teiles wird dabei das Werkstück oder das Werkzeug bewegt. Man unterscheidet die Verfahren Strichpolieren und Hochglanzpolieren.

Strichpolieren verleiht den Teilen einen Drehteileffekt. Buntmetall und Stahlteile werden meistens anschließend galvanisiert, nichtrostende Stähle erhalten keinen weiteren Überzug. Der sogenannte Strich wird mit feinem Schmirgelpapier bei schnellaufender Poliermaschine (ca. 2000 U/min) von Hand gezogen.

Hochglanzpolieren wird eingesetzt, wenn die geometrische Form eine Strichpolitur nicht zuläßt oder aus Funktionsgründen eine niedrige Oberflächenrauhigkeit gefordert ist. Buntmetall und Stahlteile werden meistens anschließend galvanisiert, nichtrostende Stahlteile erhalten keinen weiteren Überzug. Je nach Anlieferungszustand wird mehrmals mit zunehmend feiner werdendem Schmirgelpapier oder Leinwand geschliffen, dann wird mit Filz- oder Tuchschwabbeln hochglanzpoliert. Als Poliermittel wird Schwabbelseife benutzt, eine Paste, in der feinste Schleifmittel, wie Eisen- oder Chromoxid gebunden sind. Geometrisch ebene Flächen können beim Hochglanzpolieren nicht erreicht werden.

Blasen (Strahlen)

Geblasen werden Teile, um bestimmte Effekte zu erreichen oder um die Oberfläche für die spätere Lackaufbringung aufzurauhen. In beschränktem Maße kann damit auch Zunder oder leichter Flugrost entfernt werden. Das Gebläse arbeitet in einem Blechgehäuse, in dem ein Preßluftstrahl Stahlkies, Korund oder Glasperlen mit Korngrößen von 0,04 bis 0,15 mm durch eine Keramikdüse auf die Teile schleudert. Zur Beobachtung dient ein Fenster, die Arme werden durch Gummimanschetten in das Gehäuse gesteckt. Der Ausführende trägt zum Schutz der Finger für die Kleinteile Gummifingerlinge, für Großteile Gummihandschuhe. Skalen, dünne Bleche und besonders empfindliche Teile werden mit feineren Strahlmitteln geblasen.

7.2 Aufbringung anorganischer Schichten

Phosphatieren und Chromatieren

Beim Phosphatieren wird auf Stahlteilen eine Schutzschicht aus Eisenphosphat von 0,2 bis 20 μm Dicke erzeugt. Die Werkstücke werden entrostet und entfettet, dann 30 bis 60 min im Sprüh- oder Tauchverfahren der Einwirkung einer wässrigen Lösung von Mangan- oder Zinkphosphat ausgesetzt. Dabei reagiert der Stahl an der Oberfläche und bildet eine korrosionsschützende Phosphatschicht. Sie erhöht die Haftung von Anstrichen. Die porige Oberfläche muß durch Schwärzen, Einölen, Spritzen, Emaillieren je nach Verwendungszweck abgedichtet werden. Nichtrostende Stähle können nicht phosphatiert werden.

Beim Chromatieren entsteht durch das Eintauchen des Werkstückes in chromsäurehaltige Bäder eine Chromatschicht auf dem Werkstück, die korrosionsschützend wirkt. Die Chromate (Salze der Chromsäure) einiger Metalle sind farbig. Das Chromatieren erfolgt durch Tauchen, Spritzen, Streichen. Die Schichten sind bis 80 °C beständig. Besonders bei Aluminium und Aluminium-legierungen bietet Chromatieren einen guten Korrosionsschutz. Nicht verwendbar sind Chromatschichten, für Bewegungssitze, hier fressen die Teile noch leichter als blankes Aluminium. Chromatieren ist erheblich billiger als Eloxieren (Anodisieren).

Anodisieren

Beim anodischen Oxidieren (eloxieren) von Aluminium-Werkstücken werden diese als Anode mit einer Bleiplatte als Katode in ein Bad mit verdünnter Schwefelsäure, den Elektrolyten, gebracht. Eloxieren ist also ein galvanischer Vorgang, bei dem mit Hilfe des elektrischen Stromes auf Aluminium und seinen Legierungen eine künstliche Oxidschicht erzeugt wird. Die Gesamtschichtdicke einer normalen Eloxalschicht ist 0,01 mm, bei Stangen und Profilmaterial dringen davon 66 % in das Teil ein, 33 % werden aufgetragen. Um maßhaltig eloxieren zu können, muß deshalb vor dem Eloxalvorgang eine entsprechende Menge Aluminium abgeätzt werden. Bei Gußteilen dringt die gesamte Schicht in das Teil, ohne das Volumen zu vergrößern. Gearbeitet wird mit einer Stromstärke von 1,6 bis 2,0 A/m^2. Zur Eloxalanlage gehören neben dem Ätz- und Eloxalbad noch eine Flußsäurebeize, Salpetersäurebeize, ein Neutralisationsbad sowie Kaltspülbäder. Die Teile kommen nach dem Eloxieren in einer grauweißen Farbe aus dem Bad und können anschließend in jeder beliebigen Farbe eingefärbt werden. Die Eloxalschicht ist gegen chemische Einflüße sehr stabil und leitet den elektrischen Strom nicht. Das Eloxieren von Aluminium-Druckgußteilen ist schwierig.

Mit einem speziellen Eloxierverfahren können leitfähige dünnste Schichten erzeugt werden. Nach einer 5 bis 15 min dauernden Vorbehandlung in kochender 10%iger Sodalösung wird 90 s eloxiert. Die Oberfläche sieht weiß aus, ist griffest und elektrisch leitend. Anwendung findet das Verfahren bei elektrischen Bauteilen, die geerdet sein müssen.

"Aluminiumglänzen" ist ein chemisches Verfahren zum Glänzen von Aluminium und einer beschränkten Anzahl seiner Legierungen. Die Teile werden in einem Gemisch von Salpeter-, Phosphor- und Schwefelsäure bei über 100 °C zwei- bis dreimal 15 bis 60 s getaucht. Das Einhalten von Passungen enger Toleranzen ist wegen der Materialabtragungen nicht möglich. Der Glanzeffekt wird besser, je niedriger das Material legiert ist. Aluminiumsorten mit mehr als 5 % Legierungsbestandteilen lassen sich nicht mehr wirksam glänzen. Aus Effektgründen werden die Teile vor dem Glänzen mit Glasperlen geblasen. Um den Glanz zu erhalten und das Teil griffest zu machen, ist eine sofortige Eloxierung von 10 min Dauer bei etwa 1,0 A/m^2 erforderlich.

Blaubeizen und Brünieren

Kupferlegierungen mit max. 65 % Cu können *blaugebeizt* werden, um eine dunkelblaue Färbung der Oberfläche zu erreichen. Der Korrosionsschutz hat nur beschränkten Wert. Die Teile nehmen eine gleichmäßige Färbung an, wenn sie einwandfrei entfettet und oxidfrei sind. Die Blaubeize besteht aus im Wasser gelösten Kupferkarbonat und Ammoniak. Da Ammoniak auf die Atmungsorgane stark reizend wirkt, muß unter einer guten Absaughaube blaugebeizt werden. Nach mehrmaligem Eintauchen und Zwischenspülen in kaltem Wasser wird heiß gespült und in der Zentrifuge oder einem Ofen getrocknet. Die Schichtdicke ist kleiner als 0,001 mm.

Blanke zunder- und oxidfreie Stahlteile können zum Zwecke einer dunkelblauen Färbung *brüniert* werden. Die Lösung wird von Chemiefirmen in Salzform angeliefert und mit Wasser gemischt. Die Arbeitstemperatur beträgt 138 bis 142 °C. Der Korrosionsschutzwert ist ungenügend, in geöltem Zustand gering. Die Einhängezeit beträgt 2 bis 10 min, danach müssen die Teile in kochendem Wasser so lange gespült werden, bis alle Badreste aufgelöst sind. Anschließend wird in der Zentrifuge oder im Ofen getrocknet und eingeölt oder lackiert. Die Schichtdicke ist kleiner als 0,001 mm. Nichtrostende Stähle können nicht brüniert werden.

Emaillieren

Die Emailmasse aus Glaspulver und Farbstoffen wird durch Tauchen, Spritzen, Auftragen auf die Werkstückoberfläche aufgebracht und im Ofen bei 600 bis 1000 °C gebrannt. Wichtig ist, daß das Email dünn aufgetragen wird.

Aufbringung metallischer Überzüge

Die Verfahren dienen vorzugsweise zur Erzeugung eines Korrosionsschutzes, durch Galvanisieren, Tauchen in flüssiges Zink oder Zinn, thermisches Spritzen (Aufspritzen von flüssigem Metall durch Lichtbogen bzw. Plasmastrahl), Diffundieren (z.B. Chrom in Stahl).

Beim *Galvanisieren* werden Werkstücke aus Metall mittels der Elektrolyse mit einem Metallüberzug versehen. Das Werkstück ist katodisch geschaltet und überzieht sich mit den Atomen der in Lösung gehenden Anode. Als Elektrolyt verwendet man eine wässrige Salzlösung des Anodenmaterials. Beispiel: beim Verkupfern eine wässrige Lösung von Kupfervitriol $CuSO_4$ mit einer Anode aus Kupfer. Durch Einwirkung des elektrischen Stromes wandern die Cu-Ionen $(Cu)^+$ zur Katode und überziehen diese. Der Säurerest $(SO_4)^-$ wandert an die Anode und sorgt dort dafür, daß Cu-Atome gelöst werden. Die Korrosionsschutzwirkung kann auf zwei Arten bewerkstelligt werden: Der Überzug ist "unedler" als das Grundmaterial und wird langsam zerfressen (Zn auf Stahl) oder er ist "edler" als das Grundmaterial (in der Spannungsreihe positiver), so daß bei Zerstörung des Überzuges das Grundmaterial angegriffen wird (Ni auf St; der entstehende Rost sprengt die Ni-Schicht ab).

Zwei Verfahren zur Verkupferung sind in Anwendung: Kaltverkupfern und Heißverkupfern. Kaltverkupfert wird bei Zimmertemperatur. Die Einhängedauer beträgt nur einige Sekunden. Es entsteht damit kein Korrosionsschutz. Heißverkupfert wird bei 80 °C. Die Anlage erfordert eine kontinuierliche Filtration, eine Warenstangenbewegung und eine Polwechselanlage. Verkupfern wird in der Regel nur zur Bildung eines Untergrundes für korrosionsfeste Schichten durchgeführt.

Vernickeln ist möglich bei Stahl- oder Teilen aus Cu-Legierungen. Die einzuhängenden Teile müssen fettfrei, zunderfrei und oxidfrei sein. Korrosionsfeste Schichten sind erst bei einer Gesamtschichtdicke von 0,025 mm möglich. Die Einhaltung von Passungen ist dabei nicht gewährleistet. Um Nickel zu sparen und wegen der größeren Dichtigkeit von Kupferniederschlägen wird bei korrosionsfesten Galvanikschichten unter dem Nickel verkupfert. Die Kupferschicht soll 50 % der Gesamtschichtdicke nicht überschreiten. Im Normalfall ist die Gesamtschicht ca. 0,008 mm stark. Als Anoden werden Reinstnickelplatten verwendet.

Cadmieren ist ein galvanisches Verfahren und bietet bereits bei dünnen Schichten einen echten Korrosionsschutz für Stahlteile. Normal werden 0,006 bis 0,008 mm dicke Schichten erzeugt; die Farbe ist zunächst silberweiß bis silbergrau und wird später unter der Einwirkung des Luftsauerstoffes schmutziggrau. Ein Verrosten des Stahlteiles ist aus elektrochemischen Gründen nicht möglich, so lange noch Cadmium vorhanden ist. Die Teile müssen wie beim Verkupfern und Vernickeln metallblank sein.

Glanzverchromt wird stets auf Nickelunterlagen. Die Stromdichten betragen 10 bis 15 A/dm² bei Einhängezeiten von 3 bis 6 min. Die entsprechende Schichtdicke ist dabei kleiner als 0,0005 mm und hat nur dekorativen Wert. Das Chrommetall wird aus dem gelösten Metallsalz entnommen, als Anoden dienen Hartbleistreifen.

Hartverchromt wird stets direkt auf das Grundmaterial ohne Zwischenschicht. Die Stromdichten liegen bei 30 bis 80 A/dm². Eine Stunde Einhängezeit liefert eine ungefähre Schichtdicke von 0,02 mm. Es sind Dicken bis 1 mm möglich. Alle Stahlteile lassen sich gut Hartverchromen. Für Cu-Legierungen ist Hartverchromen weniger geeignet, da trotz Abdeckens der nicht zu verchromenden Flächen durch die langen Einhängezeiten das Werkstück zu sehr zerätzt wird. Hartverchromen ist nur in der Serienfabrikation wirtschaftlich oder um wertvolle Einzelteile zu reparieren.

Versilbern bzw. Vergolden erfordert spezielle Rezepturen, die z. B. in /7/4/ ausführlich beschrieben sind.

7.3 Aufbringung organischer Überzüge

Nach ihrem Glanzgrad werden glänzende (gl), seidenglänzende (sg), halbmatte (mt 30), matte (mt) und stumpfmatte (sm) Lacke unterschieden. Neben den glatten Lacken gibt es Speziallacke, mit denen besondere Effekte erzielt werden können. Hammerschlaglack ist ein Effektlack, der nach Fertigstellung dem Aussehen gehämmerten Metalls ähnelt. Die Vorbehandlung der Teile erfordert weniger Aufwand als bei Glattlack. Strukturlack ist ein Effektlack, der gespritzt wird und ein ähnliches Aussehen wie genarbtes Leder liefert.

Lackiervorrichtungen: Das Lackieren von Geräteteilen darf im allgemeinen nur an bestimmmten Stellen erfolgen. Andere Stellen z. B. für Lagersitze usw. müssen lackfrei bleiben. Man benötigt Abdeckeinrichtungen, die z. B. beim Spritzlackieren den Lackauftrag verhindern. In einem Arbeitsplan wird dabei die Reihenfolge der Lackierungen festgelegt.

Gummiert werden Teile von Geräten oder Geräte, die vom Benutzer ständig angefaßt werden und einen angenehmen Griff haben müssen. Das aufzubringende Material ist Weichgummi 0,8 bis 1 mm stark, der mit einer unregelmäßigen Narbung versehen wird. Die genarbte Gummiplatte wird erst mit einer Spezialgummilösung auf die Teile aufgeklebt und dann in einem Druckkessel ca. 3 h bei 140 °C vulkanisiert (Okulareinblicke, Kopfstützen, Ferngläser usw.).

Literatur zu Kapitel 7

/7/1/ Bode, E.:   Funktionelle Schichten. Darmstadt 1989: Hoppenstedt.

/7/2/ N.N.:   Dünne Schichten. Firmenschrift der Heraeus Vakuumtechnik, Hanau.

/7/3/ N.N.:   Funktionale Schichten transparente Halbzeuge mit elektrisch leitender Oberfläche. Firmenschrift der Röhm GmbH, Darmstadt.

/7/4/ Brepohl, E.: Theorie und Praxis des Goldschmieds. Leipzig 1987: Fachbuch-Verlag.

8 Beispiele technologischer Gestaltbildung durch Verfahrenskombinationen

Die Herstellung feiner Strukturen beinhaltet im allgemeinen sehr spezielles Fachwissen und wird von den Firmen kaum preisgegeben. Man muß schon Glück haben, wenn man in eine entsprechende Fertigungsstätte auch nur einmal hineinschauen darf. Im Vergleich zu biologischen Strukturen sind die feinen technischen Strukturen oft sehr grobe Gebilde. Unter feinen Strukturen sollen hier regelmäßige oder unregelmäßige Elemente verstanden werden, die Längenabmessungen von wenigen Millimetern oder kleiner aufweisen. In der Literatur sind nur selten und sehr verstreut Angaben über die Herstellverfahren von solchen Strukturen gemacht.[1] Bei dieser Sachlage ist es nützlich, sich selbst eine Sammlung von solchen Elementen und Herstellerangaben anzulegen.

Zum Herstellen feiner Strukturen dienen Verfahren, die mit dem Lichtstrahl, mit dem Elektronenstrahl oder auf galvanischem Wege arbeiten. Auch die Elektroerosion mit feinen Elektroden zur Formherstellung sei genannt (Spritzformen für Miniatureisenbahnmodelle). Weiter muß hier das Ätzen mit allen Modifikationen insbesondere bei Silizium-Strukturen genannt werden. Zur Montage, speziell zur automatischen Montage von kleinen Baugruppen wie Glühlampen, Kondensatoren, Widerständen usw. werden die bei größeren Produkten üblichen Methoden der automatischen Montage modifiziert. Die Montage erfolgt z. B. unter Reinraumbedingungen, die Montageautomaten enthalten spezielle Greifsysteme und Miniaturgreifer, Vakuumpinzetten, Magnetgreifer. Auch werden einzelne Montagestellen mit

---

[1] Hier sei das seit 1953 regelmäßig erscheinende "Jahrbuch für Optik und Feinmechanik" (Fachverlag Schiele und Schön GmbH, Berlin) genannt. Darin befinden sich u. a. auch immer wieder Beschreibungen von Methoden zur Herstellung feiner Strukturen. Auch das leider vergriffene Buch von Angerer-Ebert "Technische Kunstgriffe bei physikalischen Untersuchungen" (Vieweg-Verlag, Braunschweig) enthält eine Fülle von Hinweisen zur Herstellung von dünnen Drähten, feinen Fäden, Folien und ähnlichem.

180

kleinen Fernsehkameras überwacht, die auf Monitoren dem Überwachungspersonal Fehler sichtbar machen, die mit bloßem Auge nicht erkennbar wären.

Die folgenden Bilder stellen einige feine Strukturen in rastermikroskopischer Abbildung vor. Bild 8/1 zeigt eine Waldameise neber einer kleinen, aus Draht mit einem Durchmesser von 0,15 mm gefertigten Panzerkette. Bild 8/2 zeigt die Kontaktierung von integrierten Schaltkreisen (IC) mit Anschlußstiften, und in den Bildern 8/3 bzw. 8/4 ist die entsprechende Verfahrenstechnik zur Kontaktierung dargestellt. Bild 8/3 zeigt das sog. Ball-Bonding bzw. das Nail-Head-Bonding.

Ball-Bonding: Über die Stationen a bis f erfolgt das Verschweissen des Drahtes mit dem IC und der Gehäusedurchführung. Station f zeigt das Abtrennen des Golddrahtes durch eine Wasserstoff-Flamme, wobei sich die charakteristische "Ball"-Form beim Golddraht ergibt. In Bild 8/4 ist das Stitch-Bonding (auch Sissors-Bonding genannt) dargestellt. Es erstreckt sich über die Stationen a bis f, wobei durch ein Schneid- und Biegewerkzeug der Draht abgetrennt und in die neue Ausgangsposition a gebracht wird. Bild 8/5 zeigt eine Ansicht der galvanoplastisch hergestellten Schersiebe für einen Elektrorasierer. In Bild 8/6 ist eine Lochmaske für Farbfernseher gezeigt, wie sie durch Ätzen entsteht. Bild 8/7 läßt eine in Barometerwerken übliche Miniaturgelenkkette erkennen. Bild 8/8 schließlich zeigt die porige Struktur einer Contactschalenlinse, die für Sauerstoff durchlässig ist. Die Löcher sind durch Beschießen mit Ionen entstanden. Erst die Benetzung mit Tränenflüssigkeit macht die Linse, die stets in einer Flüssigkeit aufbewahrt werden sollte, zu einem optischen Instrument.

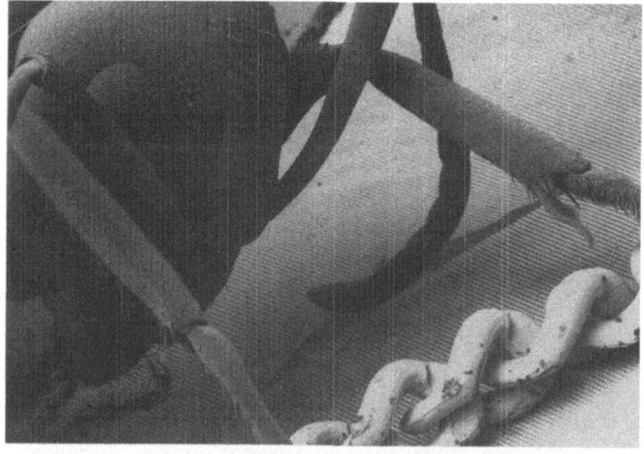

Bild 8/1   REM-Aufnahmen - Mikrostrukturen Ameise und Miniaturgliederkette 50-fach

Bild 8/2   REM-Aufnahme - Al-Drähte auf Chip gebondet ca. 150-fach

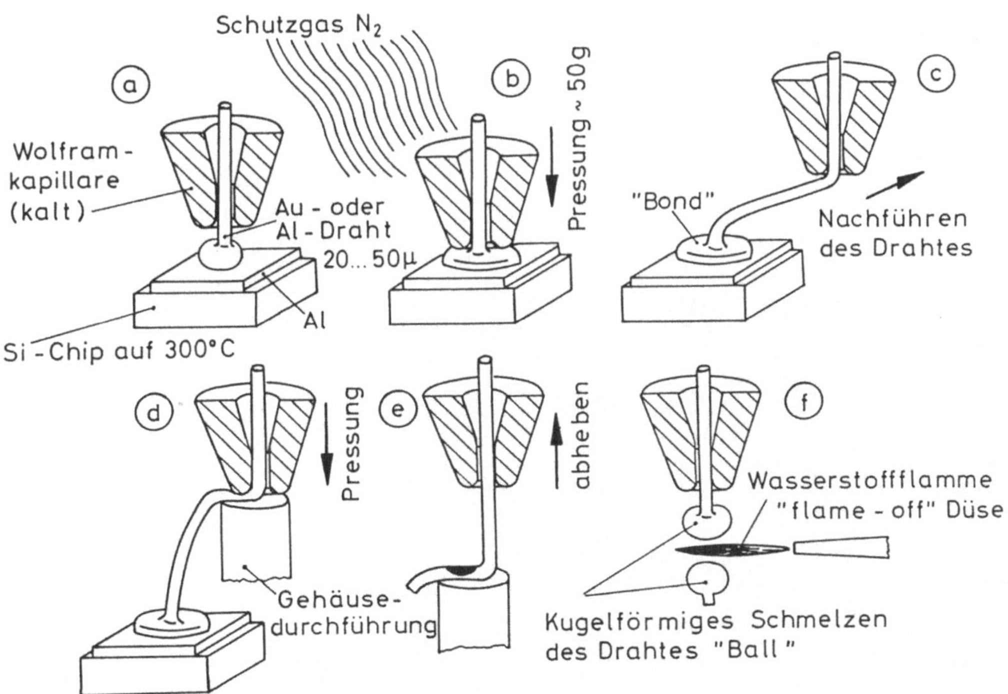

Bild 8/3   Prinzip des Ballbonding

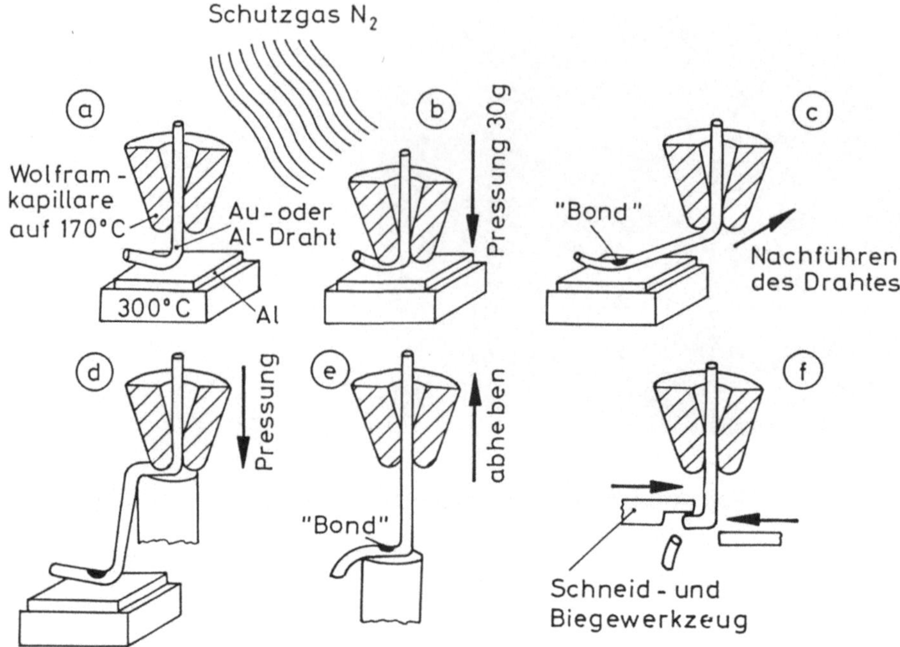

Bild 8/4   Prinzip des Sciccors-bonding

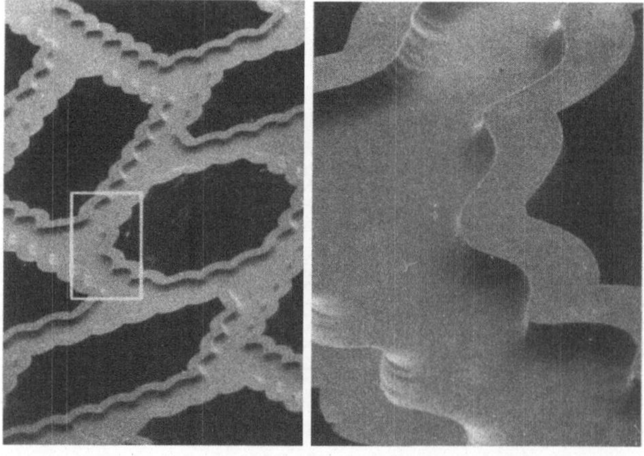

Bild 8/5   REM-Aufnahme eines galvanoplastisch hergestellten Scherblattes für Elektrorasierer

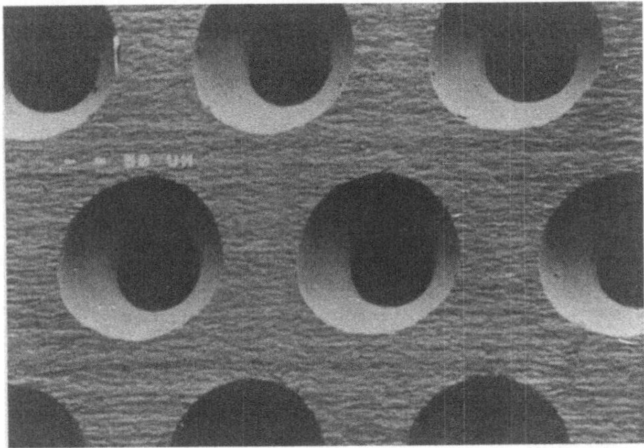

Bild 8/6   REM-Aufnahme einer geätzten Lochmaske für Farbfernsehröh-
                  ren

Bild 8/7   REM-Aufnahme einer Miniatur-Gelenkkette die in Barometer-
                  werken Anwendung findet

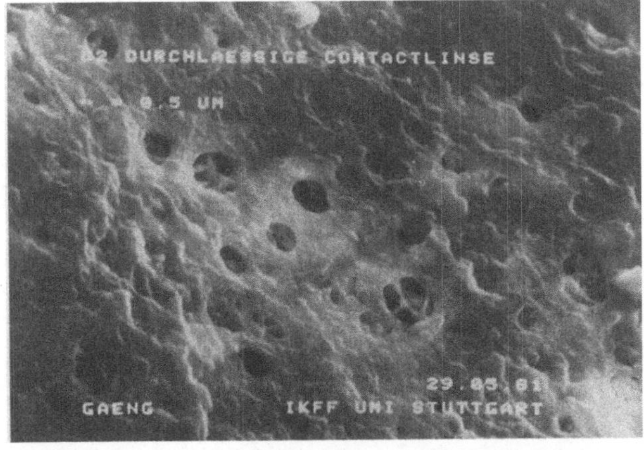

Bild 8/8   REM-Aufnahme einer halbweichen Kontaktlinsenoberfläche (ca.
                  3.500-fach)

8.1 Maßstäbe

Teilungen

Das Herstellen von Maßstabteilungen ist ein wichtiger Sonderfall unter den Verfahren zur Herstellung feiner Strukturen. Das Abtragen gleichlanger Strecken, die in einer größeren unbekannten Strecke enthalten sind, ist von jeher das Prinzip der Längenmessung. Zur Erfassung von Bruchteilen dieser Strecken werden geteilte Maßstäbe benötigt, d.h. Längenteilungen und Kreisteilungen. Mit wachsenden Anforderungen an die Genauigkeiten wurden diese immer feineren Teilungen erforderlich und damit immer größere Ansprüche an die Teilgenauigkeit gestellt. Neben diesen Maßstabteilungen werden z. B. für die Spektralanalyse feine Gitterteilungen benötigt, die möglichst viele gleiche Teilungen auf einer bestimmten Länge enthalten müssen. Die Herstellung derartiger Gitter erfolgt in der Regel in optischen Großfirmen, weil sie mit erheblichem Aufwand verbunden ist. Ist eine Teilung mit entsprechenden Zahlen bzw. mit einer Beschriftung versehen, so spricht man von einer Skala. Eine mechanische Teilung ist an einen Teilungsträger gebunden. Die Teilung macht somit alle durch Umwelteinflüsse an diesem Teilungsträger hervorgerufenen Änderungen wie Längenänderungen infolge von Wärmeausdehnungen, Alterung usw. mit.

Bevorzugte Werkstoffe für Teilungsträger sind vergüteter Stahl und Glas. Besondere Aufmerksamkeit muß der Lagerung des Maßstabs gewidmet werden. Als Maßstabteilungen kommen die verschiedensten regelmäßigen Strukturen zur Anwendung (Genauigkeitsklassen in DIN 864): Zahnstangen mit hochgenauer Teilung - mechanische Ansprache, Gewindespindeln, Kugelumlaufspindeln - mechanische Ansprache, Zahnriemen mit genauer Teilung - mechanische Ansprache, Stäbe und Scheiben mit Magnetpolteilungen - magnetische Ansprache, Teilungen auf Glaskörpern - optische Ansprache, Lochteilungen auf beliebigen Werkstoffen - pneumatische Ansprache. Zusammengesetzte Teilungen können aus Endmaßen, Zylindern, Kugeln, Prismen, Linsen usw. aufgebaut werden.

Prinzipielle Möglichkeiten zur Herstellung von Teilungen auf Metall und Glas sind gegeben durch:

1 Reißen: Stichel in dem sog. Reißerwerkzeug zieht eine Furche in den Teilungsträger bzw. in die auf ihn aufgetragene Schicht.

2 Sägen.

Bild 8.1/1   Teilungsherstellung: in ein Stahlband auf einer Zahnradschleifmaschine eingeschliffene Teilung

Bild 8.1/2   Teilungsherstellung: In ein 0,05 mm dickes Niroband einge-
stanzte Teilung 15-fach

Bild 8.1/3
Prägung in Messing

Bild 8.1/4   Teilungsherstellung: Vom Stahlband 8.1/1 galvanisch abgeform-
tes Band

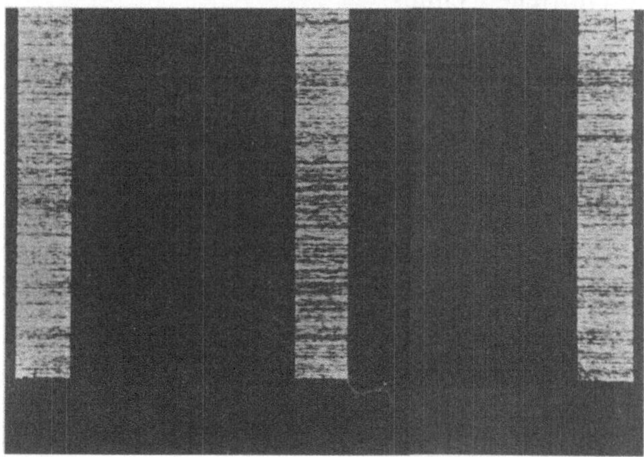

Bild 8.1/5   Teilungsherstellung: Chemisch hergestellte Striche auf X 15 Cr
13 - Dunkle Flächen Schwarznickel

Bild 8.1/6   Teilungsherstellung: Chemisch in 100 Cr 6 geätzte Furchen-
struktur

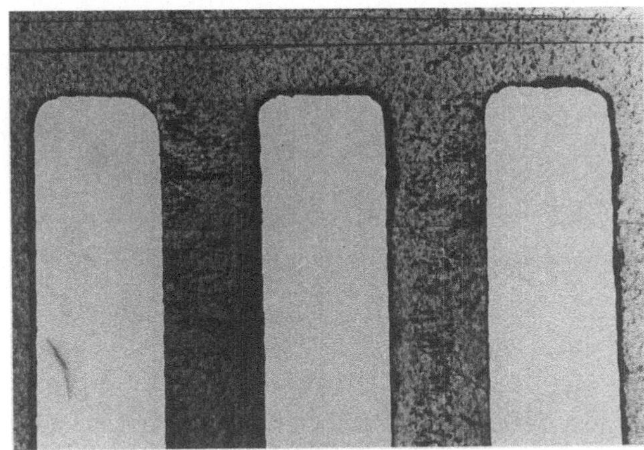

Bild 8.1/7   Teilungsherstellung: Elektroerosiv in X 12 Cr Ni 177
0,05 mm dick eingebrachte Teilung

3 Schleifen: Bild 8.1/1 zeigt ein Stahlband, das um einen Zylinder gespannt auf einer Zahnradschleifmaschine geteilt wurde.

4 Fräsen.

5 Stanzen: Bild 8.1/2, Teilung in 0,05mm Niroband MK101 eingestanzt (15-fach).

6 Prägen: Bild 8.1/3, Muster in Messing geprägt (12-fach).

7 Galvanoformen: Bild 8.1/4, Teilung durch Galvanoformung von Band nach 8.1/1 abgeformt.

8 Aufdampfen durch eine Schablone oder mit Hilfe eines Fotoreliefs.

9 Photochemisches Teilverfahren: Bild 8.1/5 (Teilung auf X15 Cr13), Bild 8.1/6 (in 100 Cr6 geätzte Teilung).

10 Elektroerosives Teilen: Bild 8.1/7, in X12 CrNi177 0,05 mm eingebrachte Teilung. Achtung: Elektrodenabbrand ist möglich.

11 Schattenwerfen eines feinen gespannten Drahtes auf eine Photoschicht (Justiergitterplattenherstellung).

12 Abbilden eines Spaltes auf eine Photoschicht.

13 Bedrucken.

Für Auflagestellen bei Glasmaßstäben und Endmaßen gilt gemäß Bild 8.1/8: Aus der Differentialgleichung der elastischen Linie folgt: Es ergeben sich parallele Endflächen wenn $a = 0{,}2113\,l$ beträgt, kleinste Verkürzungen von s, wenn $a = 0{,}2203\,l$ ist, die kleinsten Durchbiegungen wenn $a = 0{,}2231\,l$ ist und die kleinste Durchbiegung in der Mitte wenn $a = 0{,}2386\,l$ beträgt.

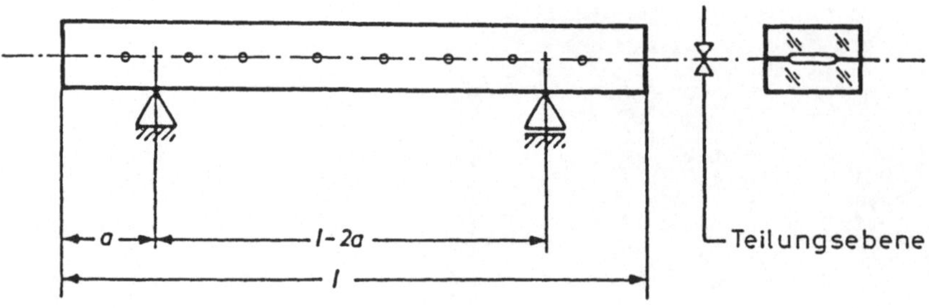

Bild 8.1/8   Maßstablagerung

Die Gestaltung visuell angesprochener Teilungen ist dekadisch auszuführen, Bild 8.1/9. Das kleinstes Intervall J für die freiäugige Beobachtung sollte 0,7 mm betragen. Für die Strichstärke ist 0,1 J anzustreben, Normalstriche sollten doppelt so lang wie Intervallstriche J sein, und übergeordnete Striche sind ca. doppelt so lang wie die Normalstriche. Die kleinstmöglichen Intervalle J sind vom Teilungsträgerwerkstoff abhängig:

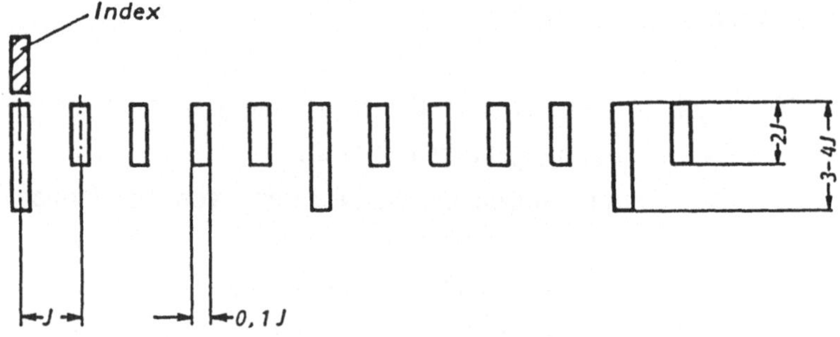

Bild 8.1/9   Strichgeometrie und Teilung

Teilungsträger Werkstoff	kleinste Intervalle
GG	1 mm
Al	0,7 mm
St	0,5 mm
Ms	0,3 mm
Glas	0,01 mm

Soll bei einer optischen Ablesung eine Streuung von ca. $\pm 1,0$ μm erreicht werden (d.h. 68 % von 100 Einstellversuchen liegen dabei innerhalb 1 μm), so muß man wie folgt optisch vergrößern: bei einfacher Überdeckung 76-fach, bei einfacher Koinzidenz 20-fach, bei symmetrischem Einfangen 6-fach, Bild 8.1/10.

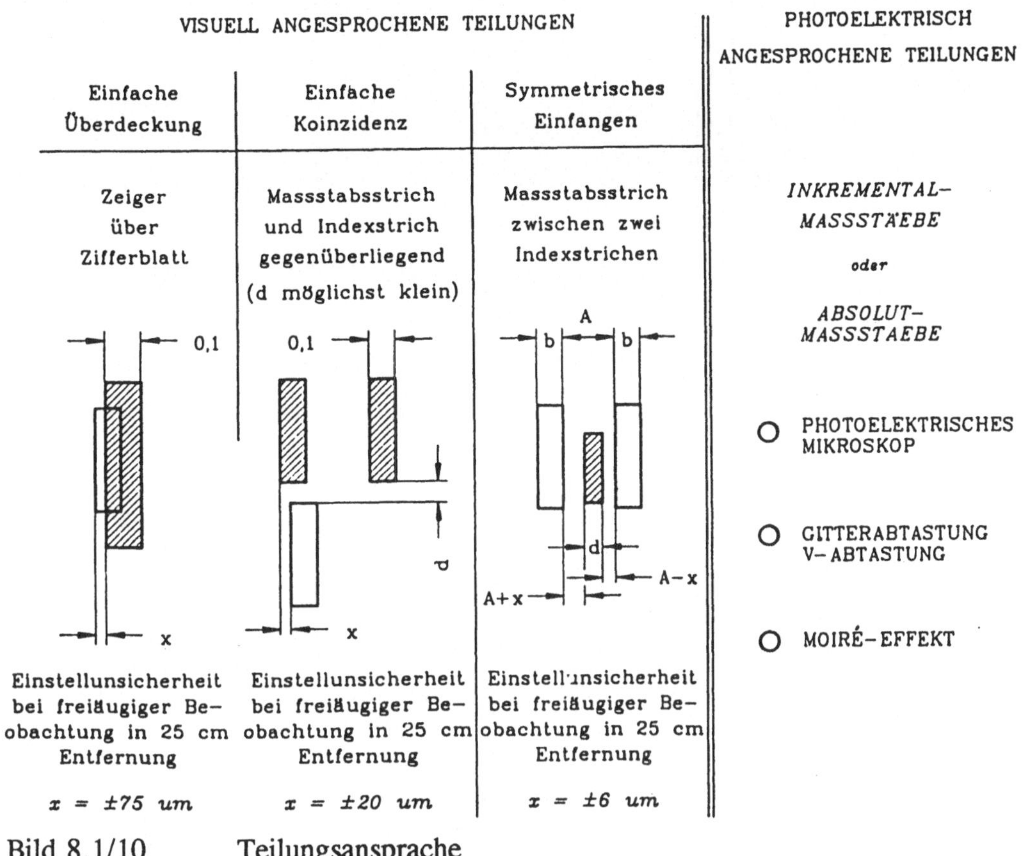

Bild 8.1/10   Teilungsansprache

Die Herstellung von Urmaßstäben

Die Herstellung einer Originalteilung setzt Verfahren voraus, die es gestatten, bestimmte Strecken in exakt gleiche Teile zu zerlegen bzw. den Kreis in exakt gleiche Winkelteile zu teilen. Diese Teilmaschinen arbeiten nach den verschiedensten Prinzipien (Bild 8.1/11). Besondere Bedeutung haben:

- Teilmaschinen, die mit einem photoelektrischen Mikroskop ausgestattet sind und damit die Striche eines Muttermaßstabes im Hundertstel-μm-Bereich einfangen können. Die zwischen zwei Strichen auftretenden Verschiebungen werden auf den beschichteten Maßstab übertragen und mit Laser bzw. Reißerwerk die Teilungsstriche unter Einbezug von Korrektureinrichtungen aufgebracht. Die Ausführung der Maschine erfordert u. a. luftgelagerte Schlitten auf Steinführungen sowie schwingungsgedämpfte Fundamente in klimatisierten Räumen.
- Mechanisch arbeitende Teilmaschinen benutzen die ausgleichende Wirkung parallel geschalteter Einzelelemente, z. B. gegenüberstehender Stifte, gegenüber-

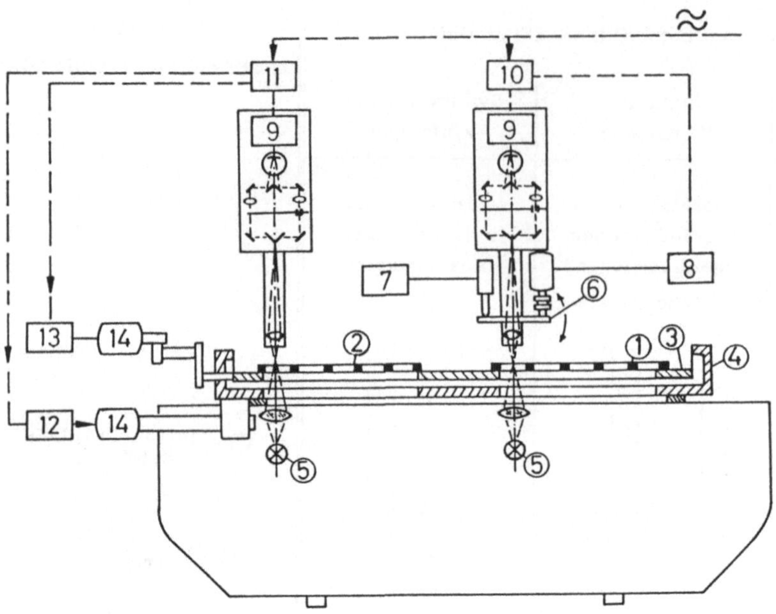

1 Prüfling
2 Muttermaßstab
3 Feintisch
4 Grobtisch
5 Beleuchtung
6 Planplatte
7 Registrierung

8 Steuerung
9 Verstärker
10 Meßkreis
11 Regelkreis
12 Grob antrieb
13 Feinantrieb
14 Motoren

Bild 8.1/11   Prüfung einer Teilung mittels Muttermaßstab und photoelektrischen Mikroskopen (von C. Zeiss, Oberkochen, zur Verfügung gestellt)

stehender Magnetpole, oder Schneckenräder und Schnecken hoher Genauigkeit, vgl. Abschnitt 5.3.

Bei der Kontrolle von Teilungen mit Hilfe eines Muttermaßstabes werden photoelektrische Mikroskope, die mit einem Interferometer gekoppelt sind, auf den Teilmaschinen verwendet. Dazu werden die Maßstäbe auf Umschlag gemessen und erhalten ein Korrekturblatt.

8.2 Glühlampen

Vorerfahrungen

Ein Pkw enthält heute ca. 30 Autokleinlampen, deren Herstellung bei den geforderten Stückzahlen nur noch automatisiert möglich ist. Die Vorerfahrungen zur Glühlampentechnologie entstanden in einem Zeitraum von über 150 Jahren. De la Rue entwickelte 1820 die erste Glühlampe. Sie bestand aus einem Glasröhrchen, in welchem ein gewundenes Platindrähtchen bei Stromdurchgang glühte. Goebel (USA) schuf 1854 Glühlampen mit verkohlten Bambusfasern, die er in einen evakuierten Glaskolben aufspannte. A.N. Lodygin (UdSSR) entwickelte 1860 die Glühlampe weiter und verwendete dünne Stäbchen aus Retortenkohle, die er zunächst in luftgefüllten Glasröhren und Glaskugeln glühen ließ. J. Swan (USA) benutzte 1875 dünne Metalldrähte als Glühfäden. T.A. Edison (USA) schuf 1879 die langlebige Glühlampe mit einem Kohlefaden in luftleerem Glaskolben.

Die heutigen Glühlampen zeichnen sich dadurch aus, daß sich eine Einfach- oder Doppelwendel aus Wolfram (Schmelztemperatur ca. 3660 K) in einem evakuierten oder mit inertem Gas (N, Ar, Kr) gefüllten Glaskolben befindet. Als Temperaturstrahler strahlt Wolfram ein kontinuierliches Spektrum aus, dessen Hauptanteil im nahen Infrarot liegt. Erwähnenswert ist die Entwicklung der Halogenglühlampe (1960), die in ihrem Füllgas eine winzige Menge eines Halogens (J oder Br) besitzt. Das von der Glühwendel abdampfende Wolfram verbindet sich im Raum zwischen Leuchtkörper und der heißen Kolbenwand mit dem Brom zu Wolframbromid. In einem Kreisprozeß gelangt dieses an die glühende Wendel, wo es wieder zu Wolfram und Brom zerfällt. Um diesen Prozeß aufrechtzuerhalten, muß die Kolbeninnenwand Temperaturen von mindestens 250 °C haben, deshalb wird meist Quarzrohr als Kolbenmaterial verwendet. Halogenglühlmapen zeichnen sich vor allem durch einen konstanten Lichtstrom im Laufe der Lebensdauer aus, da durch den Kreisprozeß keine Kolbenschwärzung entstehen kann.

Die Entwicklungsarbeiten sind auch heute nicht abgeschlossen. Immer noch wird versucht, die Lichtausbeute im Verhältnis zum Energieaufwand zu verbessern und durch neue Technologien die Produktionskosten zu senken. Die heute eingeführte Energiesparlampe (Leuchtstofflampe) wird vermutlich die Glühlampe vorläufig nicht verdrängen. In Bild 8.2/1 werden die verschiedenen Technologien die zur Herstellung einer Autokleinlampe erforderlich sind zusammengestellt.

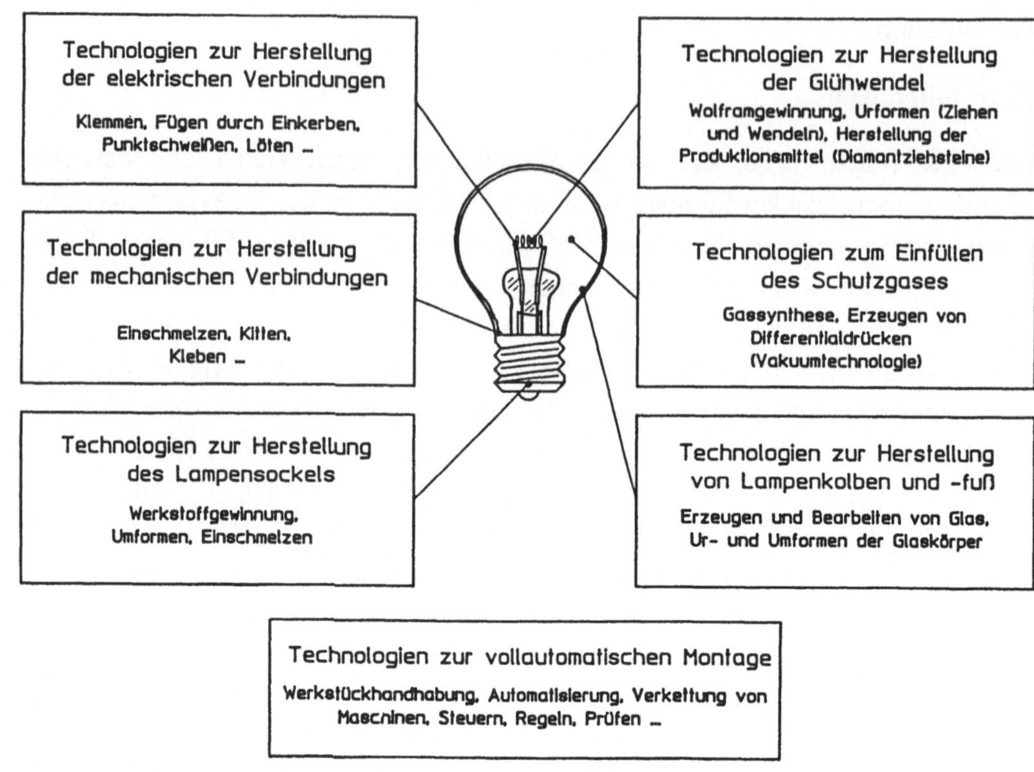

Bild 8.2/1   Technologien zur Herstellung einer Klein-Glühlampe (Pkw)

Lampenkolben und Lampenfuß (Quetschfuß)

Der *Glaskolben* besteht aus Natronkalkglas, welches sich aus Natriumsulfat, Natriumcarbonat, Dolomit, Kalifeldspat und Quarzsand zusammensetzt. Die Formgebung des Glaskolbens geschieht mit Hilfe automatischer Blasanlagen.
- Bei mattierten Lampenkolben wird die Innenfläche des Glaskolbens mit Flußsäure (HF) angeätzt (in Sonderfällen auch strahlgespant).
- Bei opalisierten Lampenkolben wird die Innenfläche des Glaskolbens mit Silizium (Si) beschlämmt und anschließend getrocknet.

Der *Lampenfuß* besteht aus Pumprohr, Tellerrohr und Stromzuführung, Bild 8.2/2. Pumprohr und Tellerrohr, an welches eine Krempe angestaucht wurde, bestehen aus Bleiglas, welches sich aus 2 % Kalisalpeter, 10 % Soda, 8 % Pottasche, 21 % Mennige, 10 % Feldspat und 49 % Sand zusammensetzt. Die unterschiedlichen Glassorten von Fuß und Kolben ergeben, daß der Schmelzpunkt des Fußes niedriger als der des Kolbens ist. Die Stromzuführungen bestehen jeweils aus drei elektrisch oder autogen aneinander geschweißten Drähtchen, Bild 8.2/2. Die Nickelelektrode

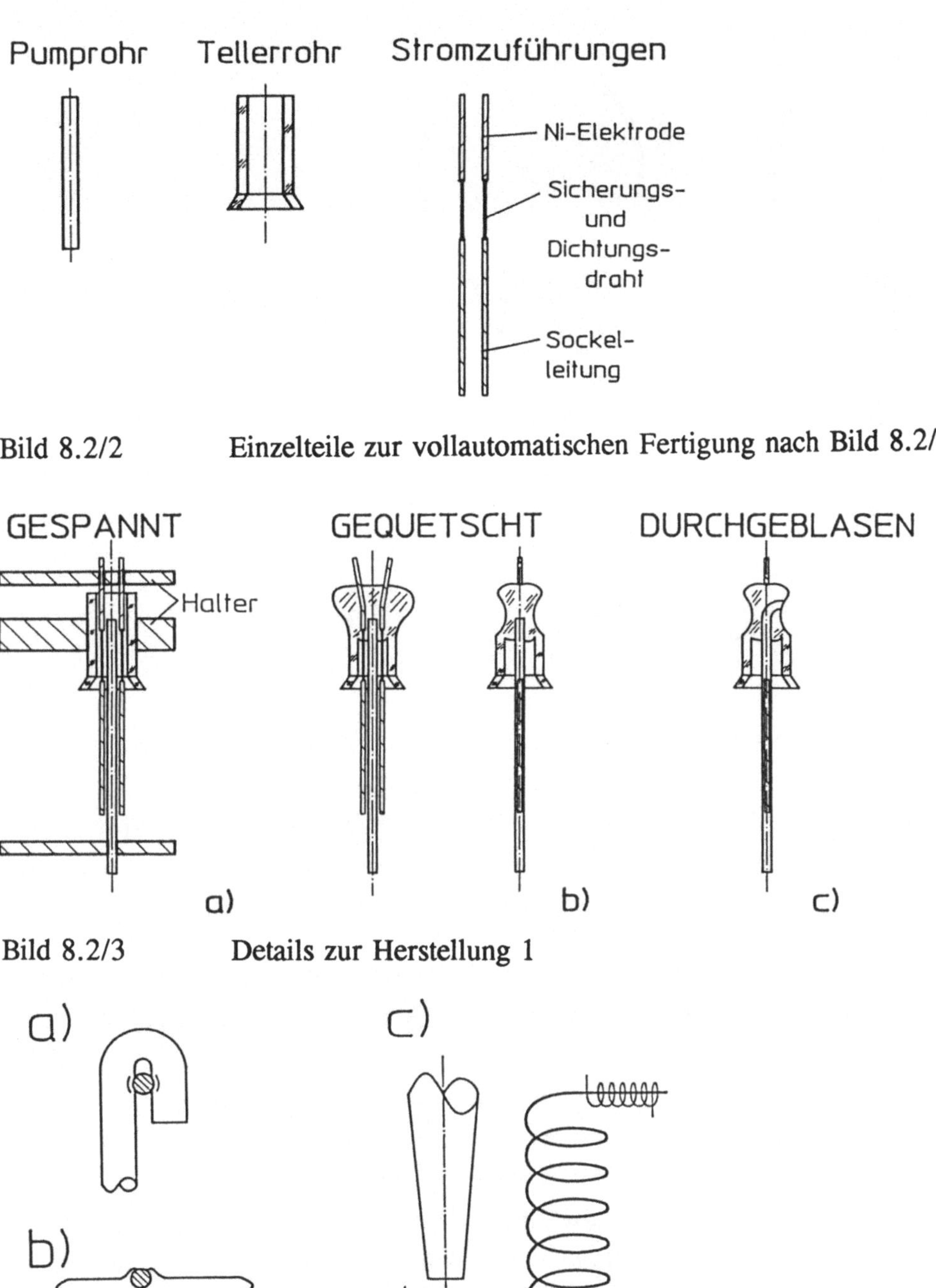

Bild 8.2/2   Einzelteile zur vollautomatischen Fertigung nach Bild 8.2/6

Bild 8.2/3   Details zur Herstellung 1

Bild 8.2/4   Details zur Herstellung 2

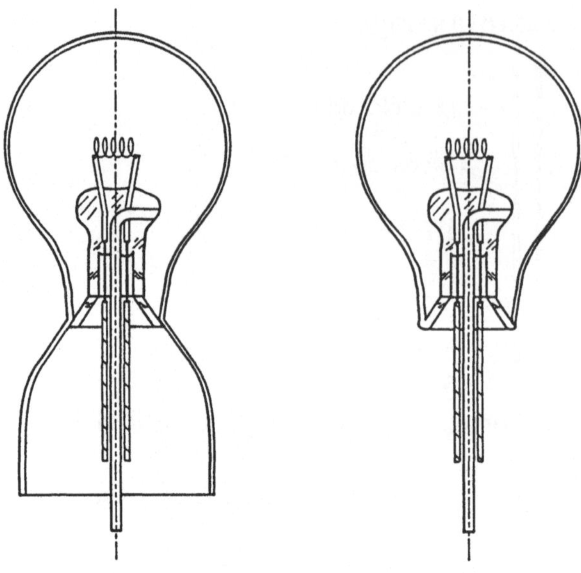

Bild 8.2/5   Details zur Herstellung 3

zur Halterung der Glühwendel entsteht aus dem Werkstoff NiMn2-NCA (max. 0,015 % C), der Sicherungs- und Dichtungsdraht aus dem Mantelwerkstoff Cu, Kern: 46 % Ni und 54 % Fe mit dem Überzug $Na_2\,B_4\,O_7$. Der Wärmausdehnungskoeffizient ist identisch mit dem Wärmeausdehnungskoeffizienten von Bleiglas. Die Sockelleitung ist aus Cu-GSI, sauerstoffarm, gefertigt.

Die Montage des Lampenfußes zu einer Einheit geschieht auf einer Karussellmaschine, der die Pumprohre, Tellerrohre und Stromzuführungen zugeführt werden. Zunächst werden die vier zu verbindenden Teile positioniert (Bild 8.2/3). Dann wird das Tellerrohr im Bereich der Dichtungsdrähte von außen durch Gasflammen erwärmt und mittels einer Zange so gequetscht, daß dabei alle Teile zusammengefügt werden. Unterhalb der Quetschzange wird der Lampenfuß dann nochmals - allerdings einseitig - erwärmt und Luft durch das Pumprohr geblasen. Dadurch entsteht die Absaugöffnung zur Evakuierung des Lampenkolbens.

Glühwendel

Wolframerz, welches als Wolframit oder Scheelit in Kanada, Spanien, China und Korea vorkommt, kann infolge der hohen Schmelztemperatur (ca. 3400 °C) nicht wie Eisen aus der Schmelze gewonnen werden, sondern muß auf chemisch-mechanischem Wege zu Wolframsäure und schließlich zu Wolframpulver

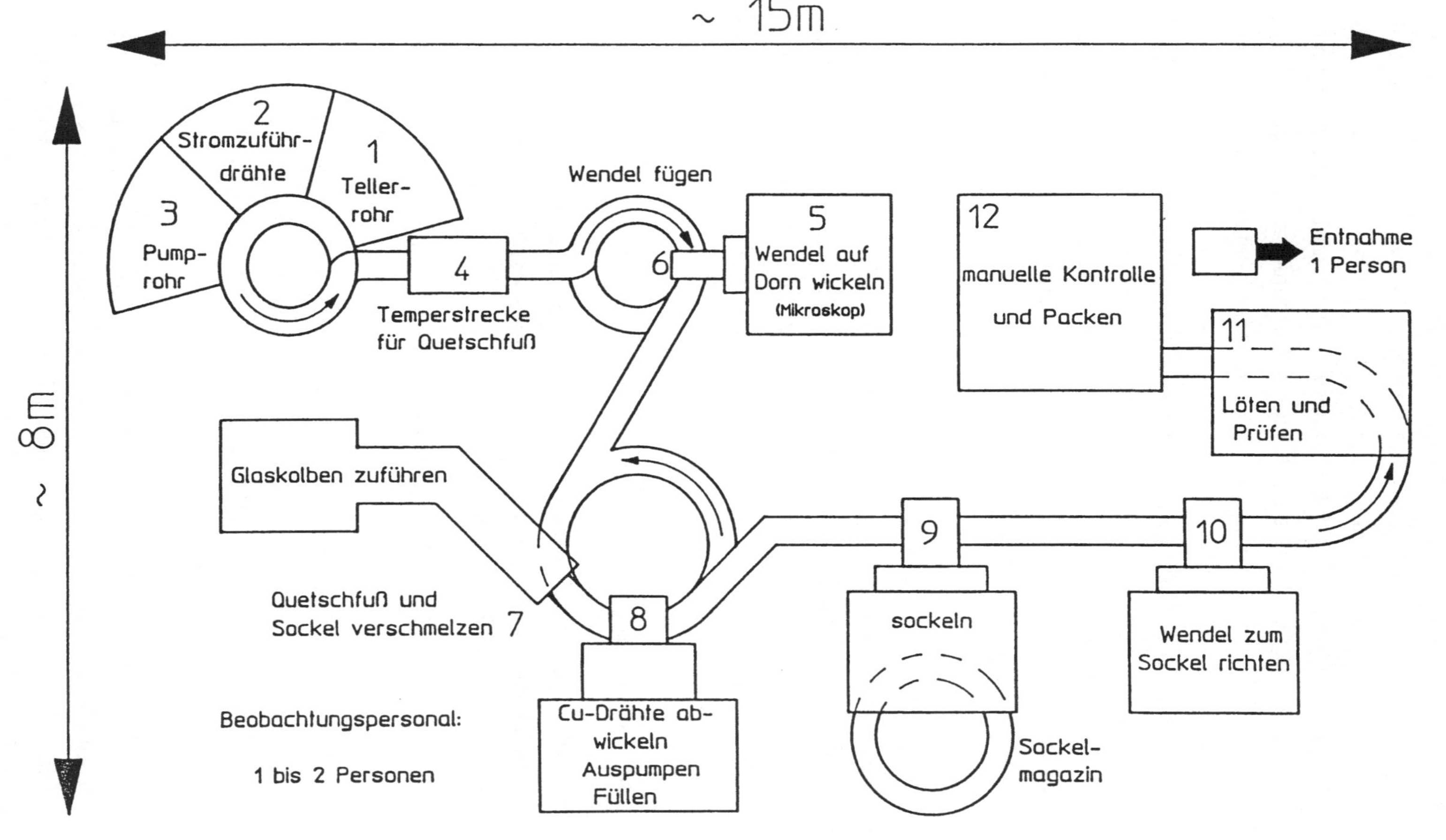

Bild 8.2/6   Gesamtanlage in der Draufsicht

aufbereitet werden. Dieses Pulver wird unter hohem Druck zu Stäben gepreßt und durch Erhitzen mittels Stromdurchgang gesintert. Es entstehen prismatische Stäbe mit meist sechseckigem Querschnitt. Die gesinterten Stäbe werden durch Hämmern und Walzen zu zylindrischen Drähten mit einem Durchmesser von ca. 2,7 mm umgeformt. Durch Ziehen mit Diamantziehsteinen, deren Lochdurchmesser gestuft um 10 μm abnehmen, erreicht man schließlich den gewünschten Durchmesser des Leuchtdrahtes. Damit beim Ziehen Langkristalle entstehen, muß der Prozeß sehr genau gesteuert werden. 1 μm Abweichung beim Durchmesser des Wolframdrahtes führt zu einer Brenndauerverkürzung von ca. 200 h. Zum Wendeln des Leuchtdrahtes werden zwei verschiedene Verfahren angewendet, je nachdem, ob es sich um Einfach- oder Doppelwendeln handelt:

- Bei Einfachwendeln wird der Leuchtdraht auf einen Dorn gewickelt und anschließend abgestreift.
- Bei Doppelwendeln wird der Leuchtdraht zunächst auf einen Molybdändraht gewickelt und diese Kombination um einen zweiten Molybdändraht mit wesentlich größerem Durchmesser gewickelt. Anschliessend werden die Molybdändrähte mit einer Lösung aus 2 Teilen H_2O, 2 Teilen 60 %iger HNO_3 und 1 Teil konz. H_2SO_4 gelöst.

Herstellung der Verbindungen

Elektrische Verbindungen müssen sowohl zwischen den Enden des Leuchtdrahtes und den Nickelelektroden als auch zwischen den Sockelleitungen und dem Lampensockel (Fassung) geschaffen werden.

Zur Verbindung der Nickelelektrode mit dem Leuchtdraht kommen drei Methoden zur Anwendung:

- Klemmen des Wolframdrahtes. Bei Lampen, wo die Lage des Glühwendels nicht ausgerichtet werden muß, (z. B. bei Allgebrauchglühlampen, Autostoplampen) wird der Leuchtdraht üblicherweise durch Umbiegen der Nickelektrodenenden geklemmt, Bild 8.2/4 a.
- Fügen durch Kerben (Einschlagen). Dieses Verfahren ist nur dann anwendbar, wenn der Leuchtdraht gerade Enden besitzt, deren Durchmesser wesentlich kleiner als der Elektrodendurchmesser ist (z. B. bei Glassockelampen), Bild 8.2/4 b.
- Punktschweißen. Ist ein genaueres Positionieren der Glühwendel erforderlich (z.B. bei Autoscheinwerferlampen) so wird heutzutage fast ausschließlich die

Verbindung Leuchtdraht Elektrode durch Punktschweißen hergestellt. Da die Schmelztemperaturen von Nickel (1455 °C) und Wolfram (3380 °C) sehr unterschiedlich sind, ist ein direktes Verbinden nur durch Elektronen- oder Lasterstrahlschweißen sowie mittels Ultraschall möglich. Zum wesentlich kostengünstigeren elektrischen Punktschweißen ist es erforderlich, zunächst den Leuchtdraht mit einem Molybdändraht an den Enden zu umwickeln (wire-wrap-Verbindung) bzw. in die Wolframdoppelwendel einen Molybdänstift zu stecken und anschließend mit der Nickelelektrode zu verschweißen, Bild 8.2/4 c.

Zur Verbindung von Kupfersockelleitung und Lampensockel werden die üblichen Lötverfahren angewendet.

Die mechanische Verbindung zwischen dem Lampenfuß (mit Leuchtdrahtwendel) und dem Lampenkolben erfolgt durch Verschmelzen der Gläser. Hierzu wird der rotierende Glaskolben an der Verbindungsstelle mit einem Gasbrenner gleichmäßig erhitzt, bis die angestauchte Krempe des Tellerrohres mit dem Lampenkolben verschmilzt, Bild 8.2/5. Durch Kitten wird schließlich die fertiggepumpte Lampe mit dem Sockel verbunden.

In Bild 8.2/6 ist die vollautomatische Fertigungsanlage zur Herstellung von Autokleinlampen dargestellt. Mit nur 2 bis 3 Personen ist eine Produktion von ca. 2500 Lampen pro Stunde möglich.

Kostenbetrachtungen zur Preisbildung und bei der Wahl eines Verfahrens

Im Zusammenhang mit der Berechnung der Kosten, die komplexe Produkte in einer größeren Fabrikstruktur hervorrufen, entstehen zwei Grundfragen:

- Zu welchem Preis müssen wir ein Produkt anbieten (Verkaufspreis)?
- Welches technologische Verfahren bietet für ein bestimmtes Teil die kostengünstigste Lösung? Dabei wird hier angenommen, daß die betrachteten Verfahren alle eine technisch einwandfreie Lösung liefern und die in Betracht gezogenen Technologien ohne Investitionen zur Verfügung stehen.

So einfach diese Fragen auf den ersten Blick aussehen, so schwierig ist ihre Beantwortung in einer komplexen Fabrikorganisation, die einige tausend Verkaufseinheiten auf dem Markt anbietet. Wenn wir ein einzelnes Teil (ein Werkstück) betrachten und fragen, was es wohl wirklich kostet, so ist eine exakte Beantwortung dieser Frage nicht möglich: Wie soll man beispielsweise den Anteil an den Kosten bestimmen, der durch die Kosten der Werksfeuerwehr entsteht oder den Anteil, der von der Kantinenorganisation verursacht wird?

Zur Beantwortung der beiden Grundfragen haben sich verschiedene Rechenverfahren entwickelt. Die preisbildende Kalkulation sucht eine Antwort auf die Grundfrage 1. Alle im Unternehmen anfallenden Kosten werden in einem mehr oder weniger komplizierten Verfahren auf die Fertigungszeiten des Teiles (des Produktes) umgelegt und so die Kosten für die Preisbildung des Teiles bzw. des Produktes oder die Produktpalette ermittelt (Vollkostenrechnung). Die Grundfrage 2 wird von der sogenannten Vergleichskostenrechnung zu beantworten versucht. Es werden hiermit nur die echt durch den Entscheidungsprozeß betroffenen Kostenanteile zu erfassen und einander gegenüberzustellen versucht (Teilkostenrechnung). Dabei sind gleichzeitig realistische Annahmen über den Auslastungsgrad der Werkstätten in der nahen und mittleren Zukunft - 2 bis 4 Jahre - erforderlich. Man sollte also die Auslastung der Fertigung zum geplanten Zeitpunkt der Fertigung einigermaßen übersehen. Im Folgenden wird eine nicht vollständige Auslastung der Fertigungskapazitäten angenommen. Die Anwendung der Vergleichskostenrechnung setzt somit Weitblick und unternehmerisches Denken voraus.

9 Preisbildung

Die Herstellkosten sind die Basis der preisbildenden Vollkostenrechnung. Beispiel: Es soll ein Rohrstück - Bild 9/1 - aus Al Mg 5 EQ F 32 durch spanabhebende Fertigung gefertigt werden. Der Monatsbedarf von 60 Stück sei über die Laufzeit von vier Jahren gesichert. Es wird angenommen, daß die Teile in Losgrößen von 60 Stück gefertigt werden. In Bild 9/2 ist ein Arbeits- und Zeitplan für die Herstellung des Teils aufgestellt. Die Festlegung der Arbeitsfolge erfolgt für eine Revolverdrehbank und als Material wird das Halbzeug Rohr verwendet.

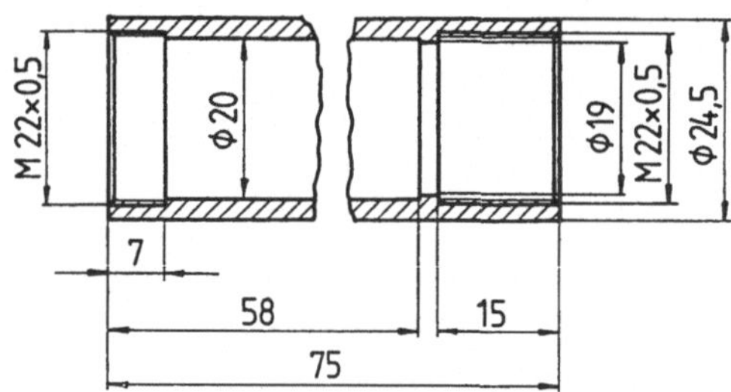

Bild 9/1   Rohrstück für Fernglastubus AlMg 5 EQ

1 Die Materialkosten betragen:
   0,045 kg x 8,00 DM/kg   DM   0,36
2 Materialgemeinkosten: (pauschal 10 % auf 1.)   DM   0,04
3 Lohnkosten: ca. 8 DM/h
   lt. vorausgegangener Zeitermittlung fallen pro Teil
   (Losgröße 60 Stück) 10,5 min an.
   10,5 min = 0,1750 h x 8 DM   DM   1,40
4 Fertigungsgemeinkosten (350 % der Lohnkosten)   DM   4,90
   Summe   DM   6,70

Arbeits- und Zeitplan

Zeichnungsnummer:		Teil: Rohr	Skizzen und Bemerkungen:
Gegenstand:		Auftragsnummer:	siehe Bild 9.1/1
Auftrag (Arbeitsgang): kompl. drehen		Werkstoff: AlMg5EQ F 32	
Stückzahl: 60	Rohmaße: Rohr $25 \times 3 \times 80$	Einsatzgewicht: 0,045 kg	

Lfd. Nr.	Arbeitsunterteilung	Maschine	Werkzeug Vorrichtung	D / a	L / s	B / v	i / n	Rüstgrundzeit t_g min	Restverteilzeit t_{rv} min	Rüstzeit t_r min	Hauptzeit t_h (t_{hu} min)	(t_{hb} min)	Nebenzeit t_n min	Grundzeit t_g min	Verteilzeit t_v min	Zeit in Einheit t_e min
1.	Spannen - anschlagen	Pittler - Rev. Pi 25	Spannza. 25					25					0,2	0,2	10 / 0,02	0,22
2	Stahl anstellen							20					0,05	0,05	10 / 0,005	0,055
3	Außen∅ 24,5 drehen		Schieblehre	24,5 / 0,2	80 / 0,1	- / 135	2 / 2500				0,64		0,10	0,74	10 / 0,07	0,81
12	Stahl wechseln							20					0,05	0,05	10 / 0,005	0,055
13	Abstechen, ablegen			24	3,5 / 0,02	145	1 / 1900				0,1		0,05	0,15	10 / 0,02	0,17
	Drehen 2. Seite															
1	Spannen		Spannzange					25						0,10	10 / 0,01	0,11
2	Stahl anstellen							20					0,05	0,05	10 / 0,005	0,055
7	Gewinde M22 strehlen			22	16 / 0,5	14	6 / 200	30			0,96		0,25	1,21	10 / 0,12	1,33
8	Ausspannen, Ablegen												0,05	0,05	10 / 0,005	0,055
								95	10 / 9,5	110						2,12

Datum	Name	Anmerkungen:	
		Vorgabezeit t_r = 290 min = 4,85 Std. t_e = 5,6 min = 0,0933 Std	Auftragszeit $T_F = t_r + m \cdot t_e$ $t_{hu} = (1 \cdot L) \backslash (n \cdot s)$

| | 10,50 Std |

Bild 9/2 Arbeitsplan zu 9/1

Aus der Summe der Ziffern 1 bis 4 ergeben sich Herstellkosten von 6,70 DM/
Stück Die Hochrechnung auf den Bruttoverkaufspreis erfolgt nun gemäß Ziffer 5
bis 7:

5 Selbstkosten:
   Herstellkosten   DM   6,70
   Entwicklungsgemeinkosten 10 % der HK   DM   0,67
   Verwaltungs- und Vertriebsgemeinkosten 20 % der HK   DM   1,34
   Selbstkosten   DM   8,71
6 Ertrag, Warenwert:
   Selbstkosten   DM   8,71
   Gewinn 10 % der Selbstkosten   DM   0,87
   Ertrag   DM   9,58
7 Nettoverkaufspreis (Versand und Skonti 3 %)   DM   9,88
8 Bruttoverkaufspreis (Nettoverkaufspreis +
   Rabatte für Handel 30 %)   DM   12,83

Das Stück kann unter den getroffenen Annahmen für DM 12,83 verkauft werden.

Dieses willkürliche - aber realistische - Beispiel zeigt eine große Problematik: Der
überwiegende Kostenanteil im Verkaufspreis entsteht durch prozentuale Zuschläge.
Mit diesen Zuschlägen versucht man, die Werksfeuerwehr, die Kantine, ja den
"Gummibaum im Vorzimmer" zu erfassen und "gerecht" auf die einzelnen Werkstücke zu verteilen.

10 Verfahrensvergleiche

Wir stellen nun die Frage nach einer kostengünstigeren Alternative für das aus Al-Rohr gefertigte Teil. Wir denken dabei an ein Spritzgußteil aus Makrolon GV, welches mit Hilfe einer speziellen Kleinserientechnik hergestellt werden könnte. Unsere Annahme sei nochmals wiederholt: Die Dreherei sei im Verlauf der nächsten zwei Jahre in den Maschinenkapazitäten nicht ausgelastet, oder es sei möglich, den Einschichtbetrieb durch Überstunden immer etwas auszudehnen. Eine Anfrage bei einem Spritzgußteil-Hersteller ergab: bei Abnahme von einem Jahresbedarf von 720 Teilen kostet ein Spritzgußteil DM 1,50. Ein Werkzeugkostenanteil von DM 2100,-- ist bei Bestellung zu entrichten. Frage: Ist es sinnvoll, das Teil von außen als Spritzgußteil zu beziehen, obwohl die eigene Dreherei im Maschinenpark nicht voll ausgelastet ist? Das Personal der Dreherei kann kurzfristig in andere Abteilungen versetzt oder aus anderen Abteilungen der Dreherei zur Verfügung gestellt werden.

Um den Kostenvergleich durchführen zu können, müssen wir die Vergleichskosten der beiden Alternativen, Drehteil als Al-Rohr oder Spritzgußteil aus Makrolon GV ermitteln. Die Vergleichskosten sind die Kosten, die dem Teil echt zugeordnet werden können, ohne irgendwelche prozentualen Zuschläge. Kosten, die von der Entscheidung für eine der beiden Alternativen nicht beeinflußt werden, gehören nicht in diesen Vergleich hinein.

Alternative 1, Al-Drehteil-Vergleichskosten:

1 Materialkosten/Stück	DM	0,36
2 Lohnkostenanteil/Stück	DM	1,40
3 Lohnnebenkosten/Stück	DM	0,84
4 Weitere Stückkosten, die bei Fertigung des Teiles echt anfallen (Strom, Öl, Schmiermittel)	DM	0,40
Vergleichskosten Alternative 1	DM	3,00

Die vorgenannten Anteile sind im Falle des Drehteiles die unmittelbar zuordenbaren Kosten. Es sind hierin z. B. keine Abschreibungen, keine Meistergehälter und dgl. enthalten. Die zuletzt genannten Kosten werden nicht von der zu treffenden Entscheidung beeinflußt, gehören also nicht in diesen Vergleich hinein.

Alternative 2, Kleinserien-Spritzgußteil Vergleichskosten:

1 Bezugspreis/Teil	DM	1,50
2 Formkostenanteil (man legt die Formkosten auf einen Dreijahresbedarf um; in drei Jahren 2160 Stück)	DM	0,97
3 Kapitaldienst (man muß DM 2100, drei Jahre lang von der Bank für 10 % leihen)	DM	0,29
Vergleichskosten Alternative 2	DM	2,76

Bei der Herstellung als Drehteil wären pro Stück DM 3,00, bei Bezug als Spritzgußteil nur DM 2,76 zu bezahlen. Daraus resultiert die Entscheidung: Trotz nicht ausgelasteter Fertigungskapazitäten in der eigenen Dreherei muß das Teil als Spritzgußteil bezogen werden. Die echte Einsparung beträgt in vier Jahren: 720 Stück/Jahr x 4 (VK 1 - VK 2)   = Einsparung
1800 (3,00 - 2,76)   = DM 690,--

So einfach wie im vorgenannten Beispiel sind Verfahrensvergleiche natürlich i. a. nicht. Häufig sind viele Überlegungen und firmeninterne Recherchen notwendig, um zu entscheiden, welche Anteile in den Vergleich hineingehören. Mit Hilfe von Entscheidungstabellen kann man sicherstellen, daß keine Vergleichskostenanteile übersehen wurden. Das Schema - hier als Wertanalyse-Vergleichskostenrechnung bezeichnet - gemäß Bild 10/1 gibt einen Anhalt. Die Einsparung VK 1 - VK 2 folgt daraus.

Wir entnehmen dem Schema, daß hierin Kosten enthalten sind, die von einer pauschalen Herstellkosten-Berechnung überhaupt nicht erfaßt werden. An diesem Beispiel ist auch gut folgender Sachverhalt zu erkennen: Hätten wir das Spritzgußteil etwa für 3,50 DM/Stück beziehen müssen (Teil + Werkzeugkostenumlage + Zins), so müßte die Entscheidung zugunsten des Drehteiles ausgefallen sein, weil die VK 1 = 3,00 DM/Stück gegenüber VK 2 = 3,50 DM/Stück betragen.

Würde nun jemand die Herstellkosten der Alternative 1 gegen den Bezugspreis der Alternative 2 stellen, HK 1 = 6,70 DM/Stück gegenüber Bezugspreis = 3,50 DM/Stück, so müßte man zugunsten des Bezugsteils entscheiden. Dies wäre aber

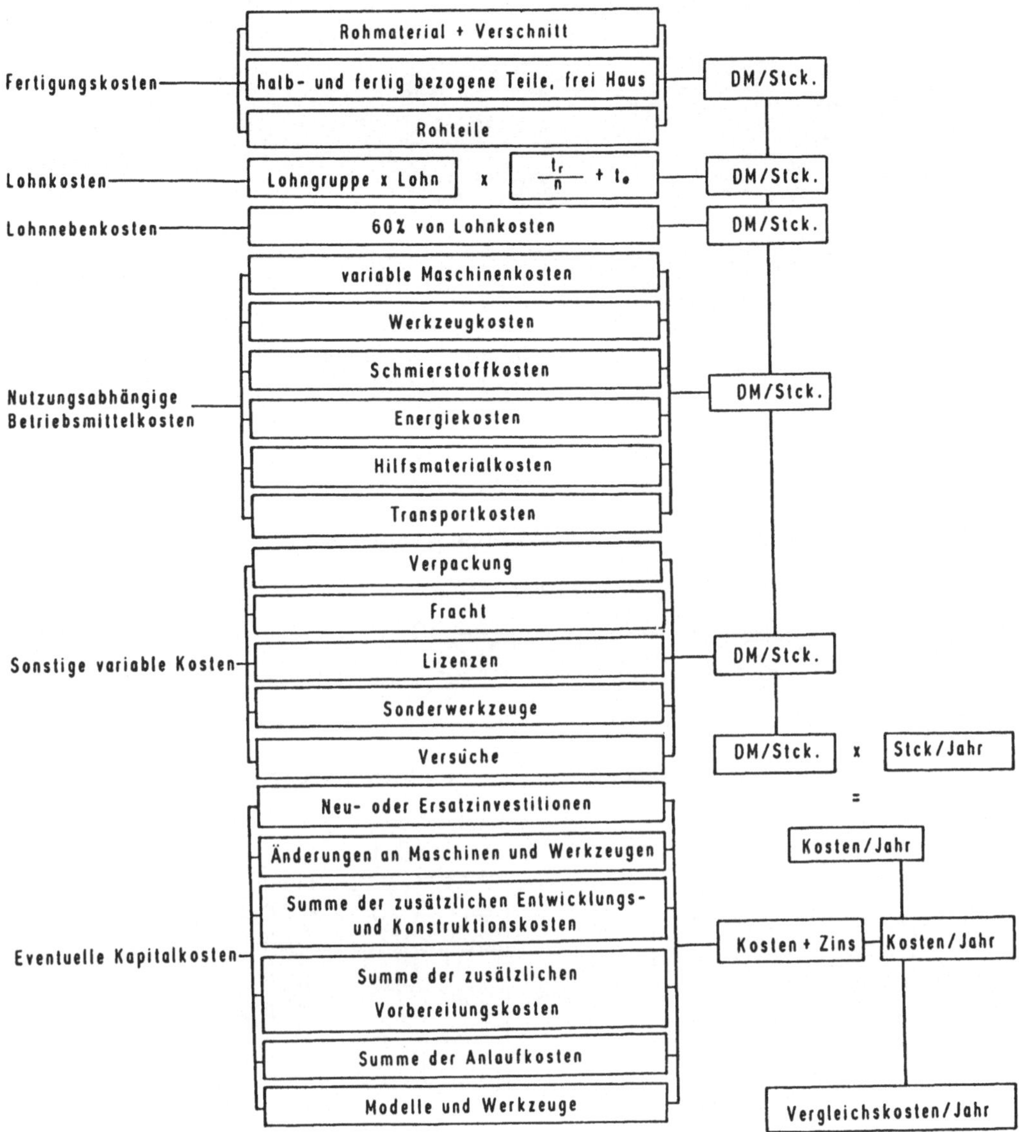

Bild 10/1   Vergleichskosten

eine echte Fehlentscheidung. Die ohnehin nicht ausgelastete Maschinenkapazität der Dreherei würde weiter entlastet, und wir hätten außerdem Mehrkosten produziert. Fazit: In den Herstellkosten sind eben Kostenteile enthalten, die nicht in den Verfahrensvergleich hineingehören.

Es dürfen aber nur die Kosten, die von der Entscheidung direkt beeinflußt werden, zum Vergleich herangezogen werden! Diese Kosten sind in der Regel die variablen

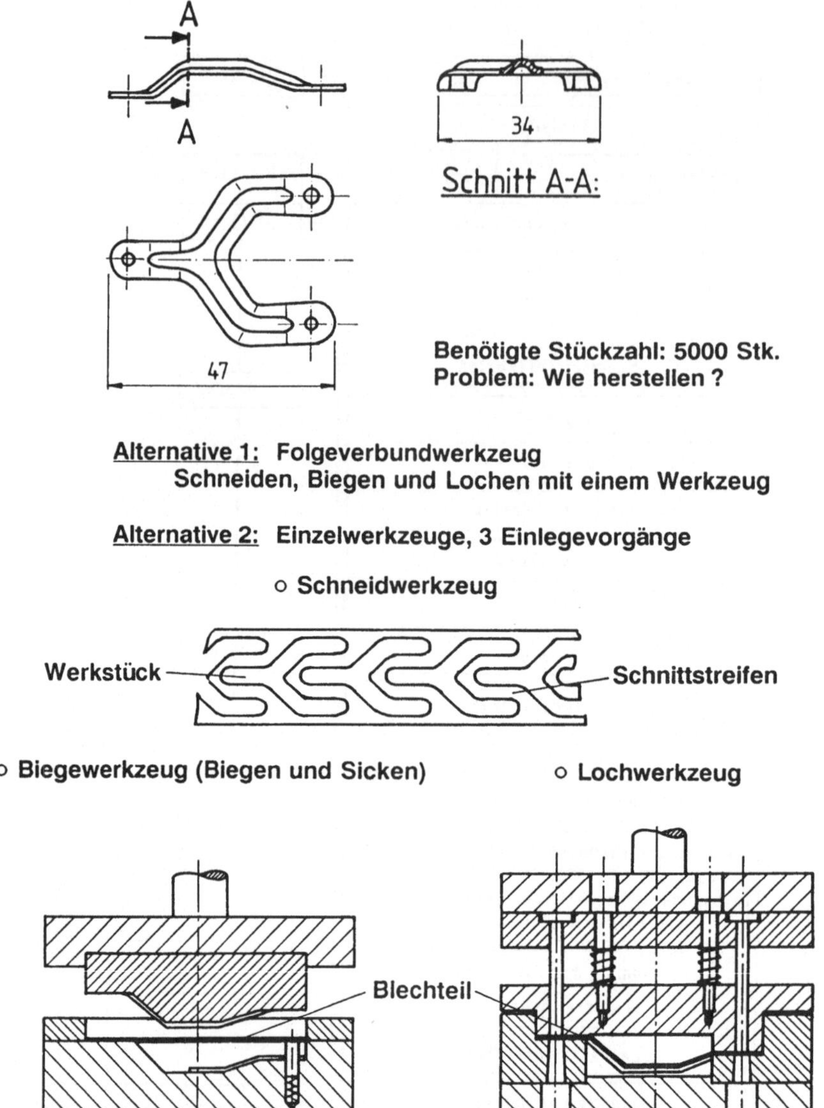

Bild 10/2   Herstellung eines Stanzteiles, Alternativen

Kosten. Im Gegensatz dazu stellen die fixen Kosten jene Anteile dar, die unabhängig davon anfallen, nach welchem Verfahren etwas gefertigt wird. Die fixen Kosten (Gebäudemieten, Anlagen, Zinsen) sind von der Auslastung unabhängig.

Abschließend sei der Verfahrensvergleich nach an einem Blechteil gemäß Bild 10/2 (oben) kurz dargestellt. Das Stanzteil könnte z. B. mit einem Folgeverbundwerkzeug (Alternative 1) bzw. mit drei Einzelwerkzeugen (Schneidwerkzeug, Biege-

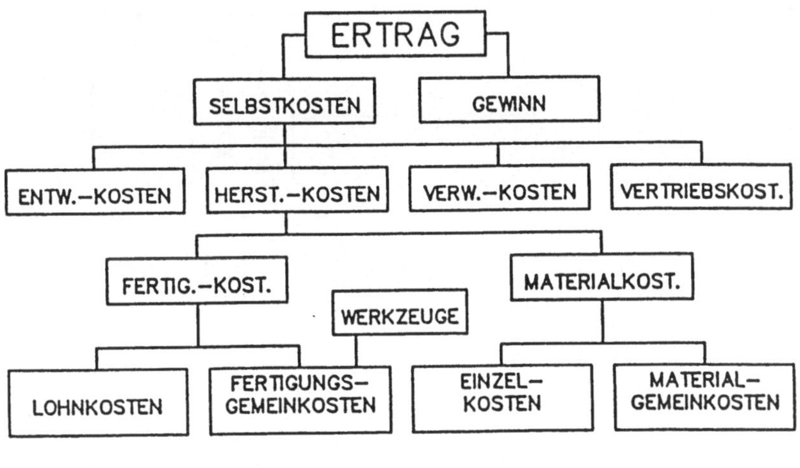

Bild 10/3   Struktur der Kosten zur Preisbildung

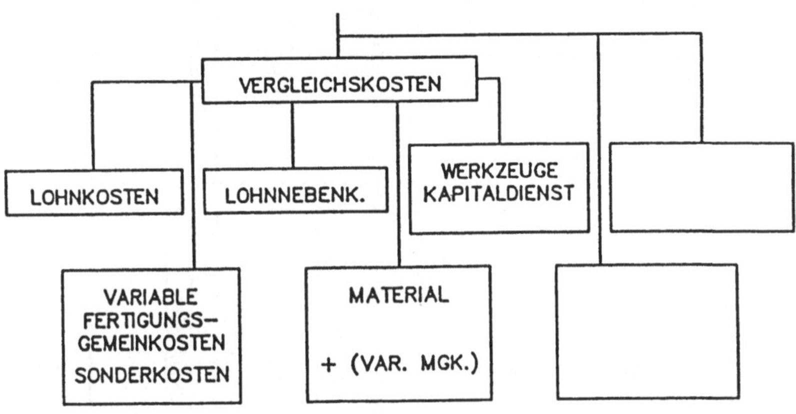

Bild 10/4   Struktur der Kosten zum Alternativenvergleich

werkzeug, Lochwerkzeug - Alternative 2) hergestellt werden. Hier kann nur die benötigte Stückzahl über die Wahl der Verfahrensalternative entscheiden. Bei einer angenommenen Gesamtstückzahl von 5000 einmalig benötigten Blechteilen ist die Alternative 2 mit den drei Einzelwerkzeugen und drei Einlegevorgängen die kostengünstigere Lösung. In den Kostenvergleich gehen dabei ein: die Werkzeugkosten, die Lohnkosten, die Lohnnebenkosten und die Werkstoffkosten. Fixe Kosten wie z. B. Maschinenstundensätze für die benötigten Pressen sind nicht in Ansatz zu bringen, weil angenommen wird, daß die Maschinen der Stanzerei nicht zweischichtig ausgelastet sind.

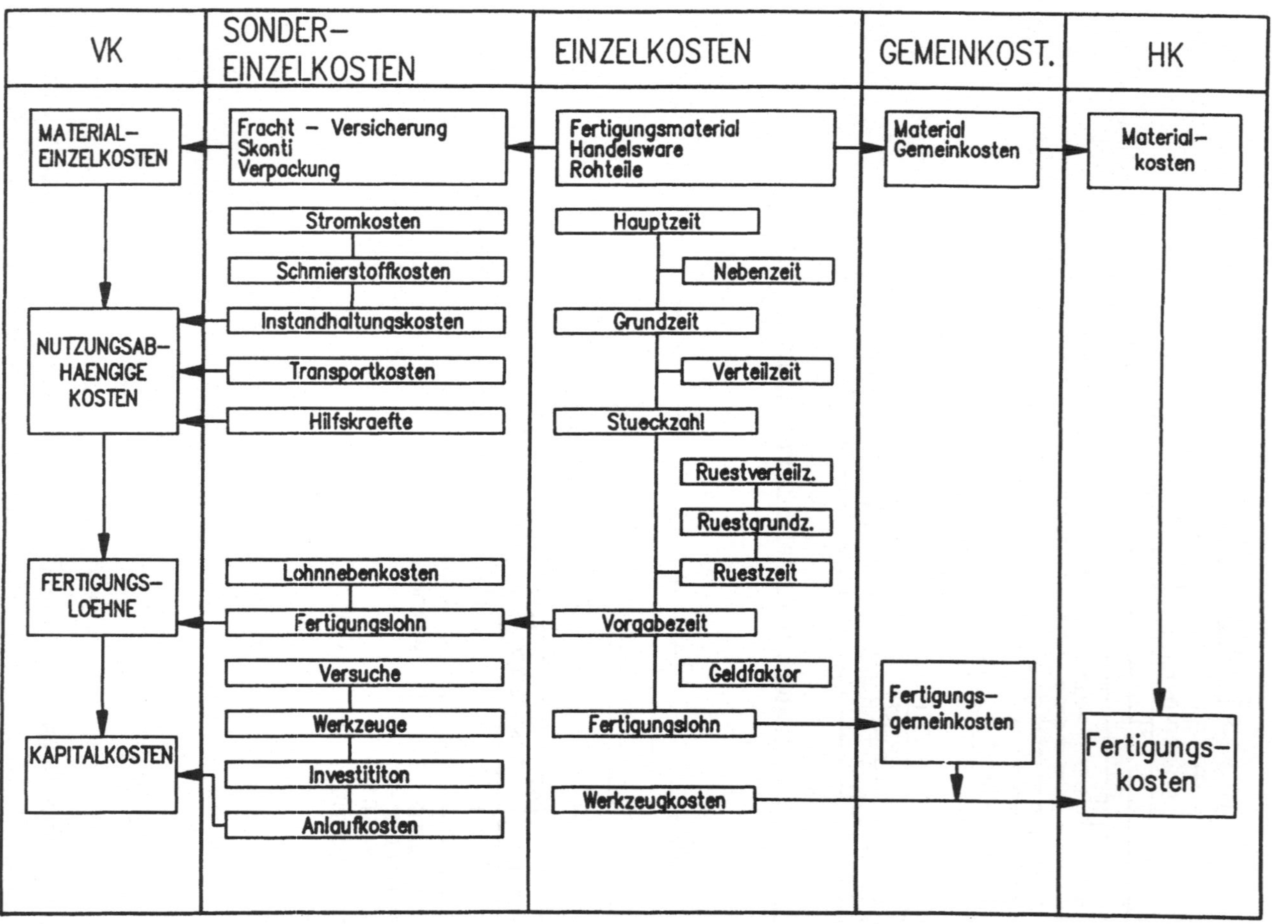

Bild 10/5   Kostenstruktur

Kostenwissen ist wesentlich, um richtige technologische Entscheidungen treffen zu können. Auch geniale technische Konzepte kommen nicht an den Wirtschaftlichkeitsfragen vorbei. Wirtschaftliche Großerfolge sind die Kombination technologischer Möglichkeiten mit ausreichend kostensenkender Wirkung.

In den Bilder 10/3 bis 10/5 sind die Kostenanteile, die zur Preisbildung bzw. zum Verfahrensvergleich heranzuziehen sind, in der Übersicht dargestellt.

Herstellerverzeichnis

Das Herstellerverzeichnis stellt nur einen kleinen Ausschnitt von Bezugsmöglich-keiten vor und bedeutet keinerlei Bewertung. Besonders hingewiesen sei in diesem Zusammenhang auch auf das Buch von Schweizer und Kiesewetter /2/3/, welches umfangreiche Literatur und Herstellerangaben zu Technologien der Feinwerktech-nik enthält.

zu Kapitel 1

Rolliergeräte: Fa. A. Schwinherr, Schwäbisch Gmünd.

Diamantspitzen: Fa. Weinz, Idar-Oberstein.

zu Kapitel 2

Feingußteile mit Massen kleiner als 1 g: Dentaldepotfirmen in jeder größeren Stadt.

Miniatur-Zinkdruckgußteile von verschiedenen Modelleisenbahnherstellern: Fa. K. Arnold, Nürnberg; Fa. Trix Mangold, Nürnberg; Fa. E. Märklin, Göppingen.

Sinterteile aus Metallpulvern, z.B. kleine Lagerbuchsen mit Bohrungsdurchmessern von ca. 1 mm: Fa. Ringsdorff-Werke, Bonn-Bad Godesberg.

Miniatur-Spritzgußteile aus verschiedenen Thermoplasten: Fa. Arnold, Nürnberg; Fa. Vollmer, Stuttgart; Fa. ETA, Grenchen, Schweiz.

Kleinst-Zahnräder und Uhrenteile aus Kunststoff: Fa. Oechsler, Ansbach/Mittel-franken; Fa. Schick, Höfen/Enz.

Präzisionsgehäuseteile aus glaserfaserverstärkten Kunststoffen: Fa. Gaudlitzwerk, Coburg.

Gegossene Zahnriemen aus Polyurethan mit Drahteinlage: Fa. Reiff & Cie., Göppingen.

Galvanoplastisch hergestellte Gitter und Siebe, Scherblätter: Fa. Braun, Kronberg/Ts.; Fa. Metafot, Wuppertal.

Folien aus Thermoplasten dünner als 0,02 mm: Fa. Kalle, Wiesbaden.

Folien aus Aluminium: Fa. Vereinigte Staniolfabriken, Roth bei Nürnberg.

Folien aus Edelstahl bis 0,01 mm: Fa. Hasberg Schneider, Bernau; Stahlwerk Ergste, Schwerte/Ruhr.

Folien aus verschiedenen Metallen bis 0,001 mm: Fa. Vakuumschmelze, Hanau.

Dünne Stahldrähte 0,05 mm für Tonköpfe: Fa. Stahlwerk Ergste, Schwerte/Ruhr.

Dünne Stahldrahtlitzen 7 x 0,08 mm: Fa. Leonische Drahtwerke, Nürnberg.

Feine Hartmetallröhrchen Außendurchmesser 0,3 mm, Innendurchmesser 0,05 mm: Fa. Plansee, Reutte/Tirol.

Feine Wolframdrähte 0,010 bis 0,03 mm: Fa. Osram, Herbrechtingen.

Glasfasern: Fa. Schott, Mainz; Fa. Faseroptik Henning, Allersberg.

Elektronenstrahl-Geräte: Fa. Steigerwald Strahltechnik, Puchheim; Fa. Leybold-Heraeus, Hanau; Fa. Siemens, Erlangen.

Ätztechnologien (Fernsehröhrenmasken): Fa. Buckbee-Mears-Europa, Müllheim. Aperturblenden für Elektronenmikroskope: Fa. Günther Frey, Berlin.

Bearbeitung mit zahnärztliche Bohrturbinen, $n = 300000$ min^{-1}, $P \approx 6$ W,: Fa. Siemens, Werk Bensheim; dazu in Dentaldepots 1-mm-Durchmesser-Schleifstifte bzw. Bohrer.

Wendelbohrer und Gewindebohrer 0,04 bis 0,05 mm: Fa. Sphinxwerke Müller & Cie, Solothurn, Schweiz.

Herstellung kleiner Glaskugeln ca. 1,0 mm Durchmesser für Mikroskoplinsen: Fa. Zeiss, Göttingen.

Herstellung kleiner Wellen ca. 1,0 mm Durchmesser und ca. 20 mm lang erfolgt auf Langdrehautomaten: Fa. Traub, Reichenbach/Fils.

Herstellung feiner Gelenkketten, speziell Barometer-Gliederketten Teilung ca. 0,8mm: Fa. Fritz Beck, Stuttgart.

Panzerketten-Herstellmaschinen zur Herstellung von Ketten mit Gliedern aus Draht von 0,150 mm Durchmesser: Fa. Fischer & Co, Pforzheim.

Drahtgewebe aus Niro bzw. Kunststoff: Fa. Oberdorfer, Heidenheim/Brenz.

Drahtgewebe mit kleinster Maschenweite, 1 μm Doppelköperbindung: Fa. Spoerl & Co, Sigmaringen.

Edelstahl-Ringgeflechte: Fa. F. Münch, Mühlacker.

zu Kapitel 3

Hersteller von Gußprodukten: siehe Jahreshandbuch Gußprodukte, Hoppenstedt Verlag, Darmstadt.

Sinterkeramikteile: Fa. Feldmühle, Plochingen.

Schleudergußanlagen: Fa. Erscem, Pforzheim; Fa. Heraeus Edelmetalle, Hanau/Main.

Einzelheiten über Formherstellung und Metallegierungen: Fa. Heraeus, Hanau /Main.

Hersteller von Spritzgußteilen: siehe Jahreshandbuch der Kunststoffanwendung, Hoppenstedt Verlag, Darmstadt.

Herstellung von Hartmetallen: Hartmetall-Werkzeugtechnik Krupp Widia, Essen.

Bronze-Sinterlagerbuchsen: Fa Ringsdorff-Werke, Bad Godesberg-Mehlem.

Schüttsinterverfahren: Fa. Krebsöge, Radevormwald.

Lote zur Verbindung von Keramikteilen: Western Gold & Platinum Company, Belmont, Californien.

Herstellung und Datenblätter zur Sintertechnologie: Piezokeramik-Bauteile: Fa. Stettner, Lauf; Pulvermetallurgischer Spritzguß: Fa. Vereinigte Drahtwerke, Biel; Keramikteile: Fa. Hoechst Ceramtech, Lauf; Fa. Degussa, Frankfurt; Fa. Heraeus Edelmetalle, Hanau.

zu Kapitel 4

Hersteller von Umformprodukten: siehe Jahreshandbuch der Umformprodukte, Hoppenstedt Verlag, Darmstadt.

Glattwalzen: Fa. Madison, Neu Isenburg.

zu Kapitel 5

Bearbeitung großer Steinplatten: Fa. J. Fischer, Aschaffenburg.

Kurzhub-Honen: Fa. Thielenhaus, Wuppertal.

zu Kapitel 6

Hersteller von Elementen und Systemen zur Fügetechnik: Fa. Atlas Copco Deutschland, Essen; Fa. Loctite, München; Fa. Mecano-Simmonds, Heidelberg.

zu Kapitel 7

Gleitschleifen (Trowalisieren): Fa. Carl Kurt Walter, Wuppertal-Vohwinkel.

Wärmebehandlungs- und Oberflächentechnik: Fa. Plasma Ionic, Besigheim; Fa. Nußbaum Oberflächentechnik, Kaufbeuren.

Sachverzeichnis

A. Jung

Funktionale Gestaltbildung

Gestaltbildende Konstruktionslehre für Vorrichtungen, Geräte, Instrumente und Maschinen

1989. VIII, 200 S. 182 Abb. (Hochschultext)
Brosch. DM 54,– ISBN 3-540-51170-9

Dieses Buch behandelt den konstruktiven Entwurfsvorgang, wie er sich in der Praxis in vielen Fällen darstellt, in einem vernetzten Ablaufmodell (Drei-Ebenen-Modell). Damit ergänzt es die heute üblichen Ablaufpläne und versucht, den schwierigen Vorgang der Gestaltbildung technischer Produkte aus Vorstellungen über ihre Funktionen erfaßbar zu machen. Zur Synthese und Analyse des Konstruktionsprozesses werden die Begriffe „Geometrie-Funktionsprinzip" und „Gestaltfunktion" eingeführt und an Beispielen erläutert. Das besondere Anliegen des Autors ist dabei, die geometrisch-funktionale Denkweise, die ein Konstrukteur meist unbewußt praktiziert, für den Studierenden didaktisch aufzubereiten, übergreifende Aspekte sichtbar und für den Gestaltungsvorgang nutzbar zu machen. Die behandelten Beispiele reichen von einfachen Vorrichtungen über Präzisionsinstrumente bis hin zu den genau arbeitenden Maschinen der Feinwerktechnik.